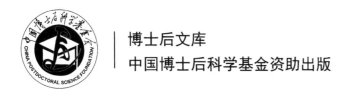

博士后文库
中国博士后科学基金资助出版

# 土壤胶体相互作用与离子特异性效应

高晓丹 著

科学出版社
北 京

## 内 容 简 介

本书是作者近年开展的土壤化学领域基础理论探索的重要成果。书中收集了土壤化学基础理论、土壤胶体相互作用研究方法，重点介绍了应用激光散射技术探索土壤矿物胶体、有机胶体和有机无机复合体相互作用机制及离子特异性效应在土壤胶体相互作用过程中产生的本质原因。研究成果在一定程度上丰富和发展了现有土壤电化学的基本理论与技术体系。

本书可供高等院校和科研单位农业科学领域的科研人员、研究生和本科生阅读参考，也可供对农业科学感兴趣的其他读者阅读。

**图书在版编目（CIP）数据**

土壤胶体相互作用与离子特异性效应 / 高晓丹著. -- 北京：科学出版社, 2025.3. -- （博士后文库）. -- ISBN 978-7-03-080902-5

Ⅰ. S153

中国国家版本馆 CIP 数据核字第 2024AT9007 号

责任编辑：孟莹莹　狄源硕 / 责任校对：韩　杨
责任印制：徐晓晨 / 封面设计：无极书装

科 学 出 版 社 出版

北京东黄城根北街 16 号
邮政编码：100717
http://www.sciencep.com

北京九州迅驰传媒文化有限公司印刷
科学出版社发行　各地新华书店经销

\*

2025 年 3 月第 一 版　开本：720×1000　1/16
2025 年 3 月第一次印刷　印张：12
字数：242 000

定价：99.00 元
（如有印装质量问题，我社负责调换）

# "博士后文库"序言

  1985 年，在李政道先生的倡议和邓小平同志的亲自关怀下，我国建立了博士后制度，同时设立了博士后科学基金。30 多年来，在党和国家的高度重视下，在社会各方面的关心和支持下，博士后制度为我国培养了一大批青年高层次创新人才。在这一过程中，博士后科学基金发挥了不可替代的独特作用。

  博士后科学基金是中国特色博士后制度的重要组成部分，专门用于资助博士后研究人员开展创新探索。博士后科学基金的资助，对正处于独立科研生涯起步阶段的博士后研究人员来说，适逢其时，有利于培养他们独立的科研人格、在选题方面的竞争意识以及负责的精神，是他们独立从事科研工作的"第一桶金"。尽管博士后科学基金资助金额不大，但对博士后青年创新人才的培养和激励作用不可估量。四两拨千斤，博士后科学基金有效地推动了博士后研究人员迅速成长为高水平的研究人才，"小基金发挥了大作用"。

  在博士后科学基金的资助下，博士后研究人员的优秀学术成果不断涌现。2013 年，为提高博士后科学基金的资助效益，中国博士后科学基金会联合科学出版社开展了博士后优秀学术专著出版资助工作，通过专家评审遴选出优秀的博士后学术著作，收入"博士后文库"，由博士后科学基金资助、科学出版社出版。我们希望，借此打造专属于博士后学术创新的旗舰图书品牌，激励博士后研究人员潜心科研，扎实治学，提升博士后优秀学术成果的社会影响力。

  2015 年，国务院办公厅印发了《关于改革完善博士后制度的意见》（国办发〔2015〕87 号），将"实施自然科学、人文社会科学优秀博士后论著出版支持计划"作为"十三五"期间博士后工作的重要内容和提升博士后研究人员培养质量的重要手段，这更加凸显了出版资助工作的意义。我相信，我们提供的这个出版资助平台将对博士后研究人员激发创新智慧、凝聚创新力量发挥独特的作用，促使博士后研究人员的创新成果更好地服务于创新驱动发展战略和创新型国家的建设。

  祝愿广大博士后研究人员在博士后科学基金的资助下早日成长为栋梁之才，为实现中华民族伟大复兴的中国梦做出更大的贡献。

中国博士后科学基金会理事长

# 前　言

土壤学在自然科学中占据着重要的地位。*Opportunities in Basic Soil Science Research*（《基础土壤科学研究的契机》）一书中指出，土壤不仅仅是有机-矿物-生物的混合体，土壤学也不仅仅是应用物理学、应用化学或应用生物学的一种表现形式。基础土壤学的独特任务是揭示地球生命（生物学）与非生命（物理学）两大体系间的内在联系，其独立的知识体系位于物理学与生物学两大知识体系的"交集"上。土壤系统具有高度复杂性和异质性的特点，且处于永不静止的动态平衡之中，这导致很多基础土壤学理论仍存在不确定性。如果能够破解土壤胶体领域的离子特异性效应及其产生原因，则可在一定程度上建立物理学与生物学两大知识体系间的联系，因而该效应将成为土壤学新的科学基础。

土壤胶体包括有机胶体、无机胶体和有机无机复合体，因表面带电和巨大的表面积成为土壤中最活跃的部分，也是土壤具有肥力和生态功能的物质基础，其大小主要集中于几十到几百个纳米的介观尺度范围内，同时具有特殊的界面尺度效应。土壤胶体的相互作用深刻地影响土壤中绝大多数微观过程和宏观现象的发生，且离子特异性效应在胶体这一"纳米/微米"尺度颗粒的固液界面过程中决定着系统的宏观效应和功能。有学者指出离子特异性效应对胶体颗粒相互作用的重要性犹如孟德尔提出的分离定律和自由组合定律在遗传学中的地位。因此，开展介观尺度土壤有机、无机和微生物胶体颗粒之间相互作用研究，探索土壤胶体颗粒凝聚或分散的动力学机制与凝聚体的结构特征，对于建立土壤微观过程与宏观现象之间的联系具有重要的意义。

本书的相关研究工作得到了辽宁省教育厅基本科研（组织规划）项目"黑土区土壤侵蚀的介观尺度驱动和调控机制"（JYTJD2023120）、辽宁省自然科学基金计划面上项目"典型黑土有机质稳定性的矿物学调控机制"（2023-MS-203）、中国博士后科学基金面上资助项目"长期定位施肥影响棕壤胶体凝聚的介观机理研究"（2017M611265）、国家自然科学基金青年科学基金项目"盐基离子组成对黑土中'矿物-腐殖质'相互作用的影响"（41601230）和国家自然科学基金面上项目"植物残体转化为土壤有机质的微生物过程及新形成有机质的稳定性"（41977086）的资助。多年来，在土壤化学领域，课题组取得了一些关于土壤胶体相互作用和土壤固液界面上离子特异性效应的研究成果，本书是作者在这些研究成果的基础上撰写而成，是课题组集体智慧和辛勤劳动的结晶。全书共 8 章。前半部分（第 1～4 章）简述土壤胶体与土壤中离子特异性效应的研究意义与进展。第 1 章绪论部分主要介绍本书所著内容的研究意义和本书总体框架和思路。第 2 章主要介绍土壤胶体的类型与性质以及土壤胶体相互作用理论、机制和影响因素。第 3 章综述离子特异性效应的含义、研究进展及该效应在土壤胶体相互作用过程中的体现。第 4 章列举现有的土壤胶体相互作用的研究方法。后半部分（第 5～8 章）详述土壤胶体相互作用的离子特异性效应研究实践探索。第 5 章以土壤中主要的矿物胶体为模型体系分析土壤矿物胶体相互作用过程中的离子特异性效应。第 6 章以土壤中主要的有机胶体胡敏酸为模型体系分析土壤有机胶体相互作用的离子特异性效应。第 7 章在明确单一组分相互作用的基础上探究土壤有机无机复合过程中的离子特异性效应和在此过程中胡敏酸的不同含量对该效应的影响，同时在研究混合胶体相互作用过程中提出矿物胶体-金属离子-有机胶体三元复合凝聚机制和通过离子的有效电荷数定量表征离子特异性效应的方法。第 8 章则以自然土壤胶体为研究对象，利用黑土作为恒电荷表面土壤，黄壤作为可变电荷表面土壤的代表，同时用黑土、黄壤和紫色土作为不同有机质含量土壤的代表，探索几种自然土壤胶体相互作用的离子特异性效应，并分析这一效应存在的本质原因。

　　本书得以出版，作者要感谢西南大学资源环境学院李航教授的指导，感谢沈阳农业大学土地与环境学院汪景宽教授的支持和帮助，感谢田锐副教授在书稿编撰过程中给予的帮助，也要感谢作者所在的沈阳农业大学土壤肥力与耕地保育团队相关人员在样品采集、实验测定等方面付出的努力。

　　由于作者资历尚浅、学术积累有限，书中的遗漏和不足之处在所难免，还请广大读者提出宝贵意见和建议！

高晓丹<br>2024 年 6 月

# 目　录

# 第1章 绪　　论

　　土壤胶体是土壤中高度分散的部分，包括矿物胶体（无机胶体）、有机胶体和有机矿物胶体（即有机无机复合体）。土壤胶体的重要性犹如生物体中的细胞，它是土壤中最活跃的物质和土壤的基本组成单元（李学垣，2001）。土壤的许多理化性质和宏观现象都要用土壤胶体的组成、性质和相互作用来解释。绝大多数土壤都含有质量和数量不等的胶体，土壤胶体的性质和相互作用规律服从胶体的性质和相互作用的基本理论（熊毅等，1985）。

　　土壤胶体之所以区别于一般的胶体颗粒是因为其表面承载有大量的电荷，带电的土壤胶体分散在溶液中时，在胶体颗粒和液相的界面上就会有双电层的出现。在电场或其他力场的作用下，土壤胶体通过静电性质与动电性质两个方面对土壤的许多物理、化学和生物学性质发挥重要作用（于天仁等，1965）。自然土壤中，有机胶体和无机胶体共同存在且大部分有机、无机胶体相互复合成有机无机复合体，要真正地认识土壤胶体必须了解土壤有机无机复合体，但也绝不排斥单独研究有机胶体和无机胶体的重要性。要弄清有机无机复合体的组成和性质，也有必要单独对层状硅酸盐黏土矿物和有机质甚至是氧化物进行研究，其中有机部分主要是腐殖质。土壤中各胶体组分与土壤溶液中的离子间的相互作用、土壤有机胶体或无机胶体相互作用，以及有机无机复合的类型和形成机理都是土壤学中比较复杂而重要的问题。离子与土壤胶体之间的相互作用关系影响着养分元素在土壤中的有效性、重金属和农药等污染物在土壤中的运移，以及植物对营养元素的吸收。

　　在土壤水体系中，1～1000 nm 数量级的介观尺度下颗粒的相互作用由颗粒间的长程范德华引力、静电斥力、随机力（布朗力）、耗散力支配（Li et al., 2007）。在这一尺度下的有机质（腐殖质）与无机胶体（黏土矿物、氧化物）之间的相互作用也应该首先表现为这四种力作用下的物理凝聚，只有当颗粒充分靠近后才有可能发生各种键合作用。得益于离子特异性效应在生物学领域的发展和应用，该效应为研究土壤这样的多分散胶体体系中颗粒与离子间的相互作用以及不同离子对颗粒间相互作用的影响提供了新的思路。因此，研究土壤有机胶体相互作用、矿物胶体相互作用、有机无机复合胶体相互作用中的离子特异性效应，对明确土壤结构的形成尤其是团粒结构的形成和稳定有着重要的贡献。土壤有机无机复合结构的性质在很大程度上决定了土壤结构的优良、土壤肥力的高低、土壤抗侵蚀能力保水保肥能力的强弱、营养元素的迁移转化速度和有害物质的传播速率等宏观效应。因此，有必要系统开展关于土壤胶体颗粒间相互作用机制的研究。相关研究结果是建立土壤宏观现象和微观机制之间联系的桥梁。

## 参考文献

李学垣, 2001. 土壤化学[M]. 北京: 高等教育出版社.

熊毅, 等, 1985. 土壤胶体(第二册): 土壤胶体研究法[M]. 北京: 科学出版社.

于天仁, 等, 1965. 土壤的电化学性质及其研究法[M]. 北京: 科学出版社.

Li H, Wu L S, 2007. A generalized linear equation for non-linear diffusion in external fields and non-ideal systems[J]. New Journal of Physics, 9: 357.

# 第 2 章 土 壤 胶 体

## 2.1 土壤胶体类型与性质

### 2.1.1 土壤胶体的类型

#### 1. 土壤矿物胶体

土壤矿物胶体即土壤的无机胶体,它包含了土壤母质中矿物的残屑和矿物的风化产物。成土矿物主要包含蒙脱石、蛭石、高岭石和水云母等层状硅酸盐黏土矿物。这类矿物晶体的厚度为几纳米到几十纳米,长度和宽度在几微米内,因此是处于介观尺度的胶体颗粒。土壤中一种重要并且常见的黏土矿物蒙脱石为 2:1 型层状硅酸盐黏土矿物,由硅氧四面体和铝氧八面体组成,由于铝氧八面体中的一部分铝离子被二价离子所代替或者铝离子代替硅氧四面体中的硅离子而产生过剩的负电荷。这种负电荷的数量取决于晶层中同晶替代的多少,而不受 pH、阳离子和电解质的影响,因此被称为永久性负电荷,只有黏粒边缘的羟基才可随上述条件的不同而发生变化。

无机胶体主要由层状硅酸盐黏土矿物以及硅、铝、铁、锰等氧化物黏土矿物组成。研究表明,无机胶体在数量上远远多于有机胶体。从内部构造看,层状硅酸盐黏土矿物都是由硅氧四面体和铝氧八面体两种基本结构单元构成,且都含有不同程度、不同化学成分的结晶水;从外部形态上看,层状硅酸盐黏土矿物都是非常细微的结晶颗粒。根据单位晶层类型的不同,可以把层状硅酸盐黏土矿物分成几类:1:1 型非膨胀性矿物(如高岭石、埃洛石等),2:1 型膨胀性矿物(如蒙脱石、蛭石等),2:1 型非膨胀性矿物(如水云母、伊利石)。Si、Al、Fe 等的含水氧化物属于非层状、非晶质的硅铝酸盐。虽然氧化物矿物的含量少,只是土壤无机胶体的次要组成部分,但是氧化物矿物本身所具有的影响及其对层状硅酸盐的影响都是不容忽视的。比如,热带亚热带土壤的性质极大地受到氧化铁和氧化铝的影响(马毅杰等,1988)。与层状硅酸盐黏土矿物相比,氧化物矿物更易受到环境条件的影响(吴金明等,2002)。土壤中的氧化物总是几种形态同时存在,保持相对平衡状态。

## 2. 土壤有机胶体

土壤有机质主要由两类物质组成：非腐殖物质和腐殖物质。非腐殖物质主要是构成高等植物、动物和微生物体的一些有机化合物；腐殖物质是上述有机物经过微生物分解而又合成的特殊物质，性质比较稳定，不易再遭受微生物分解，能在土壤中积累起来，因此，它们便成为土壤有机质的主体，约占土壤有机质总量的 60%～70%（Griffith et al., 1975）。腐殖物质又根据不同酸碱溶解性分为胡敏酸、富里酸和胡敏素。胡敏酸只溶于碱，富里酸既溶于酸也溶于碱。其中胡敏酸的碳、氮含量常较其他组分高，且粒径大小在 50～500 nm 范围内，集中分布在 90～200 nm（Jia et al., 2013）。有机质可以在变化过程中产生，也可能是最后的稳定产物。有机质根据比重又可分为"轻组"和"重组"。"轻组"指的是可漂浮在比重 1.8～2.0 的液体上而被分离出来的有机质；"重组"指的是紧密结合沉淀于比重液中的黏粒有机复合体。

土壤有机胶体指的是动植物遗留在土壤中的残渣经过物理、化学和土壤生物的作用转变形成的腐殖质和多糖类物质（熊毅，1979）。有机胶体主要包括木质素、腐殖质、纤维素、蛋白质和其他复杂的化合物（如蜡质、单宁等）。

腐殖质是土壤有机胶体中稳定存在的部分，以物理和化学不均匀性为特征。腐殖质的特性源于：在分子和超分子水平上缺乏离散的结构组织；在固体和胶体状态下表现出各种各样的大小和形状；在水介质中可发生复杂的凝聚、分散现象，露出不同粗糙程度的不规则表面（Hedges et al., 1997; Tombacz et al. 1990）。这些性质对腐殖质与土壤中的矿物表面、金属离子、有机化学物、植物根系和微生物的物理、化学和生物反应有着重要影响（Senesi et al., 1997）。

在组成上，腐殖质是既有共性又有差别的多种有机化合物的混合物，且以胡敏酸（humic acid，HA）和富里酸（fulvic acid，FA）为主，二者在碳含量、溶解性、分子量上存在差异，二者的含量比例随土壤而变化。胡敏酸是一类多官能团的化合物，其中羧基、羟基和酚羟基是主要的官能团。腐殖质被认为是一种"超分子聚合体"，它的粒径大小处于介观尺度的范围，虽然其形成机制至今尚不明确，但是可以知道处于这一尺度的胶体颗粒间的相互作用力主要有长程分子力、静电力、表面水合力、随机力和耗散力等长程作用力，其作用力程通常大于 1 nm。腐殖质胶体表面有多种官能团，如羧基、醇羟基、醌基、甲氧基等，属于可变电荷表面且反应活性极高（牛灵安等，2001）。

## 3. 土壤有机无机复合体

土壤有机无机复合体是土壤存在的基本结构单元，复合体的数量和质量决定着整个土壤的结构、孔隙度、保水性等，是衡量土壤肥力的关键指标。任何土壤中都含有腐殖质，腐殖质与黏粒结合紧密，提取出的腐殖质又易与黏粒重新结合，这充分说明土壤有机质与无机质之间有复合作用存在。在土壤形成过程中，土壤中的有机胶体和无机胶体总是以不同形式和紧密程度，通过离子间的库仑引力和分子间的范德华引力等作用相互结合，形成各种类型的有机无机复合体。土壤的氮、磷等养分多集中在复合体中，复合体的形成是土肥相融的结果，因而复合体具有集中和保持养分的作用；要形成水稳性和疏松多孔的团聚体必须有有机质参与土粒的团聚，即土壤有机无机复合体显著影响土壤结构的稳定性和良好土壤结构的形成；土壤有机无机复合体具有较高的比表面积和较强的吸附性能，能够吸附进入土壤中的各种化学农药，从而阻碍农药的迁移，降低其毒性；此外，土壤有机无机复合体在土壤碳的固持中也起着重要作用，与矿物结合的有机碳是土壤稳定碳库的主要贡献者，促进有机无机复合体的形成和提高复合体稳定性可减缓大气中二氧化碳含量增加的压力。因此，土壤有机无机复合体功能的发挥与环境保护也有着密切的关系。由于有机无机复合体特征完全不同于单纯的无机胶体和有机胶体，也不等于两者的简单加和，所以，只有把有机无机复合体作为研究的整体，才能了解存在于土壤中真实胶体的情况，阐明土壤中复杂的理化性质。目前，关于土壤胶体，多数将土壤中提取"洗净"的黏粒或用碱提取的腐殖质分别进行研究，测定其组成和性质，很少把黏粒腐殖质复合的胶体作为一个整体来进行研究，这样既难了解土壤胶体的真实情况，也难以阐明土壤的肥力特征。事实上，土壤中的无机胶体和有机胶体通常是通过各种结合力紧密结合的。单独的无机胶体和有机胶体都不能代表真正的土壤胶体，只有在分别认识了有机组分和无机组分各自特点以后研究土壤有机无机复合的性质，才能了解土壤中真实胶体的情况。

土壤中的有机胶体一般很少单独存在，在更多的情况下，有机胶体与无机胶体（层状硅酸盐和氧化物）紧密结合在一起形成有机无机复合体（Sumner, 2000; 熊毅, 1979）。有机无机复合体又是土壤中非常活跃的组成部分，强烈影响到土壤肥力、土壤水分养分的保蓄和土壤结构。现有研究多关注土壤有机无机复合度（魏朝富等, 1995; 傅积平等, 1978），其用来表征土壤有机胶体和无机胶体结合的数量和状况，是有机无机复合体的一个重要特征。有机无机复合体的形成与稳定受到自然因素（母质、水、热、植被等）和人文因素（土地管理、使用方式及类型）的共同影响。对有机无机复合体的研究，主要采用分组和合成两种技术路线（侯雪莹等, 2008）。分组的方法用于揭示不同的土地利用方式、土地培肥过程对土壤结构、复合体组成的影响；从微观角度揭示有机无机组分的复合机制时多用合成法（Tyulin, 1938）。在研究有机无机复合机理的过程中常常选取蒙脱石和有机质结合为例，一定的土壤湿度会导致蒙脱石的硅氧烷表面发生褶皱，这为小颗粒有机质在其表面的吸附奠定了基础。

总之，研究土壤中金属离子与黏土矿物和腐殖质的作用机制，以及研究金属离子-黏土矿物-腐殖质三者综合作用对明确土壤有机无机复合体形成过程具有重要意义。这有助于我们更深入地了解养分元素在土壤中的有效性、污染物在土壤中的迁移转化以及有机质在金属离子与黏土矿物相互作用中所发挥的作用。

　　有机矿质复合体形成学说称带电胶体颗粒的凝聚过程可用带电胶体颗粒稳定理论即 Derjaguin-Landau-Verwey-Overbeek（捷亚金-朗道-弗尔韦-奥弗比克，DLVO）理论来描述（胡纪华等，1997）。朱华玲等（2012）研究认为黏粒和腐殖质的复合只是多价电解质（$CaCl_2$）作用导致的结果，但依靠静电力结合的有机无机复合过程具有一定的可逆性。Wang 等（2005）研究表明，蒙脱石吸附有机质的过程存在着离子桥键的作用，这也可能是复合的主要机制。而在纳米级体系中，还存在水化或疏水相互作用。一种新型的非键作用阳离子-π 作用被提出，我们也不排除某些体系还存在磁力及空间斥力（Kim et al.，2000；Ma et al.，1997）。当在某些强电场或强磁场等特殊体系环境条件下，经典 DLVO 理论不能解释传统胶体体系中颗粒间的相互作用及凝聚与分散行为，这时扩展的带电胶体颗粒稳定理论即 extended-Derjaguin-Landau-Verwey-Overbeek（EDLVO）理论，全面考虑颗粒间各种相互作用力，能更好地解释颗粒间的分散或凝聚行为（Tian et al.，2014；胡岳华等，1994）。

　　现实的土壤黏粒矿物表面常被大表面积的非晶形或晶形不好的硅、铝、铁氧化物或氢氧化物胶膜所覆盖且这些膜表面分布大量正电荷，所以带负电荷的腐殖质分子可以通过离子交换反应或静电作用与氧化物结合。而有机无机相互作用处于多组分体系中而产生更为复杂的现象，最初 Mortland（1970）曾将有机无机复合机理归纳为若干键合力，Greenland（1971）又将这些键合力具体归纳为阳离子桥、氢键合、阴离子交换和配位体交换 4 种机理。此外，有学者提出阳离子-π 作用，即一种存在于阳离子和芳香体系之间的相互作用。与一些经典的作用（如氢键，阴、阳离子键合）相比，阳离子-π 作用被认为是一种新型的非键作用，研究发现金属离子在有机质表面的吸附常常存有阳离子-π 作用且占主要地位（李力等，2012）。当土壤中有大量高价金属离子存在时，离子与土壤中的高分子有机化合物即土壤腐殖质之间势必也存在 π 键作用（Keiluweit et al.，2009）。另外矿物晶格中发生的同晶置换作用使复合体与阳离子和偶极分子形成更稳定的配合物。在现实中，除 pH 极低的土壤外都可产生配位体交换，有机阴离子可穿入氢氧化物表面铁或铝原子的配位层，而结合为表面氢氧层。复合体形成过程中可同时有多种机理起作用。以上机理大多被沿用至今，仍是目前相关研究要重点细化和解决的问题。

## 2.1.2　土壤胶体的性质

　　熊毅等（1985）在《土壤胶体（第二册）：土壤胶体研究法》一书中写道："土壤胶体是土壤中最活跃的物质，土壤胶体的重要性犹如生物中的细胞。"这是由于土壤胶体具有以下重要特征：比表面积相当大（1 g 胶体表面积有 200～300 m²），因此具有极大的反应活性、吸附性；表面带有电荷，有很强的离子交换性；土壤胶体的表面化学性质是土壤具有其独特的表面化学性质的根本原因（80%以上土壤电荷集中在胶体部分），对土壤性质的影响最大。

1. 粒径与比表面积

土壤胶体的比表面积（单位：m²/kg 或 m²/g）指的是单位质量的土壤胶体的表面积。土壤胶体比表面积的大小与矿物组成、有机成分的含量等有关系，但每种矿物或者有机组分对土壤胶体比表面积的贡献无法精确定量。土壤胶体颗粒之所以活性高是由于其具有巨大的比表面积。土壤胶体的表面，可按表面所在位置分为外表面和内表面。其中，外表面指的是黏土矿物、硅铁铝等的氧化物以及腐殖质分子暴露在外的表面，而内表面主要指的是层状硅酸盐黏土矿物晶层之间的表面、腐殖质分子凝聚体内部的表面。比如蒙脱石类黏土矿物就同时有巨大的外表面和内表面。由此很容易推测到矿物类型不同，表面积的大小差别也会相当大。

测定比表面积的方法很多，比如甲基蓝测定法、几何计算法、负吸附量计算法、电位滴定计算法、小角度 X 衍射测定法等，其中负吸附量计算法在土壤胶体比表面积测定中使用较广泛，但是它还存在着许多问题，如离子吸附得不均匀、离子结合类型因吸附剂的差异而不同、无法获得膨胀性矿物的内表面等。

2. 表面带电性

土壤胶体的表面存在电荷是土壤具有一系列化学性质的根本原因。于天仁等（1996）的研究表明，土壤胶体表面带有电荷是土壤具有肥力的基本原因。土壤胶体的表面电荷决定了土壤所能吸附的离子数量，土壤胶体的表面电荷密度则是吸持强度的决定性因素。表面电荷在土壤胶体的形成过程中产生。土壤胶体颗粒表面带净负电荷，使得土壤胶体颗粒表面能够吸引保持带正电的颗粒，其中阳离子是带正电荷的养分离子，如钙（$Ca^{2+}$）、镁（$Mg^{2+}$）、钾（$K^+$）、钠（$Na^+$）、氢（$H^+$）和铵（$NH_4^+$）。而土壤胶体的种类不同，产生电荷的机制也不同。根据土壤胶体电荷产生的机制，土壤胶体电荷可分为永久电荷和可变电荷。

永久电荷是由于黏土矿物晶格中同晶置换而产生的电荷。黏土矿物中的铝氧八面体和硅氧四面体的中心离子 $Al^{3+}$、$Si^{4+}$ 都能被其他离子所代替，从而使得黏土矿物表面带电。并且，多数情况下，土壤中的黏土矿物的中心离子都是被低价的阳离子所取代，如 $Mg^{2+}$ 取代 $Al^{3+}$、$Al^{3+}$ 取代 $Si^{4+}$，从而使黏土矿物表面带负电荷。同晶置换发生在黏土矿物的结晶过程中，因而存在于晶格内部，所以同晶置换的电荷一旦形成，基本不会受到外界 pH、电解质等因素改变的影响，称之为永久电荷。

可变电荷常见于氧化物的表面、腐殖质表面及有机无机复合体的表面。可变电荷的数量主要是随体系 pH 的变化而变化，相应的可变电荷的性质也随之改变。可变电荷的产生主要包括含水氧化物的解离、矿物晶面上羟基的解离、有机质的某些功能团的解离。

胶体颗粒表面电荷数量的测定方法也很多，应用最广泛的是离子吸附法。离子吸附法又可分为负吸附法和正吸附法，常用的指示离子有 $Cl^-$、$NH_4^+$ 等。但离子吸附法一般只适用于恒电荷表面或者中性和碱性的可变电荷表面，且无法测定体系温度、电解质浓度等对可变电荷表面电荷数量的影响。电位滴定法测定表面电荷数量的研究也有一些，然而电位滴定法中引入的 $H^+$ 或者 $OH^-$ 的吸附会改变表面电荷数量，研究表明其测定结果与离子吸附法的测定结果差异很大。侯捷（2010）建立的物质表面电化学性质多参数联合测定法操作方便、原理简单，可测定表面电荷总量，但是该方法的使用还没有普及。

### 3. 凝聚与分散特性

凝聚现象对许多自然过程和工业工程是非常重要的。胶体颗粒的凝聚是一些制药技术和环保措施中的重要过程。在自然条件下，土壤胶体颗粒的凝聚与分散在环境条件改变的情况下自发发生，以天然有机质为媒介的土壤胶体凝聚形成的有机无机复合体是土壤的基本结构单元，有机无机复合体的稳定性是决定土壤肥力高低的部分原因（Elfarissi et al., 2000）。由于黏土矿物胶体颗粒、氧化物和腐殖质的表面电化学性质，带电的矿物和水的界面对凝聚体的形成、结构和强度起着重要作用。土壤中的胶体颗粒具有极强的热力学不稳定性，在热力学因素改变的条件下，土壤胶体颗粒间的总势能发生改变而出现凝聚或者分散。土壤中粒径大小范围在 50～500 nm 的腐殖质和主要矿物质的相互作用属于胶体颗粒间的相互作用，应遵循介观尺度下颗粒相互作用的一些基本理论，主要包括带电胶体颗粒表面的双电层理论和颗粒间稳定与聚沉的 DLVO 理论（胡纪华等, 1997）。

土壤胶体的分散或凝聚是颗粒相互作用的结果。粒径小于 4 μm 的颗粒在分散介质中会呈现出连续不断的、无规则的运动，这就是布朗运动。胶体悬液中胶体颗粒的热运动是许许多多分子热运动冲击的综合结果。较大质量的颗粒会在重力场作用下向容器底部沉降，而如果颗粒足够小，布朗运动会使其分散。这两种相反的力使体系达到平衡状态，呈现稳定的分散体系。

# 2.2　土壤胶体相互作用理论

## 2.2.1　双电层理论

在电解质溶液中，带电的胶体颗粒为了维持电中性，会对异电荷离子产生静电引力而使其在胶体颗粒的表面富集，而对同号离子产生静电斥力使其远离胶体颗粒表面。因此，在胶体颗粒静电作用和自身热运动的作用下，电解质中的离子会在固液界面呈现不均匀分布，形成双电层。双电层由靠近固面的紧密层［又称Stern（施特恩）层］和以外的扩散层组成（图 2-1），其分割界面称为 Stern 面。紧密层中的离子绝大部分为异电荷离子，其在胶体颗粒较强的静电引力作用下不移动。扩散层中的反号离子浓度从 Stern 面到本体溶液逐渐降低，而同号离子浓度从 Stern 面到本体溶液逐渐升高。双电层中，电解质溶液中离子浓度的分布遵循Boltzmann（玻尔兹曼）分布（Borukhov et al., 1997）。Boltzmann 分布方程式可以表达为

$$C_x = C_x^0 \exp[-Ze\varphi / (kT)] \tag{2-1}$$

式中，$C_x$ 为距表面 $x$ 处的反号离子浓度；$C_x^0$ 为本体溶液中反号离子浓度；$Z$ 为离子化合价；$e$ 为电子电量；$k$ 为 Boltzmann 常数；$\varphi$ 为电位值；$T$ 为热力学温度。

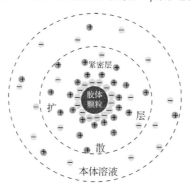

图 2-1　土壤胶体双电层模型图

双电层的厚度可以用 Debye（德拜）长度（$\kappa^{-1}$）进行表征，$\kappa$ 被称为Debye-Hückel（德拜-休克尔）常数，其计算公式为

$$\kappa = \sqrt{\frac{e^2}{\varepsilon kT} \sum n_{i0} z_i^2} \tag{2-2}$$

式中，$\varepsilon$ 为水的介电常数；$n_{i0}$ 为离子 $i$ 在本体溶液中的浓度；$z_i$ 为离子 $i$ 的化合价。可见，在室温下，双电层的厚度主要受离子化合价 $Z$ 和电解质浓度 $f_0$ 的影响。

离子化合价越高，浓度越大，$\kappa$ 值越大，双电层厚度越小。因此，高价和高浓度电解质都会压缩双电层厚度。这也是胶体颗粒凝聚受电解质影响的根本原因之一。

### 2.2.2 DLVO 理论

苏联化学家 Derjaguin（捷亚金）和 Landau（朗道）以及荷兰胶体化学家 Verwey（弗尔韦）和 Overbeek（奥弗比克）根据 Gouy-Chapman（古伊-查普曼）的双电层理论提出描述带电胶体颗粒稳定性的理论，即 DLVO 理论。该理论指出，胶体分散体系是稳定与聚沉这一对矛盾的统一体，在这一体系中稳定与聚沉同时起作用并且相互转化。DLVO 理论认为带电胶体颗粒受颗粒间长程范德华引力而相互靠拢，同时由于双电层重叠也会产生一定的静电斥力。当排斥力占优势，并足以阻碍胶体颗粒因布朗运动而发生碰撞聚沉时，则胶体处于稳定状态；当吸引力占优势时，溶胶发生聚沉。通常情况下将力转化成"位能"这一物理量来表征胶体的稳定与否。胶体颗粒之间的总位能 $U$ 可以用其斥力位能（$U_R$）和引力位能（$U_A$）之和表示，即

$$U = U_R + U_A \tag{2-3}$$

图 2-2 是胶体的引力位能 $U_A$、斥力位能 $U_R$，以及总位能 $U$ 随胶体颗粒间距离的变化曲线。可以看出：$U_R$ 曲线比较平缓，$U$ 曲线在较短距离时很陡，在较长距离处很平缓。当两颗粒逐渐靠近时，交互作用能出现三个极值，分别为第二极小值、极大值、第一极小值。第二极小值与表面电位和颗粒大小及对称性有关，较大颗粒（粒径大于 $10^{-8}$m）特别是形状不对称的颗粒第二极小值会明显出现，一般认为在这种黏结作用下的凝聚是可逆的，常称为"可逆聚沉"或"临时聚沉"；在极大值处两颗粒之间出现最大的斥力，此处的最大位能峰值 $U_{max}$ 被称为排斥势垒；当颗粒充分靠近并能越过排斥势垒时，则将在第一极小值处发生不可逆的黏结，这种黏结被称为"不可逆聚沉"或"永久性聚沉"，它所形成的凝聚体紧密而稳定。

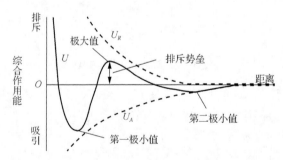

图 2-2　$U_A$、$U_R$ 以及 $U$ 随胶体颗粒间距离的变化曲线（胡纪华等, 1997）

由此可见，体系的总位能由斥力位能和引力位能来确定，并最终决定体系的

凝聚与分散。斥力位能和引力位能除了受颗粒大小、形状以及颗粒间距离的影响外，还受 Hamaker（哈马克）常数（由颗粒物质本性决定，如密度和极化率）、颗粒表面电位 $\varphi_0$ 以及电解质浓度 $f_0$ 的影响。根据 DLVO 理论，排斥势垒的高度是决定胶体是否发生聚沉的主要因素。因此，要使胶体颗粒凝聚则必须减小胶体颗粒间斥力位能 $U_R$。而减小斥力位能可从两方面考虑：一是降低胶体颗粒的表面电位 $\varphi_0$；另一方面是压缩双电层的厚度 $\kappa^{-1}$。后者可以通过向胶体体系中加入适当的电解质（高价或高浓度）来实现。加入电解质后，胶体颗粒间的双电层被压缩，斥力位能减小，而引力位能基本保持不变，使得排斥势垒降低或消失，最终使胶体颗粒发生凝聚。

### 2.2.3　Schulze-Hardy 规则

悬液中电解质的类型和浓度直接影响胶体的 Zeta 电位（带电胶体颗粒在电解质溶液中发生动电现象时，双电层中剪切面处的电位）和双电层厚度，因而间接影响着胶体颗粒的稳定性。不同价态的离子对胶体稳定性的影响强度不同，聚沉能力随反号离子价数的增高而显著增强。Schulze-Hardy（舒尔策-哈代）得出如下规则（Verrall et al., 1999；胡纪华等, 1997）：

$$M_{-价} : M_{二价} : M_{三价} = 1 : \left(\frac{1}{2}\right)^6 : \left(\frac{1}{3}\right)^6 = 1 : 0.016 : 0.0014 \qquad (2\text{-}4)$$

式中，$M_{-价}$、$M_{二价}$、$M_{三价}$ 分别为一价、二价和三价阳离子对胶体稳定性的影响强度。该规则指分散在电解质中胶体的临界聚沉浓度（critical coagulation concentration，CCC）与同胶体符号相反的离子的原子价的 6 次方成反比例。临界聚沉浓度是指在指定条件下，使胶体絮凝所需的最低电解质浓度。同价离子对胶体的聚沉能力也有差异，其聚沉能力与水合离子半径有关；水合离子半径越大，聚沉能力越弱；反之，水合离子半径越小，聚沉能力越强。

## 2.3　土壤胶体相互作用机制

### 2.3.1　胶体的凝聚机制

凝聚是一个"接近-接触-黏结"的过程（朱华玲等, 2009），颗粒能否接近、接触，取决于颗粒的相对运动和相互碰撞，是碰撞频率的问题；能否黏结，则取决于颗粒交互作用能的排斥势垒大小，是碰撞效率的问题。悬浮在溶液中的胶体颗粒由于热运动而不停地做无规则的布朗运动，布朗运动引起异向絮凝，而水流剪切运动引起同向絮凝。相互碰撞的颗粒能否黏结，取决于颗粒交互作用能曲线上的排斥势垒（杨铁笙等，2003）。

根据有效碰撞概率的差异，研究者提出两种分形凝聚机制（Lin et al.，1990a，1990b，1989）：一是扩散控制团簇凝聚（diffusion limited cluster aggregation，DLCA）机制；二是反应控制团簇凝聚（reaction limited cluster aggregation，RLCA）机制。当胶体颗粒间有效碰撞概率等于 1 时，颗粒间不存在斥力位能或斥力位能远小于胶体颗粒布朗运动的动能，任何颗粒一经碰撞就立即发生不可逆的永久性黏结，此时凝聚反应速率仅由发生碰撞的机会即碰撞概率决定，此时的凝聚称为快速凝聚或 DLCA，结果是形成较疏松的多孔结构。当有效碰撞概率小于 1 时，胶体颗粒间存在一定的双电层重叠所产生的静电斥力，颗粒间要经过多次碰撞才可能黏结凝聚，此时的凝聚反应速率由碰撞概率和小于 1 的有效碰撞概率共同决定，因此凝聚反应速率更慢，此时的凝聚称为慢速凝聚或 RLCA，结果是产生致密紧实的凝聚体。Tian 等（2013）在 $Cu^{2+}$ 引发可变电荷表面的土壤胶体凝聚过程中发现了一种新的由静电引力引起的速度快于 DLCA 的引力扩散联合控制团簇凝聚（attraction diffusion limited cluster aggregation，ADLCA）机制。此外，大量理论和实验研究也证实了其他机制的存在，这些机制存在 DLCA 和 RLCA 之间的交叉或者说是存在 DLCA 和 RLCA 之间的过渡机制（Burns et al.，1997；Zhu et al.，1995；Asnaghi et al.，1995，1992）。

关于上述凝聚机制的特征，有研究者（Lin et al.，1990a，1990b）通过计算机模拟和静态光散射实验总结出如下特点：DLCA 的特征是，质量分形维数为 1.8±0.1，形成的凝聚体或团簇半径随时间呈幂函数增长关系，凝聚体数量密度呈 $q/M$（$q$ 表示某种物理量，如电荷、动量等，$M$ 表示粒子的质量）的指数下降关系；RLCA 的特征是，质量分形维数为 2.1±0.1，形成的凝聚体或团簇半径随时间呈指数函数增长关系，凝聚体数量密度是 $q/\bar{M}$ 的 2/3 幂函数的倒数。他们还发现凝聚行为与胶体系统的化学性质完全无关。在此基础上，围绕着 DLCA 和 RLCA 两种机制，许多研究者对各种单一体系胶体如：聚苯乙烯（Burns et al.，1997）、金（Weitz et al.，1985）、硅石（Hermawan et al.，2004）、碳黑（Bezot et al.，1999）、赤铁矿（Lenhart et al.，2010）、伊利石（Derrendinger et al.，2000）、高岭石（Lin et al.，2008）、水铝英石（Adachi et al.，1999）等的凝聚过程和凝聚体展开了研究。当然，也有偏离两种限制机制的情况（Zhang et al.，1996），Derrendinger 等（2000）用激光散射技术研究"伊利石/NaCl"悬液中多分散体系絮凝动力学及形成的凝聚体形态时发现伊利石胶体凝聚行为偏离 DLCA 和 RLCA 机制，并提出颗粒形状、初始浓度、结构重组等可能是偏离 DLCA 和 RLCA 机制的原因。

无论是哪种机制，胶体的凝聚主要从凝聚动力学过程和凝聚体的形态结构进行研究。胶体凝聚的动力学过程可用凝聚过程中形成的凝聚体（或团簇）大小、质量以及质量分布随时间的变化分别来表征。其中，通过凝聚体的大小（如水力直径、回转半径、质均半径）随时间的变化关系来描述凝聚动力学的最多。Lin 等（1990a，1990b）以及后来的许多研究者都得到 DLCA 机制下凝聚体大小随时间幂函数增长和 RLCA 机制下指数增长的规律。在 DLCA 机制的研究中，Chen 等（2007）认为这种动力学增长关系仅发生在凝聚的初期阶段，因为随着凝聚体的增大，布朗运动导致的凝聚会被重力作用下的差速凝聚取代。还有人认为在实验研究中受初期混匀方法影响，早期凝聚分为两个阶段：初始混匀的紊流凝聚和随后的布朗凝聚。在 RLCA 机制的研究中，由于凝聚速率太慢和胶体特征的差异，凝聚过程并不一定都能理想地完成，因此在凝聚动力学探索中，仅仅出现了凝聚体随时间呈线性增长关系（Burns et al.，1997）。朱华玲等（2009）在对土壤胶体凝聚的动力学研究中还发现了偏离凝聚普适性特征的情况，DLCA 机制下凝聚体随时间呈对数增长，而 RLCA 机制下呈幂函数或线性增长关系。胶体凝聚速率也是凝聚动力学研究的一个重要指标。Schudel 等（1997）进行了胶体凝聚速率或速率常数的测定。凝聚速率的大小不仅可以直接反映凝聚过程的快慢，还能反映出不同热力学条件的作用强度，从而导出某一因素如电解质浓度、pH 等的作用规律。García-García 等（2007）和朱华玲等（2009）都通过凝聚速率随电解质浓度的变化得出临界聚沉浓度。

　　一般情况下，凝聚的动力学过程决定了形成的凝聚体的结构特征。胶体凝聚是一个典型的复杂随机过程，形成的凝聚体通常表现出明显的自相似和标度不变性。近年来，分形几何已经成功地描述了这种自相似结构如聚乙烯、硅石、金等（Tang，1999）。凝聚体结构性质可用分形维数（fractal dimension，用 $d_f$ 表示）表征。分形维数是表征原始颗粒充斥凝聚体空间的程度，它不仅反映了凝聚体结构的疏松程度，也反映了凝聚体的开放程度。一般分形维数越高，凝聚体结构越紧密。分形维数越低，凝聚体越开放。分形维数有质量分形维数和表面分形维数（Senesi et al.，1997）。具有分形结构的胡敏酸，在溶液中呈质量分形，而在固体状态下呈表面分形（Rice et al.，1999）。大多数的报道都是对质量分形维数的研究。

　　对于一个质量分形凝聚体，凝聚体的质量 $M(t)$ 和大小即回转半径 $R_g(t)$ 之间存在如下关系（Israelachvili et al.，1978）：$M(t) \propto \left[ R_g(t) \right]^{d_f}$，式中 $d_f$ 是一个标度指数，即质量分形维数，它并非一个整数，而是小于 3 的任何一个值。凝聚的生长过程就是以质量分形维数这个标度来保持形成的凝聚体的结构复杂性。

　　计算机模拟、图像分析、光散射技术已经被广泛应用于胶体的凝聚过程，以得到不同条件作用下形成的凝聚体的质量分形维数。Lin 等（1989）就是通过光散射技术和计算机模拟得出了 DLCA 机制下形成凝聚体的质量分形维数为 1.8、RLCA 机制下形成凝聚体的质量分形维数为 2.1 的普适性特征。Tang（1999）用小角度光散射技术测定的质量分形维数，与许多传统"双斜率法"测定的质量分形维数一致。DLCA 和 RLCA 机制下形成凝聚体的质量分形维数分别为 1.8 和 2.1，进一步证明了由布朗运动形成的胶体凝聚体的质量分形维数的普遍性。袁勇智（2007）模拟得出不同质量分形维数的土壤胶体凝聚体结构，如图 2-3 所示（灰度代表颗粒的远近，颜色深代表近，颜色浅代表远），有比较开放的、疏松的、质量分形维数小的凝聚体；也有比较致密的、质量分形维数比较大（接近 3）的凝聚体。可以看出，DLCA 机制下形成质量分形维数为 1.9 的聚凝体结构多分枝，更疏松、开放，而 RLCA 机制下形成质量分形维数为 2.1 的凝聚体结构更紧实。

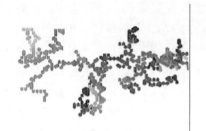

500颗快凝聚，质量分形维数1.9　　　　　500颗慢凝聚，质量分形维数2.1

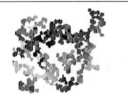

500颗慢凝聚，质量分形维数2.3　　　　　500颗慢凝聚，质量分形维数2.6

图 2-3　模拟产生的不同分形维数凝聚体图形（袁勇智，2007）

　　尽管质量分形维数只有微小的变化，但是凝聚体结构上却有很大差异。质量分形维数除了表达两种机制外，还能反映不同热力学条件的影响，比如质量分形维数随着电解质浓度增高，在有重力存在下呈"S"形增长，在无重力条件下呈"L"形增长，在慢速凝聚中质量分形维数对热力学条件的变化非常敏感。对于聚苯乙烯系统（120 nm 的初始颗粒直径）的研究也发现质量分形维数随着背景电解质的增加而增大（Kim et al., 2003）。通过对质量分形维数随电解质的变化规律分析还可预测临界聚沉浓度。

### 2.3.2　有机无机复合体的形成学说

　　有机无机复合体形成学说最初是基于土壤有机无机复合模型提出假设：Edwards 等（1967）提出以有机无机复合体为基础，土壤中的微团聚体通过范德华引力、氢键、离子交换等作用相互吸引，形成初生团聚体。Tisdall 等（1982）

指出团聚体的组成和性质是决定土壤性质的重要因素，并提出基于有机质胶结的不同稳固程度的几种有机无机复合模式。在此基础上，随着研究手段的完善及现代分析测试技术的应用，在土壤矿物-腐殖质相互作用形成复合体结构特征的角度上，有学者提出了土壤腐殖质、金属离子、硅酸盐矿物三元配合物的可能结构特征，即两种配合模型：矿物-金属离子-腐殖质和矿物-腐殖质-金属离子，其中矿物着重代表吸附点位。在蒙脱石、腐殖质、金属离子体系中，表面形成的三元配合物可能的结构为矿物-金属离子-腐殖质型；当多价金属离子含量较多时，在有机无机复合过程中的作用通常表现为形成黏粒-多价金属-有机质复合体（Hu et al.，2015; Rimmen et al.，2014）；而高岭石与金属氧化物、腐殖质、金属离子体系中，表面形成的三元配合物可能的结构为矿物-腐殖质-金属离子型（Gu et al.，1994; Murphy et al.，1994）。Schulten 等（2000）采用分子力学计算对有机无机复合体之间的胶结物质和各种化学键的键能、键角都有所揭示，提出了精确的有机质-Fe 土壤复合体的三维分子构型结构模型，进一步表明范德华引力和氢键在有机质-Fe 土壤复合体中也起了重要作用。Gao 等（2015）通过动态光散射技术、红外光谱技术和密度泛函理论计算联合表征离子在蒙脱石及蒙脱石和胡敏酸复合物表面的吸附行为，阐明复合体结构和其形成机制。研究发现：胡敏酸-蒙脱石复合物在 $Ca(NO_3)_2$ 电解质溶液中形成稳定的三元复合结构。无论胡敏酸、蒙脱石的添加顺序如何，都可以形成蒙脱石-$Ca^{2+}$-胡敏酸三元复合结构，其中金属离子作为三元复合结构的中心存在，金属离子的加入大大提高了此结构的稳定性。Rennert 等（2012）采用原子力显微镜（atomic force microscope，AFM）发现，土壤矿物-有机复合体中矿物表面被约 0.9 nm 厚度的有机物覆盖。还有研究发现，大部分胡敏酸与无机矿物的结合是由于存在着不同阳离子的络合作用（魏朝富等，2003）。而土壤微生物分泌的一些蛋白质，也可与黏土矿物形成黏土-蛋白质复合体（荣兴民等，2008）。

目前有关分子水平的土壤有机无机胶体复合机制的研究结果主要有：① "黏粒-高价金属阳离子-有机质" 复合机制（Shevchenko et al.，1998; Tisdall et al.，1982），黏土矿物通过处在交换性阳离子位置上的高价阳离子与有机质颗粒表面形成桥键连接在一起，这种结合在空间的发展会形成球形、粒径一般在<250 μm 范围内的微团聚体。②有机质表面的羧基/羟基等官能团与矿物表面形成氢键（Cheshire et al.，1990）。部分腐殖质还可以进入层状结构的矿物层壳内，发生层间吸附（Pils et al.，2007）。③当腐殖质靠近矿物表面时首先发生 "自身聚合"，形成带状结构。这种带状结构通过表面官能团的极化与矿物表面羟基等发生配位反应，形成稳定的内球复合体；或由于自身聚合增加了腐殖质的疏水性能，从而腐殖质与矿物质颗粒间的静电引力发挥更大作用实现复合（Kleber et al.，2007; Violante et al.，1995）。

　　根据双电层理论，土壤中粒径在几十纳米到上千纳米的腐殖质和主要的矿物胶体颗粒（或超微颗粒）相互作用中，在带电胶体颗粒的表面会存在大量的反号离子，这些反号离子因热运动而随机分布在颗粒周围，形成"离子雾"。这样的移动构造很难形成所谓的桥，因此，高价离子的"桥键"作用更是值得质疑。按照 DLVO 理论和现有的研究结果（Quiquampoix et al., 1995, 1992; Staunton et al., 1994），腐殖质与矿物质之间的相互作用将受到分子力和静电力两种力所支配。而腐殖质与矿物质之间的分子作用力的力程可以达到 5 nm 以上，而静电作用力则可达到 30 nm 以上。然而，氢键和化学键的作用力程仅在 0.1 nm 量级。所以，氢键和化学键等短程相互作用到底在腐殖质和矿物质相互作用中发挥多大作用，这些短程作用力在凝聚过程中是否发挥主导作用将是个疑问。而对于 2:1 型黏土矿物，特别是蒙脱石，晶格结构呈片状，其中两个面积较大的面上的氧原子都是化学键饱和的，只有侧面的断键处才可能存在不饱和键，硅氧四面体的对称结构使其面上的 O 原子与 $H_2O$ 中的 H 原子形成氢键的可能性远远低于 $H_2O$ 中的 O 原子与另一 $H_2O$ 中的 H 原子形成氢键的可能性（因水分子不对称）。另外，按照 DLVO 理论，有机无机胶体颗粒间的距离一旦越过排斥势垒将发生不可逆的凝聚而形成复合体，但事实证明，我们可以通过弱碱提取的办法从复合体中分离出腐殖质，可见复合体形成后颗粒间仍然存在一个排斥力很强的力，即水合斥力。由此可见，经典理论并不能完全描述和解释复合过程和其中的现象，关于有机无机复合体形成的机制仍需进一步探索。

　　基于前面的分析，矿物-腐殖质相互作用需综合考虑水合斥力、静电斥力和范德华引力三个作用力。然而，这三个作用力都受离子特异性效应的深刻影响。随着越来越多的有关研究的开展，不仅在土壤胶体领域，在其他胶体体系特别是生物系统中，双电层理论和 DLVO 理论越来越多地遭到质疑。Borah 等（2011）对 2,4-二羟基苯甲酸在 $\alpha$-氧化铝上的吸附研究表现出低浓度下经典理论的失效。Bolt（1955）发表的伊利石离子交换平衡的系列实验表明，不论是低浓度还是高浓度电解质条件，经典理论在描述吸附态离子的静电作用能时都是失效的，而且浓度越低失效越严重。同样的结果还出现在 Kim 等（2001）对酶活性（限制性酶切效率测定）的研究中。Boström 等（2001）通过分析计算提出离子特异性效应特别是离子的色散力的存在是经典的 DLVO 理论不能在生物学领域和胶体体系适用的原因。

### 2.3.3　土壤有机无机复合过程中的离子的界面行为

#### 1. 静电吸附

　　土壤黏粒一般带有净负电荷，但常被 $Al^{3+}$、$Ca^{2+}$、$Mg^{2+}$、$K^+$、$Na^+$、$H^+$等阳离子所补偿，在胶体表面附近形成扩散双电层结构，被吸附的阳离子通过静电引力和热运动的平衡作用，保持在扩散双电层的外层中。这种吸附作用是可逆的、可以等当量地互相置换，并遵守电荷质量平衡作用定律，通常称为交换吸附作用，即静电吸附。有实验表明，当体系处于低 pH 条件时，水稻土对 $Cu^{2+}$ 的吸附多为静电吸附（熊建军等，2008）。此外，研究表明 $Ca^{2+}$、$Mg^{2+}$、$K^+$ 和 $Na^+$ 在有机无机复合体中占极其大的比例，原因在于这些离子的吸附由黏粒的静电吸附而引起（Brogowski et al.，1977）。

2. 专性吸附

某些离子能进入氧化物的金属原子配位壳中，可与配位壳中的配位基进行交换，从而直接通过共价键或配位键结合在固体表面，使吸持效果增强。这种发生在胶体决定电位层中，被吸附的金属离子进入双电层内层作用称为专性吸附（化学吸附）或强选择性吸附。有研究表明，水合氧化物、可变电荷土壤对重金属离子的吸附主要是专性吸附（丁昌璞，2013；Sposto，1983）。黏粒级的复合体相较于砂粒级复合体对重金属的吸附量要大得多，且在长期耕作的土壤中发现，重金属与复合体多发生专性吸附的现象（Leiweber et al.，1995）。重金属离子是否趋向于有机无机复合体的富集，取决于黏粒和有机质的含量（Gerzabek et al.，1992；Livens et al.，1988），铯离子在有机质含量低、黏粒含量高的土壤中含量要明显低于有机质含量高、黏粒含量低的土壤，这也说明铯离子的主要吸附方式是非同于静电吸附的特殊吸附方式（Davies et al.，1993）。

3. 色散力吸附

阴离子在带电表面可以发生色散力吸附，即两个分子或原子以色散力进行的吸附作用（刘大中等，1999）。Parsons 等（2009）通过计算云母在不同浓度的 $Li^+$、$Na^+$、$K^+$ 和 $Rb^+$ 电解质下的表面电位（或 Zeta 电位），发现浓度分别为 0.4 mol/L 和 0.7 mol/L 时，$Rb^+$ 和 $K^+$ 表面电位由负值变为正值，即原先云母表面上的带净负电荷变为了净正电荷，造成电位发生反转。且研究中，电解质浓度分别高达 0.4 mol/L 和 0.7 mol/L，这种现象与经典双电层模型理论相矛盾，可推测色散力吸附通常在高浓度体系中才发生。

4. 离子水合、络合和螯合

由于腐殖酸特有的分子结构和官能团，其可与重金属离子发生交换、络合和螯合等作用。在有水存在体系中，土壤颗粒间就会产生巨大的水合斥力。胶体颗粒周围存在电荷，形成电场，水分子受到电场的作用可能使结构发生变化，引起水化的反号离子或离子官能团脱水导致颗粒间自由能增加，而形成排斥力。通常情况下，水合斥力的大小仅与胶体颗粒间距离呈指数衰减的关系，所以颗粒距离

相同时的水合斥力差异不明显（Churaev et al., 1985）。同样地，Israelachvili 等
（1978）研究发现，经原子力显微镜测定颗粒间水合斥力时，发现水合斥力受电解
质浓度与类型的影响较小。重金属离子与电子给予体以配位键方式结合的过程称
为络合反应，其产物称为络合物（或配位化合物）。土壤中常见的配位活性基团包
括：羟基（—OH）、胺基（—NH$_2$）、偶氮基（—N＝N—）、羧基（—COOH）、
磷酸基［—PO(OH)$_2$］等。在络合反应中，具有 1 个以上配位基团的配位体与金
属离子络合形成的络合物称为螯合物，且螯合物必须具备环状结构（黄昌勇等，
2010）。

### 5. 离子极化

离子极化是在离子化合物中，阴、阳离子的电子云分布在对方离子的电场作
用下发生变形的现象。这种现象使阴、阳离子在原本静电作用下又衍生出新的意
义，通常上讲，阳离子电子云较于阴离子难发生形变，故而可极化性小，常作为
极化者。离子极化就导致了离子键成分减少，共价键成分增加，从而产生一定的
结构效应（温元凯等，1985）。根据计算，土壤黏粒包括矿物质和有机质表面附近
的电场强度均高达 $10^8 \sim 10^9$ V/m（Liu et al., 2014; Li et al., 2013），在此环境下，胶
体颗粒表面吸附的反号离子受电场作用被强烈极化，导致离子原本电荷所产生的
库仑力不及受到界面电场下形成的库仑力的作用大，进而影响在微观尺度下土壤
有机无机的复合过程。

## 2.4　土壤胶体相互作用过程的影响因素

土壤颗粒之间的相互作用就是范德华引力和双电层斥力的相互作用，主要表
现在双电层的构造及其变化上。那么凡是影响双电层斥力和范德华引力的因素都
会影响颗粒之间的相互作用，最终影响到颗粒凝聚的结构特征，如蒋新（2004）
在扩散双电层作用下的胶体颗粒聚集过程模拟中得到，双电层厚度增加使颗粒的
聚集速率急剧下降；通过对粒径分布的分析，指出双电层对与之尺度相当的团簇
进一步聚集的阻碍作用最大；凝聚体具有分形特征，双电层有利于保持凝聚体内
部的空隙，降低分形维。而土壤颗粒的类型、大小、电解质、温度等都会影响双
电层的厚度，颗粒物的形态、大小也可以影响颗粒间范德华引力的大小和分布，
颗粒物的形态不同必然导致颗粒之间相互凝聚连接方式的多样化和复杂化。

### 2.4.1　胶体类型和初始状态、比例

当黏粒占的比例比腐殖质高得多时，黏粒矿物的表面会直接吸附腐殖质，形

成复合体，结合的紧密程度与腐殖质分子的体积和分子量呈负相关关系，即腐殖质分子的体积越大、分子越复杂，越难与黏粒矿物结合。在黏粒占比低时，腐殖质分子先与黏粒表面结合，而后疏水的腐殖质分子吸附在复合体表面，从而形成"多层状"结构，由于没有与黏粒直接键合，所以外层腐殖质更容易被土壤微生物所降解（Varadachari et al., 1984）。王继红等（2001）发现，土壤有机无机复合体总量受黏粒含量制约，黏粒含量越高，形成的复合体总量越多，反之则越少。黏粒的种类不同，其聚合有机质的能力也不同。周广业等（1991）研究发现：蒙脱石相对于高岭石更容易吸附分子量低的富里酸，导致的结果便是碳残留的升高。另有学者通过计算机模拟研究得出，重力条件下，随着有机胶体和矿物胶体颗粒粒径的增加，在快速凝聚机制下形成凝聚体结构的质量分形维数也随着增大；胶体体系的颗粒密度通过影响碰撞概率从而引起凝聚速率的变化，颗粒密度增加，会导致形成凝聚体的质量分形维数也增大。可见土壤胶体悬液的初始状态和性质会对有机无机复合产生影响。

不同矿物类型土壤胶体在凝聚和分散性质上具有很大差异。已有的研究（Frenkel et al., 1992; Miller et al., 1990）结果表明，不同的矿物胶体在同一离子体系中的临界聚沉浓度大小次序如下：蒙脱石、伊利石>皂土>高岭石。矿物胶体的聚沉难易主要是由矿物胶体本身的电荷性质所决定的。高岭石表面的电荷最少，胶体颗粒间的静电斥力最小，所以最容易聚沉。

只有当颗粒小到一定程度，黏力对颗粒动力学特征的影响才能超过重力，凝聚等现象才会显现出来。因此，颗粒粒径是影响絮凝的一个重要因素。黄建维（1981）收集了我国部分港口、河口淤泥的絮凝沉降实验资料并分析了凝聚因子，认为淤泥的中值粒径越小，絮凝作用越强,发生絮凝的中值粒径范围为 0.02～0.03 mm。张志忠（1996）认为，长江口泥沙大于 0.032 mm 的颗粒凝聚作用不显著，而粒径为 0.008 mm 时凝聚作用较强。杨铁笙等（2003）的研究表明，颗粒范德华引力能与粒径的一次方成正比，重力势能与粒径的三次方成正比；粒径过大时重力作用能超过范德华引力能，粒径过小则范德华引力作用微弱。以上两种情况均不利于凝聚作用的发生，这或许能够解释既存在临界絮凝粒径又存在最佳絮凝粒径的实验现象。

## 2.4.2 胶体颗粒密度

凝聚的直接原因是胶体颗粒的碰撞引起胶体颗粒黏结，悬液中胶体颗粒密度越大，颗粒平均距离越小，单位时间内颗粒自由无碰撞运动距离就越小，碰撞的概率也就越大。随着胶体颗粒密度增大，凝聚作用变强烈。但存在一极限值，当胶体颗粒含量超过这个极限值后，颗粒密度对凝聚的影响反而变得不显著。Burns 等（1997）用小角光散射技术测定了不同颗粒密度的聚苯乙烯凝聚体的质量分形维数，结果表明：在高电解质浓度（>1 mol/L 的 $KNO_3$）下，聚苯乙烯的颗粒密度对凝聚体的结构特征无显著影响；而在低电解质浓度（<1 mol/L 的 $KNO_3$）下，随聚苯乙烯颗粒密度的增加，凝聚体的质量分形维数变小。

### 2.4.3　土壤有机质和氧化物的性质

当黏粒含量相同时，腐殖质的特性在有机无机复合中显得尤为重要，并且也关系到复合体中有机质的分解速率。目前研究认为土壤有机质中的腐殖酸是影响土壤胶体稳定性的主要物质，但具体的原理和过程各有差异（高晓丹等，2012；张桂银等，2004；熊毅，1979）。由于有机质的性质直接影响其与矿物胶结的紧密程度，因此，研究人员根据土壤腐殖质提取的难易程度，常把腐殖质分为三类，即松结态、联结态以及紧结态的腐殖质（文启孝等，1984）。有时出现腐殖质分离比较困难这一问题，研究人员推测可能的原因是腐殖质进入黏土矿物晶面间。大量研究表明，联结态的胡敏酸与富里酸常形成有机无机复合体而存在，由此，土壤有机质的性质都直接或间接影响复合体含量与稳定性。

关于土壤有机质对土壤黏粒稳定性的影响已有大量的报道，目前普遍认为有机质中的腐殖酸是影响土壤胶体稳定性的主要因素，但对于凝聚机理和过程的解释却各不相同。Chaney 等（1986）认为腐殖酸对土壤聚集物具有持久性稳定作用。Piccolo 等（1994）认为，可用腐殖酸作为侵蚀土壤的调节剂。Elfarissi 等（2000）的研究表明，腐殖酸能促进含有铝离子的高岭石黏粒发生瞬间凝聚，形成的凝聚体的质量分形维数接近 2.5。然而 Visser 等（1988）却认为腐殖酸不能作为凝聚剂，而是一种分散剂。兰叶青（1997）的研究表明，腐殖酸对土壤胶体稳定性的影响具有 $Na^+$、$Ca^{2+}$浓度依赖性。悬液体系中 $Na^+$ 或 $Ca^{2+}$浓度较低时，土壤腐殖酸促进纯矿物和土壤黏粒分散，表现为悬液的临界聚沉浓度随腐殖酸添加量的增加而增大。当 $Na^+$或 $Ca^{2+}$浓度较高时，腐殖酸对黏粒的分散作用丧失。Kretzschmar 等（1993）的研究发现去除有机质后高岭石胶体在 $CaCl_2$ 和 KCl 溶液中的临界聚沉浓度降低。在 pH 较低的情况下，低浓度的腐殖酸有利于高岭石的稳定。也有一些学者认为，是有机质中的其他成分对土壤胶体的稳定性起作用。Nelson 等（1999）的研究表明，更易分散的土壤中氨基酸占总有机质含量的比例较大，因此氨基酸和蛋白质是主要的分散剂。

氧化物的性质和形态结构不同，对胶体的聚沉的影响也不同。对土壤胶体稳定性起作用的主要是颗粒细微、表面积大的非晶型氢氧化物或羟基聚合物，氧化物通过影响土壤的电荷零点（point of zero charge, PZC）进而影响胶体颗粒间的排斥势能。但不同价态和不同结构的氧化物 PZC 变化很大，例如 $MnO_2$ 的 PZC 为 2~4.5，而三水铝石的 PZC 为 8.5。所以各种氧化物在胶体的凝聚-分散行为中表现各异。根据 Itami 等（2005）的研究，氧化铝对土壤胶体的稳定性有重大影响。

去掉氧化铝后，土壤胶体的稳定性增加。原因可能是氧化物在胶体表面形成氧化物胶膜，屏蔽了矿物胶体的表面电荷，降低了土壤胶体的表面电位。

### 2.4.4  土壤的水热条件

pH 可以通过影响胶体表面的电位和电荷密度及类型进而影响土壤有机组分和无机组分之间的静电作用力和化学键，形成不同的复合过程，尤其在可变电荷表面的影响更显著；pH 变化还导致原本就是阳离子的 $H^+$ 变化而使体系中阳离子的浓度改变，双电层受压缩而导致胶体凝聚，另外复合的强弱程度也受 pH 与 PZC 大小的影响。理论上讲，温度的升高既促进颗粒的布朗运动增大了碰撞概率发生凝聚，但又使颗粒双电层厚度增加、排斥力增大，而阻碍相邻颗粒之间的凝聚，由此温度对于凝聚的影响是双重的（Jia et al., 2013）。

土壤的凝聚与分散在一定程度上受 pH 的控制，pH 越高，胶体在同一电解质溶液中的临界聚沉浓度（CCC）越大。这是因为随 pH 的升高，土壤胶体表面的 $OH^-$ 浓度增加，负电荷密度增大，导致胶体颗粒间的静电斥力增加，胶体趋于相对稳定。pH 对胶体凝聚的影响表现在两方面：一是体系 pH 会影响胶体的表面电化学性质，如表面电位、表面电荷数量和电荷密度（于天仁，1976）。随 pH 的降低，胶体表面负电荷的数量减少，表面电位降低。当 pH 降到胶体的 PZC 时，胶体颗粒间的排斥势垒消失，在长程范德华引力作用下胶体颗粒发生凝聚。二是 pH 降低时 $H^+$ 与其他阳离子交换，体系中阳离子的浓度发生变化，阳离子通过压缩双电层而导致胶体凝聚（袁勇智，2007）。

不同矿物黏粒受 pH 的影响程度不同。矿物组成以可变电荷为主的土壤对 pH 较为敏感。关于 pH 对胶体凝聚的研究目前主要集中在 pH 与其他因素对胶体稳定性的共同影响及其程度。Goldberg 等（1990, 1987）的研究结果表明，氧化铝、氧化铁、高岭石、蒙脱石以及它们的混合物的凝聚与分散都依赖于 pH。以蒙脱石为主的土壤，pH 从 6.4 增加到 9.4 时，其 CCC 从 14 mol/L 增至 28 mol/L；pH 对高岭石的影响要大于蒙脱石。蒋新（2004）的研究表明，在高 pH 下，随凝聚速率的降低，颗粒的凝聚过程由扩散控制逐渐转变为反应控制机制，形成的聚集体的质量分形维数变大；而在低 pH 下，质量分形维数却无显著增加。

土壤本身的性质如土壤悬液中胶体颗粒的平均动能决定着系统的凝聚-分散行为。而土壤胶体颗粒的动能又由体系的温度和土壤溶液的水流速度所决定。土壤黏粒的分散所需能量可通过机械震荡或水流经土壤孔隙将其动能传递给土壤胶体颗粒，从而使土壤胶体处于稳定分散状态。

理论上讲，温度对于土壤胶体的凝聚具有双重的影响：一方面温度升高使颗粒双电层厚度增加，胶体颗粒之间的排斥势能增大，不利于凝聚的发生；另一方面温度升高加剧了胶体颗粒的布朗运动，使胶体颗粒碰撞概率变大，有助于土壤胶体的凝聚。另外，温度的提高也可以达到提供能量的效果。Mpofu 等（2004）发现用聚丙烯酰胺（polyacrylamide，PAM）做絮凝剂的条件下，升高温度能促进高岭石、氧化铝、氧化钛等矿物悬液的凝聚。而 Binner 等（1998）用聚乙烯做絮凝剂的研究结果表明，在温度低于 45 ℃时，氧化铝胶体颗粒的凝聚速率随温度升高而增大，而进一步升高温度其凝聚速率降低。

综合考虑以上因素，电解质类型与浓度对土壤胶体的凝聚与稳定有着十分重要的影响，这不仅仅是因为电解质在土壤中大量存在并且处于不断变化之中，更重要的是它影响着土壤胶体的表面性质和双电层的厚度。因此，对不同电解质类型和浓度下土壤胶体凝聚动力学及形成的凝聚体结构性质的研究具有重要意义。

### 2.4.5　土壤溶液中的离子种类和浓度

金属离子在土壤有机无机复合过程中起着至关重要的作用，特别是高价金属离子起到"桥"的作用，我们熟知土壤胶体颗粒的凝聚与否受电解质影响，其原因在于胶体悬液体系中的表面电位和双电层厚度会受到影响，双电层排斥势垒发生变化。CCC 增大，表明胶体的稳定性增加；反之 CCC 若减少，则胶体不稳定易聚凝。Tian 等（2013）研究了不同种类的二价阳离子对可变电荷表面土壤胶体复合过程的影响，研究发现 $Cu^{2+}$ 在引发土壤胶体复合凝聚的过程中存在一种不同于传统的扩散控制凝聚机制的吸引——引力扩散联合控制团簇凝聚（ADLCA）。前人也曾指出不同种类的阴离子负吸附随电解质浓度的增加而减小的趋势，阴离子在土壤胶体表面的吸附同样影响土壤胶体的复合过程（Edwards et al., 1965）。

除电解质类型外，电解质浓度对胶体的凝聚动力学及凝聚体的结构也有重大影响。Grolimund 等（2001）认为在高电解质浓度下胶体的凝聚过程为 DLCA 机制，而在低电解质浓度下则为 RLCA 机制。Asnaghi 等（1995；1992）则认为 DLCA 和 RLCA 机制只是两种极端凝聚机制，随着电解质浓度的增大在二者之间会出现中间机制，使凝聚过程和凝聚体的结构发生变化。Burns 等（1997）运用小角度静态光散射技术对不同 $KNO_3$ 浓度下聚苯乙烯颗粒凝聚体的质量分形维数的研究结果表明，在低电解质浓度下形成的聚苯乙烯凝聚体结构紧实，而高电解质浓度下形成的凝聚体开放，而在中间浓度下形成的凝聚体的"有效"质量分形维数介于 DLCA 和 RLCA 机制的理论值之间。Huang 等（2006）认为 $BaCl_2$ 作用下黏土矿物胶体颗粒在低电解质浓度下发生慢速凝聚，形成致密的凝聚体，而中等电解质浓度就可以破坏胶体悬液的双电层结构，发生快速凝聚而形成开放的凝聚体，但电解质浓度过高则可能引起凝聚体结构重组而形成更加紧实的凝聚体。

## 2.4.6  土壤微生物

土壤中绝大多数的微生物通过黏附在有机无机复合体上，形成单个的微菌落或生物膜（Nannipieri et al., 2003）。微生物代谢活动旺盛，可以分解腐殖质分子阻止其与黏粒矿物结合，但是，在腐殖质形成有机无机复合体后，其本身抵抗微生物分解的能力变强，稳定性更高（Gramss et al., 1999; Sen, 1961）。大多可溶性有机物经由土壤微生物作用生成，疏水性有机物富含的功能团如—COOH、—OH 等，与矿物胶体形成复合体（Kaiser et al., 1996）。土壤微生物在土壤团聚体形成中扮演重要角色，其自身的分泌物和分解产物，及在对有机质分解过程中产生的物质类似于"黏合剂"把有机质和无机矿物联系在一起。土壤有机-无机-微生物的相互作用受物质表面性质如表面电荷、疏水性和所处环境条件如温度、pH 的影响，当土壤微生物吸附于矿物、有机质表面后，其细胞代谢将会发生明显变化，从而影响到土壤中与生物相关的一系列土壤环境过程如土壤污染物质的活化与钝化和污染土壤的生物修复。由此，土壤微生物对有机无机复合的作用不可忽视。

## 参考文献

丁昌璞, 2013. 中国土壤电化学的发展历程[J]. 土壤, 45(5): 780-784.

傅积平, 张绍德, 褚金海, 1978. 土壤有机无机复合度测定法[J]. 土壤肥料, 4: 40-42.

高晓丹, 李航, 朱华玲, 等, 2012. 特定 pH 条件下 Ca²⁺/Cu²⁺引发胡敏酸胶体凝聚的比较研究[J]. 土壤学报, 49(4): 698-707.

侯捷, 2010. 基于电场效应的土壤离子交换平衡新理论及其在物质表面性质测定中的应用[D]. 重庆: 西南大学.

侯雪莹, 韩晓增, 2008. 土壤有机无机复合体的研究进展[J]. 农业系统科学与综合研究, 24(1): 61-67.

胡纪华, 杨兆禧, 郑忠, 1997. 胶体与界面化学[M]. 广州: 华南理工大学出版社.

胡岳华, 邱冠周, 王淀佐, 1994. 细粒浮选体系中扩展的 DLVO 理论及应用[J]. 中南矿冶学院学报, 25(3): 310-314.

黄昌勇, 徐建明, 2010. 土壤学[M]. 3 版. 北京: 中国农业出版社.

黄建维, 1981. 粘性泥沙在静水中沉降特性的试验研究[J]. 泥沙研究, 2: 30-41.

蒋新, 2004. 扩散双电层作用下的胶体粒子聚集过程模拟[J]. 高校化学工程学报, 18(1): 33-37.

兰叶青, 1997. 交换性阳离子和胡敏酸对黏土絮凝-分散的作用[J]. 南京农业大学学报, 20(1): 100-104.

李力, 陆宇超, 刘娅, 等, 2012. 玉米秸秆生物炭对 Cd(II)的吸附机理研究[J]. 农业环境科学学报, 31(11): 2277-2283.

李学垣, 2001. 土壤化学[M]. 北京: 高等教育出版社.

刘大中, 王锦, 1999. 物理吸附与化学吸附[J]. 山东轻工业学院学报, 13(2): 22-25.

马毅杰, 袁朝良, 1988. 我国五种主要土壤胶体的表面化学性质研究[J]. 土壤通报, 1: 25-27.

牛灵安, 郝晋珉, 李吉进, 2001. 盐渍土熟化过程中腐殖质特性的研究[J]. 土壤学报, 38(1): 114-122.

荣兴民, 黄巧云, 陈雯莉, 等, 2008. 土壤矿物与微生物相互作用的机理及其环境效应[J]. 生态学报, 28(1): 376-387.

王继红, 赵兰坡, 王宇, 等, 2001. 吉林省主要耕作土壤胶散复合体的组成特征[J]. 吉林农业大学学报, 23(3): 72-77.

魏朝富, 陈世正, 谢德体, 1995. 长期施用有机肥料对紫色水稻土有机无机复合性状的影响[J]. 土壤学报, 32(2): 159-166.

魏朝富, 谢德体, 李保国, 2003. 土壤有机无机复合体的研究进展[J]. 地球科学进展, 18(2): 221-227.

温元凯, 邵俊, 1985. 离子极化导论[M]. 合肥: 安徽教育出版社.

文启孝, 等, 1984. 土壤有机质研究法[M]. 北京: 农业出版社.

吴金明, 刘永红, 2002. 我国几种地带性土壤无机胶体的表面电荷特性[J]. 土壤学报, 39(2): 177-183.

熊建军, 董长勋, 2008. pH 值对水稻土 $Cu^{2+}$ 静电吸附与专性吸附的影响[J]. 哈尔滨商业大学学报(自然科学版), 24(3): 309-312.

熊毅, 1979. 土壤胶体的组成及复合[J]. 土壤通报, 5: 1-8.

熊毅, 等, 1985. 土壤胶体(第二册): 土壤胶体研究法[M]. 北京: 科学出版社.

杨铁笙, 熊祥忠, 詹秀玲, 等, 2003. 粘性细颗粒泥沙絮凝研究概述[J]. 水利水运工程学报, 2(2): 65-77.

于天仁, 1976. 土壤的电化学性质及其研究法[M]. 2 版. 北京: 科学出版社.

于天仁, 季国亮, 丁昌璞, 1996. 可变电荷土壤的电化学[M]. 北京: 科学出版社.

袁勇智, 2007. 热力学条件对土壤分形结构体形成的影响: 计算机模拟[D]. 重庆: 西南大学.

张桂银, 董元彦, 李学垣, 等, 2004. 有机酸对几种土壤胶体吸附-解吸镉离子的影响[J]. 土壤学报, 41(4): 558-563.

张志忠, 1996. 长江口细颗粒泥沙基本特性研究[J]. 泥沙研究, 1: 67-73.

周广业, 丁宁平, 1991. 旱塬黑垆土肥料长期定位研究[J]. 土壤肥料, 1: 10-13.

朱华玲, 2009. 土壤有机/无机胶体颗粒凝聚的激光散射研究[D]. 重庆: 西南大学.

朱华玲, 李兵, 熊海灵, 等, 2009. 不同电解质体系中土壤胶体凝聚动力学的动态光散射研究[J]. 物理化学学报, 25(6): 1225-1231.

朱华玲, 李航, 贾明云, 等, 2012. 土壤有机/无机胶体凝聚的光散射研究[J]. 土壤学报, 49(3): 409-416.

Adachi Y, Karube J, 1999. Application of a scaling law to the analysis of allophane aggregates[J]. Colloids and Surfaces A: Physicochemical and Engineering Aspects, 151(1-2): 43-47.

Asnaghi D, Carpineti M, Giglio M, et al., 1992. Coagulation kinetic and aggregate morphology in the intermediate regimes between diffusion-limited and reaction-limited cluster aggregation[J]. Physical Review A, 45(2): 1018-1023.

Asnaghi D, Carpineti M, Giglio M, et al., 1995. Light scattering studies of aggregation phenomena[J]. Physica A: Statistical Mechanics and its Application, 213(1-2): 148-158.

Bezot P, Hesse-Bezot C, 1999. Kinetics of clustering of carbon black suspensions by light scattering techniques[J]. Physica A: Statistical Mechanics and its Application, 271(1-2): 9-22.

Binner J G P, Murfin A M, 1998. The effect of temperature, heating method and state of dispersion on the vacuum filter casting of alumina suspensions[J]. Journal of the European Ceramic Society, 18(7): 791-798.

Bolt G, 1955. Ion adsorption by clays[J]. Soil Science, 79(4): 267-276.

Borah J M, Mahiuddin S, Sarma N, et al., 2011. Specific ion effects on adsorption at the solid/electrolyte interface: A probe into the concentration limit[J]. Langmuir, 27(14): 8710-8717.

Borukhov I, Andelman D, Orland H, 1997. Steric effects in electrolytes: A modified Poisson-Boltzmann equation[J]. Physical Review Letters, 79(3): 435-438.

Boström M, Williams D R M, Ninham B W, 2001. Specific ion effects: Why DLVO theory fails for biology and colloid systems[J]. Physical Review Letters, 87(16): 168103.

Brogowski Z, Glinski J, Wilgat M, 1977. The distribution of some trace elements in size fractions of two profiles of soils formed from boulder loams[J]. Zeszyty Problemowe Postepow Nauk Rolniczych, 197: 309-318.

Burns J L, Yan Y D, Jameson G J, et al., 1997. A light scattering study of the fractal aggregation behavior of a model colloidal system[J]. Langmuir, 13(24): 6413-6420.

Chaney K, Swift R S, 1986. Studies on aggregate stability. II. The effect of humic substances on the stability of re-formed soil aggregates[J]. European Journal of Soil Science, 37(2): 337-343.

Chen K L, Elimelech M, 2007. Influence of humic acid on the aggregation kinetics of fullerene (C60) nanoparticles in monovalent and divalent electrolyte solutions[J]. Journal of Colloid and Interface Science, 309(1): 126-134.

Cheshire M V, Hayes M H B, 1990. Composition, origins, structures, and reactivities of soil polysaccharides[J]. Soil Colloids and Their Associations in Aggregates, 214: 307-336.

Churaev N V, Derjaguin B V, 1985. Inclusion of structural forces in the theory of stability of colloids and films[J]. Journal of Colloid and Interface Science, 103(2): 542-553.

Davies K S, Shaw G, 1993. Fixation of $^{137}Cs$ by soils and sediments in the Esk Estuary, Cumbria, UK[J]. Science of the Total Environment, 132(1): 71-92.

Derrendinger L, Sposito G, 2000. Flocculation kinetics and cluster morphology in illite/NaCl suspensions[J]. Journal of Colloid & Interface Science, 222(1): 1-11.

Edwards A P, Bremner J M, 1967. Microaggregates in soils[J]. European Journal of Soil Science, 18(1): 64-73.

Edwards D G, Posner A M, Quirk J P, 1965. Repulsion of chloride ions by negatively charged clay surfaces[J]. Transactions of the Faraday Society, 61: 2808-2815.

Elfarissi F, Pefferkorn E, 2000. Fragmentation of kaolinite aggregates induced by ion-exchange reactions within adsorbed humic acid layers[J]. Journal of Colloid and Interface Science, 221(1): 64-74.

Frenkel H, Levy G J, Fey M V, 1992. Organic and inorganic anion effects on reference and soil clay critical flocculation concentration[J]. Soil Science Society of America Journal, 56(6):1762-1766.

Gao X D, Yang G, Tian R, et al., 2015. Formation of sandwich structure through ion adsorption at the mineral and humic interfaces: A combined experimental computational study[J]. Journal of Molecular Structure, 1093: 96-100.

García-García S, Wold S, Jonsson M, 2007. Kinetic determination of critical coagulation concentrations for sodium-and calcium-montmorillonite colloids in NaCl and CaCl₂ aqueous solutions[J]. Journal of Colloid and Interface Science, 315(2): 512-519.

Gerzabek M H, Mohamad S A, Muck K, 1992. Cesium-137 in soil texture fractions and its impact on Cesium-137 soil-to-plant transfer[J]. Communications in Soil Science and Plant Analysis, 23(3-4): 321-330.

Goldberg S, Forster H S, 1990. Flocculation of reference clays and arid-zone soil clays[J]. Soil Science Society of America Journal, 54(3): 714-718.

Goldberg S, Glaubig R A, 1987. Effect of saturating cation, pH, and aluminum and iron oxide on the flocculation of kaolinite and montmorillonite[J]. Clays and Clay Minerals, 35(3): 220-227.

Gramss G, Ziegenhagen D, Sorge S, 1999. Degradation of soil humic extract by wood-and soil-associated fungi, bacteria, and commercial enzymes[J]. Microbial Ecology, 37(2): 140-151.

Greenland D J, 1971. Interactions between humic and fulvic acids and clays[J]. Soil Science, 111(1): 34-41.

Griffith S M, Schnitzer M, 1975. Analytical characteristics of humic and fulvic acids extracted from tropical volcanic soils[J]. Soil Science Society of America Journal, 39(5): 861-867.

Grolimund D, Elimelech M, Borkovec M, 2001. Aggregation and deposition kinetics of mobile colloidal particles in natural porous media[J]. Colloids and Surfaces A: Physicochemical and Engineering Aspect, 191(1-2): 179-188.

Gu B H, Schmitt J, Chen Z H, et al., 1994. Adsorption and desorption of natural organic matter on iron oxide: Mechanisms and models[J]. Environmental Science & Technology, 28(1): 38-46.

Hedges J I, Oades J M, 1997. Comparative organic geochemistries of soils and marine sediments[J]. Organic Geochemistry, 27(7-8): 319-361.

Hermawan M, Bushell G, Bickert G, et al., 2004. Characterisation of short-range structure of silica aggregates: Implication to sediment compaction[J]. International Journal of Mineral Processing, 73(2-4): 65-81.

Hu F N, Xu C Y, Li H, et al., 2015. Particles interaction forces and their effects on soil aggregates breakdown[J]. Soil and Tilliage Research, 147: 1-9.

Huang A Y, Berg J C, 2006. High-salt stabilization of Laponite clay particles[J]. Journal of Colloid and Interface Science, 296(1): 159-164.

Israelachvili J N, Adams G E, 1978. Measurement of forces between two mica surfaces in aqueous electrolyte solutions in the range 0-100 nm[J]. Journal of the Chemical Society, Faraday Transactions 1: Physical Chemistry in Condensed Phases, 74: 975-1001.

Itami K, Fujitani H, 2005. Charge characteristics and related dispersion/flocculation behavior of soil colloids as the cause of turbidity[J]. Colloids and Surfaces A: Physicochemical and Engineering Aspects, 265(1-3): 55-63.

Jia M Y, Li H, Zhu H L, et al., 2013. An approach for the critical coagulation concentration estimation of polydisperse colloidal suspensions of soil and humus[J]. Journal of Soils and Sediments, 13(2): 325-335.

Kaiser K, Guggenberger G, Zech W, 1996. Sorption of DOM and DOM fractions to forest soils[J]. Geoderma, 74(3-4): 281-303.

Keiluweit M, Kleber M, 2009. Molecular-level interactions in soils and sediments: The role of aromatic π-systems[J]. Environmental Science & Technology, 43(10): 3421-3429.

Kim A Y, Hauch K D, Berg J C, et al., 2003. Linear chains and chain-like fractals from electrostatic heteroaggregation[J]. Journal of Colloid and Interface Science, 260(1): 149-159.

Kim H K, Tuite E, Nordén B, et al., 2001. Co-ion dependence of DNA nuclease activity suggests hydrophobic cavitation as a potential source of activation energy[J]. European Physical Journal E, 4(4): 411-417.

Kim K S, Tarakeshwar P, Lee J Y, 2000. Molecular clusters of π-systems: Theoretical studies of structures, spectra, and origin of interaction energies[J]. Chemical Reviews, 100(11): 4145-4186.

Kleber M, Sollins P, Sutton R, 2007. A conceptual model of organo-mineral interactions in soils: Self-assembly of organic molecular fragments into zonal structures on mineral surfaces[J]. Biogeochemistry, 85(1): 9-24.

Kretzschmar R, Robarge W P, Weed S B, 1993. Flocculation of kaolinitic soil clays: Effects of humic substances and iron oxides[J]. Soil Science Society of America Journal, 57(5):1277-1283.

Kunz W, Nostro P L, Ninham B W, 2004. The present state of affairs with Hofmeister effects[J]. Current Opinion in Colloid & Interface Science, 9(1-2): 1-18.

Leiweber P, Paetsch C, Schulten H R, 1995. Heavy metal retention by organo-mineral particle-size fractions from soils in long-term agricultural experiments[J]. Archives of Agronomy and Soil Science, 39(4): 271-285.

Lenhart J J, Heyler R, Walton E M, et al., 2010. The influence of dicarboxylic acid structure on the stability of colloidal hematite[J]. Journal of Colloid & Interface Science, 345(2): 556-560.

Li S, Li H, Xu C Y, et al., 2013. Particle interaction forces induce soil particle transport during rainfall[J]. Soil Science Society of America Journal, 77(5): 1563-1571.

Lin J L, Chin C J M, Huang C, et al., 2008. Coagulation behavior of $Al_{13}$ aggregates[J]. Water Research, 42(16): 4281-4290.

Lin M Y, Lindsay H M, Weitz D A, et al., 1989. Universality in colloid aggregation[J]. Nature, 339(6223): 360-362.

Lin M Y, Lindsay H M, Weitz D A, et al., 1990a. Universal diffusion-limited colloid aggregation[J]. Journal of Physics: Condensed Matter, 2(13): 3093-3113.

Lin M Y, Lindsay H M, Weitz D A, et al., 1990b. Universal reaction-limited colloid aggregation[J]. Physical Review A, 41(4): 2005-2020.

Liu X M, Li H, Li R, et al., 2014. Strong non-classical induction forces in ion-surface interactions: General origin of Hofmeister effects[J]. Scientific Reports, 4: 5047.

Livens F R, Baxter M S, 1988. Particle size and radionuclide levels in some west Cumbrian soils[J]. Science of the Total Environment, 70: 1-17.

Ma J C, Dougherty D A, 1997. The cation-π interaction[J]. Chemical Reviews, 97(5): 1303-1324.

Miller W P, Newman D, Frenkel H, 1990. Flocculation concentration and sodium/calcium exchange of kaolinitic soil clays[J]. Soil Science Society of America Journal, 54(2):346-351.

Mortland M M, 1970. Clay-organic complexes and interactions[M]. New York: Academic Press.

Mpofu P, Addai-Mensah J, Ralston J, 2004. Temperature influence of nonionic polyethylene oxide and anionic polyacrylamide on flocculation and dewatering behavior of kaolinite dispersions[J]. Journal of Colloid and Interface Science, 271: 145-156.

Murphy E M, Zachara J M, Smith S C, et al., 1994. Interaction of hydrophobic organic compounds with mineral-bound humic substances[J]. Environmental Science and Technology, 28(7): 1291-1299.

Nannipieri P, Ascher J, Ceccherini M T, et al., 2003. Microbial diversity and soil functions[J]. European Journal of Soil Science, 54(4): 655-670.

Nelson P N, Baldock J A, Clarke P, et al., 1999. Dispersed clay and organic matter in soil: Their nature and associations[J]. Australian Journal of Soi Research, 37(2): 289-315.

Parsons D F, Ninham B W, 2009. Ab initio molar volumes and gaussian radii[J]. The Journal of Physical Chemistry A, 113(6): 1141-1150.

Piccolo A, Mbagwu J S C, 1994. Humic substances and surfactants effects on the stability of two tropical soils[J]. Soil Science Society of America Journal, 58(3): 950-955.

Pils J R, Laird D A, 2007. Sorption of tetracycline and chlortetracycline on K-and Ca-saturated soil clays, humic substances, and clay-humic complexes[J]. Environmental Science and Technology, 41(6): 1928-1933.

Quiquampoix H, Abadie J, Baron M H, et al., 1995. Mechanisms and consequences of protein adsorption on soil mineral surfaces[J]. Proteins at Interfaces II. 602: 321-333.

Quiquampoix H, Ratcliffe R G, 1992. A $^{31}$P NMR study of the adsorption of bovine serum albumin on montmorillonite using phosphate and the paramagnetic cation $Mn^{2+}$: Modification of conformation with pH[J]. Journal of Colloid and Interface Science, 148(2): 343-352.

Rennert T, Totsche K U, Heister K, et al., 2012. Advanced spectroscopic, microscopic, and tomographic characterization techniques to study biogeochemical interfaces in soil[J]. Journal of Soils and Sediments, 12(1): 3-23.

Rice J A, Tombácz E, Malekani K, 1999. Applications of light and X-ray scattering to characterize the fractal properties of soil organic matter[J]. Geoderma, 88(3): 251-264.

Rimmen M, Matthiesen J, Bovet N, et al., 2014. Interactions of $Na^+$, $K^+$, $Mg^{2+}$, and $Ca^{2+}$ with benzene self-assembled monolayers[J]. Langmuir, 30(30): 9115-9122.

Schudel M, Behrens S H, Holthoff H, et al., 1997. Absolute aggregation rate constants of hematite particles in aqueous suspensions: A comparison of two different surface morphologies[J]. Journal of Colloid Interface Science, 196(2): 241-253.

Schulten H R, Leinweber P, 2000. New insights into organic-mineral particles: Composition, properties and models of molecular structure[J]. Biology and Fertility of Soils, 30: 399-432.

Sen B C, 1961. Bacterial decomposition of humic acid in clay-humus mixtures[J]. Journal of the Indian Chemical Society, 38: 737-740.

Senesi N, Rizzi F R, Dellino P, et al., 1997. Fractal humic acids in aqueous suspensions at various concentrations, ionic strengths, and pH values[J]. Colloids and Surfaces A: Physicochemical and Engineering Aspects, 127(1-3):57-68.

Shevchenko S M, Bailey G W, 1998. Non-bonded organo-mineral interactions and sorption of organic compounds on soil surfaces: A model approach[J]. Journal of Molecular Structure: Theochem, 422(1-3): 259-270.

Sposto G, 1983. On the surface complexation model of the oxide-aqueous solution interface[J]. Journal of Colloid Interface Science, 91(2): 329-340.

Staunton S, Quiquampoix H, 1994. Adsorption and conformation of bovine serum albumin on montmorillonite: Modification of the balance between hydrophobic and electrostatic interactions by protein methylation and pH variation[J]. Journal of Colloid and Interface Science, 166(1): 89-94.

Sumner M E, 2000. Handbook of soil science[M]. Boca Raton: CRC Press.

Tang S, 1999. Prediction of fractal properties of polystyrene aggregates[J]. Colloids and Surfaces A: Physicochemical and Engineering Aspects, 157(1-3): 185-192.

Tian R, Li H, Zhu H, et al., 2013. $Ca^{2+}$ and $Cu^{2+}$ Induced aggregation of variably charged soil particles: A comparative study[J]. Soil Science Society of America Journal, 77(3): 774-781.

Tian R, Yang G, Li H, et al., 2014. Activation energies of colloidal particle aggregation: Towards a quantitative characterization of specific ion effects[J]. Physical Chemistry Chemical Physics, 16(19): 8828-8836.

Tisdall J M, Oades J M, 1982. Organic matter and water-stable aggregates in soils[J]. Journal of Soil Science, 33(2): 141-163.

Tombacz E, Meleg E, 1990. A theoretical explanation of the aggregation of humic substances as a function of pH and electrolyte concentration[J]. Organic Geochemistry, 15(4):375-381.

Tyulin A T, 1938. The composition and structure of soil organo-mineral gels1 and soil fertility[J]. Soil Science, 45(4): 343-358.

Varadachari C, Biswas N K, Ghosh K, 1984. Studies on decomposition of humus in clay-humus complexes[J]. Plant and Soil, 78(3): 295-300.

Verrall K E, Warwick P, Fairhurst A J, 1999. Application of the Schulze-Hardy rule to haematite and haematite/humate colloid stability[J]. Colloids and Surfaces A: Physicochemical and Engineering Aspects, 150(1-3): 261-273.

Violante A, DeCristofaro A, Rao M A, et al., 1995. Physicochemical properties of protein-smectite and protein-Al (OH) $x$-smectite complexes[J]. Clay Minerals, 30(4): 325-336.

Visser S A, Caillier M, 1988. Observations on the dispersion and aggregation of clays by humic substances. I. Dispersive effects of humic acids[J]. Geoderma, 42(3-4): 331-337.

Wang K J, Xing B S, 2005. Structural and sorption characteristics of adsorbed humic acid on clay minerals[J]. Journal of Environmental Quality, 34(1): 342-349.

Weitz D A, Huang J S, Lin M Y, et al., 1985. Limits of the fractal dimension for irreversible kinetic aggregation of gold colloids[J]. Physical Review Letters, 54(13): 1416-1419.

Zhang J, Buffle J, 1996. Multi-method determination of the fractal dimension of hematite aggregates[J]. Colloids and Surfaces A: Physicochemical and Engineering Aspects, 107: 175-187.

Zhu P W, Napper D H, 1995. The effects of different electrolytes on the fractal aggregation of polystyrene latexes coated by polymers[J]. Colloids and Surfaces A: Physicochemical and Engineering Aspect, 98(1-2): 93-106.

# 第3章 土壤中的离子特异性效应

## 3.1 离子特异性效应的含义及意义

离子特异性效应又称 Hofmeister（霍夫迈斯特）效应，是在一百多年前 Hofmeister 所做的蛋白质凝聚实验中被发现的（Kunz, 2010），该效应指的是在阴离子（或阳离子）固定的条件下，不同阳离子（或阴离子）对系统的性质与过程具有不同的影响。实验发现，当溶液中含有不同的阳离子或阴离子时，特别是化合价相同的不同离子，蛋白质表现出不同的凝聚特征。之所以说 Hofmeister 效应的提出具有革命性的意义，原因在于：①它首次提及了相同价态不同离子而产生的离子特异性效应；②它通过一些差别很大的领域（如蛋白质的凝聚、三氧化二铁的凝聚和油酸钠的凝聚）提炼出离子特异性效应，说明其适应性较广；③通过离子的"脱水能力"对依照离子特异性效应所得到的结论进行解释。

长期以来，人们一直认为这是离子才有的一种特殊效应，并不具有广泛而重要的意义；并且学术界公认这个效应的理论基础已经明确，即该效应来自离子的水合。然而，近几十年来离子特异性效应再次引起物理学、化学和生物学领域科学家的广泛重视，并对离子特异性效应来源的解释产生质疑。目前已经确认，离子特异性效应并非离子才有的一种"特殊而微弱"的效应，该效应下面蕴藏着深刻的自然科学基础。不论是固体、液体还是气体，不论是无机还是有机，不论是固液界面还是液气界面，不论是生命系统还是非生命系统，离子特异性效应的知识内涵都普遍地在发生作用，它深刻地影响系列物理、化学与生物学过程。长期以来，物理学与生物学之间表现出巨大的知识壁垒，但是，Hofmeister 效应下面深藏的重大科学基础逐渐消除了这一壁垒。德国、意大利、澳大利亚等国科学家共同撰文指出，Hofmeister 效应是普遍存在的，该效应的重要性相当于孟德尔的工作在遗传学中的意义，只是 Hofmeister 效应还没有像孟德尔的工作一样被人们熟知。Tobias 等（2008）也在 *Science* 上撰文指出，Hofmeister 效应必将持续挑战所有相关理论。

众多研究者根据长期的实验和研究，列出了不同体系中典型阴离子和阳离子的 Hofmeister 序列，这些序列中离子对溶液的影响在盐浓度高的溶液中较明显（Izutsu et al., 2005），且阴离子的影响要大于阳离子的影响（Murgia et al., 2004）。

当外界条件发生改变时,序列中的离子顺序会发生局部的调整甚至是整体的反转。如今,离子特异性效应在化学领域和生物领域的研究随处可见。有研究表明该序列对酶的活性、蛋白质的稳定性与持水率、蛋白质的变性与复性、氨基酸的旋光性、胶体体系的稳定性、微乳液体系、细菌的生长、聚合物电解质的沉淀与结晶、离子表面活性剂的性质等很多方面均存在影响(Para et al., 2006)。

## 3.2　离子特异性效应的研究进展

现有研究对离子特异性效应存在原因的解释包括:离子的体积效应、极化力和诱导力、离子水合作用、疏水力或亲水力、离子的色散力,还有学者提出离子特异性效应的深层原因是量子涨落力,水合作用本身也由量子涨落力所决定(Parsons et al., 2011; Ninham et al., 2011; Peula-García et al., 2010; Tielrooij et al., 2010)。当体系或条件改变,量子涨落力还会与电场等其他因素发生耦合效应,导致离子特异性效应被放大。Liu 等(2014)在离子的吸附和交换实验中发现离子特异性效应,并提出这一过程中离子特异性效应的来源并非色散作用、经典诱导作用和离子半径、水合半径大小的差异,而是在离子与表面的相互作用中存在着的一种更强大的作用力,这种作用力的强度可以高达经典诱导力的 $10^4$ 倍,且可与库仑力相当。该研究者还发现,这种作用力来自纳米尺度颗粒表面电荷所产生的强电场与吸附态反号离子核外电子的量子涨落的耦合作用。当离子核外电子的量子涨落被外电场定向放大后,离子将被强烈地极化,其极化率可达经典极化理论计算值的 $10^4$ 倍。我们可以把这种极化称为非经典极化,相应的力也可称为非经典诱导力。这种非经典诱导力的存在意味着目前已有理论严重低估了离子或原子的非价电子能量的强度,而可能正是这一部分能量才是带来离子特异性效应的决定因素。目前认为,在低电解质浓度条件下,可以通过 DLVO 理论和双电层理论对离子特异性效应进行解释,而在高电解质浓度条件下就必须考虑色散力、离子体积和离子水合效应的影响。而与此不同,Liu 等(2014)的研究成果表明:产生离子特异性效应的最重要的力并不是那些经典力;相反,非经典极化作用在高浓度和低浓度条件下均使离子特异性效应得到合理解释,特别是在低电解质浓度条件下,经典的库仑力、色散力、离子大小和水合作用交织在一起共同决定哪些离子更易于接近颗粒表面,从而影响强电场中的离子诱导力。

研究发现,胶体颗粒相互作用中经典理论的失效将源于一种新的相互作用:"电场-量子涨落"耦合作用对颗粒间静电斥力、范德华引力和水合斥力的影响,而"电场-量子涨落"耦合作用正是离子特异性效应发生的理论基础。所以,基于目前相关研究中所取得的重大进展,有必要基于离子特异性效应重新认识腐殖质与矿物质的相互作用，以回答困扰人们多年的土壤"矿物-有机"复合机制与稳定机制的问题。

腐殖质分子的形成过程也深受离子特异性效应的影响。因为腐殖质分子并非一般概念的分子，而是一种超分子凝聚体。因此，与蛋白质凝聚类似，离子特异性效应在腐殖质超分子凝聚体的形成中必将扮演重要角色。采用目前的土壤腐殖质组成分析方法，人们将腐殖质分为胡敏酸和富里酸两个基本组成成分。其分离方法就是加 $H^+$（酸）后胡敏酸要发生凝聚而沉降，富里酸则不会凝聚而仍然分散于溶液中。其实，同一土壤所提取的胡敏酸粒径大小也没有一个确定值，其粒径分布在 50～500 nm，其中最大概率分布在 90～200 nm（Jia et al., 2013）。然而，提取的土壤腐殖质分子的分子量大小与土壤溶液环境的离子构成之间存在明显的相关性，比如在富含 $Ca^{2+}$（如黑土）和富含 $K^+$（如紫色土）的土壤中所提取的腐殖质分子往往分子量较大；相反，在富含 $H^+$ 和 $Na^+$ 的土壤中所提取的腐殖质的分子量往往较小。

腐殖质与土壤矿物质相互作用形成的有机-矿物复合体在土壤性质、肥力与生态功能上扮演重要角色。人们已经知道腐殖质与土壤矿物质相互作用能够促进土壤团粒结构的形成与稳定，从而在根本上改善土壤的水、热、气和养分状况，并显著提高土壤的抗侵蚀能力。而且只要腐殖质的质量分数达到 1%～5%，这种作用就将变得非常显著。虽然我们早已知道土壤中的这些现象，但这些现象的微观机制却一直缺乏系统性的理论描述。目前，人们普遍认为矿物与腐殖质相互作用主要受如下一些力的作用：分子力、静电力与高价离子桥键作用、氢键与化学键作用、疏水/亲水力作用等。但是，最近关于胶体颗粒相互作用效应的一些新发现指出，这些传统的作用力在矿物质-腐殖质相互作用中似乎难以自圆其说。下面我们将对此做详细讨论。

首先，实验研究早就发现，提取出来而处于溶液中（严格地说是胶体悬液）的腐殖质（胡敏酸）实际是粒径为 50～500 nm 的颗粒状物质，这部分有机质与土壤中粒径在几十纳米到上千纳米的黏土矿物胶体颗粒（或超微颗粒）的相互作用其实是胶体颗粒（严格地说属于超微颗粒）间的相互作用。按照 DLVO 理论，腐殖质与矿物质之间的相互作用将受到分子力和静电力两种力所支配。而腐殖质与矿物质之间的分子作用力的力程可以达到 5 nm 以上，而静电作用力则可达到 30 nm 以上。然而，氢键和化学键的作用力程仅在 0.1 nm 量级。所以，氢键和化学键等短程相互作用到底在矿物-腐殖质相互作用中发生多大作用将是个疑问。其实，在 2:1 型黏土矿物与腐殖质相互作用中，发生氢键和化学键的可能性是极小的。因为：①2:1 型黏土矿物颗粒（黏粒板）的两个面积较大的面上的氧原子都是化学键饱和的，只有侧面的断键处才可能存在不饱和键；②硅氧四面体的对称结构使其面上的 O 原子与 $H_2O$ 中的 H 原子形成氢键的可能性远远低于 $H_2O$ 中的

O 原子与另一 $H_2O$ 中的 H 原子形成氢键的可能性（因水分子不对称）。然而，腐殖质与 2：1 型黏土矿物的结合在土壤中却是普遍的。所以，化学键和氢键的短程相互作用在腐殖质-矿物相互作用中可能并非重要作用力。

其次，既然腐殖质和矿物质都是颗粒较大的胶体颗粒（由于其粒径普遍高于 100 nm，当然土壤学仍然称其为胶体颗粒），二者表面上都带大量的净负电荷。于是按胶体颗粒双电层的构成，每一个颗粒表面上的负电荷都要吸附大量的反号离子，而且这些反号离子并没有固定在颗粒表面，而是因热运动而随机分布在颗粒周围，形成"反号离子雾"。因此，在这种情况下，高价离子的"桥键"难以形成。我们无法想象一个高速移动的"桥"的存在。

最后，基于前面的两点分析，矿物-腐殖质相互作用必须再次回到颗粒间的静电力和颗粒间长程分子力上来。在自然条件下，矿物与腐殖质都带净负电荷，所以在矿物质与腐殖质相互作用中，静电力是斥力，分子力是引力。图 3-1 是典型的胶体颗粒间静电斥力、范德华引力和净合力的分布曲线。从该图可以看出，当颗粒间距离小于 2 nm 时，两胶体颗粒间存在很强的净引力，这意味着按 DLVO 理论，矿物质与腐殖质一经凝聚后将永远无法分开。因为这个净合力表明，即使静电斥力达到最强，当矿物质与腐殖质之间的距离小于 2 nm 后，颗粒间将仍然表现出很强的引力。然而，事实上矿物质与腐殖质结合后，二者是可以分离的。我们能够通过加入 NaOH 溶液来提取腐殖质，这说明腐殖质可以从其与矿物的结合状态中剥离下来。上述结果表明，在腐殖质与矿物质颗粒表面之间相距 2 nm 的空间内还应存在另一个作用力，而且是一个排斥力很强的作用力。

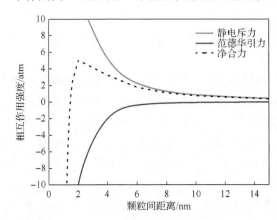

图 3-1　颗粒在浓度为 0.0001 mol/L 的 1：1 型电解质体系中的作用力曲线分布

Hamaker 常数为 $12×10^{-20}$ J（Li et al., 2009）

1 atm=$1.01325×10^5$Pa

当相邻两颗粒表面之间相距 1.5 nm 时，存在一个非常强的斥力作用，该斥力来自颗粒表面对水分子的引力，所以称该斥力为水合斥力（Leng, 2012; Pashley, 1981）。于是，当同时考虑水合斥力、静电斥力和范德华引力三个作用力时，这三个力以及它们的净合力分布则由图 3-2 表示。根据图 3-2，颗粒间相距 2 nm 以内的空间中的净合力变成了斥力，而且这个斥力远远超过范德华引力。这表明，在溶液中腐殖质与矿物质颗粒之间始终存在 1.5～2 nm 距离，因强排斥力而无法靠近。所以，二者在溶液中结合得并不紧密。应注意的是，由于玻恩斥力的力程非常短（<0.1 nm），所以这里没有考虑该力。

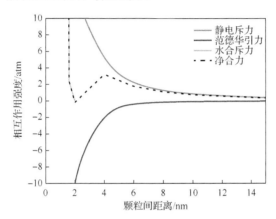

图 3-2　颗粒在浓度为 0.0001 mol/L 的 1∶1 型电解质体系中的作用力曲线分布

Hamaker 常数为 $12×10^{-20}$ J（Li et al., 2009）；水合斥力基于 Pashley（1981）的实验测定数据

一方面，与刚性的矿物质不同，腐殖质颗粒是易于发生形变的"柔性"颗粒。所以腐殖质-矿物质复合体在干燥过程中因强大分子力的"压迫"作用，使颗粒状的腐殖质因受压而"平铺"于各矿物颗粒之间，从而导致一个腐殖质颗粒可以同时与若干个矿物质颗粒结合。这也许就是前面提到的，为什么少量腐殖质能够在土壤团聚体稳定中扮演"大角色"的原因。另一方面，腐殖质作为有机质，它和阴离子之间可能存在特别强的离子特异性效应。特别是其中的磷酸根，它位于离子特异性效应最强的一端，它与有机分子之间存在非常强的亲和性，目前已经表明磷酸根的这种离子特异性效应是很多生物酶催化活性的本质原因（Kunz et al., 2004）。然而，阴离子特异性效应对腐殖质-矿物质相互作用的影响及其作用机制几乎从未引起人们的重视。

综合前面分析，不论是溶液中矿物质与腐殖质的复合过程，还是腐殖质-矿物质复合体形成后再移入低浓度电解质中的分散过程，范德华引力、静电斥力和水合斥力三者将扮演关键的角色。然而研究发现，这三个作用力都受离子特异性效应的深刻影响。在胶体体系，特别是生物系统中，双电层理论和 DLVO 理论的失效已被大量实验所证实。Boström 等（2001）发表在 *Physical Review Letters* 上的题为"Specific ion effects: Why DLVO theory fails for biology and colloid systems"的文章给出了系统的分析。Borah 等（2011）发表在 *Langmuir* 上的文章则表明，即使低浓度下经典理论仍然失效。Bolt（1955）发表的伊利石离子交换平衡的系列实验表明，不论是低浓度还是高浓度电解质条件，经典理论在描述吸附态离子的静电作用能时都是失效的，而且浓度越低失效越严重。因此 Bolt 为了得到与经典理论相符的数据结果，不得不引入两个非真实的参数：①计算中所用的伊利石表面电荷密度值为 $0.35\ C/m^2$，而其真实值却为 $0.2896\ C/m^2$；②计算中把 $Ca^{2+}$ 的浓度固定为 $10^{-3}\ mol/L$，而实验所用的真实 $Ca^{2+}$ 浓度在 $7\times10^{-5}\ mol/L$ 至 $1.38\times10^{-1}\ mol/L$ 之间的四个数量级上的变化。这些实验结果还反映出经典理论的失效不能用离子半径与水合半径、色散力（量子涨落）、诱导力（离子极化）等经典概念去解释（Liu et al., 2013）。我们知道，从双电层的 Gouy-Chapman 模型到 Gouy-Chapman-Stern-Grahame（古伊-查普曼-施特恩-格雷厄姆）模型，就是一个从只考虑点电荷的静电模型到同时考虑静电力、非静电力（离子极化、量子涨落等）和离子体积（含水合体积）的完整模型。而且，目前学术界公认的是，在高电解质浓度下要用 Gouy-Chapman-Stern-Grahame 模型进行描述，而在低电解质浓度下 Gouy-Chapman-Stern-Grahame 模型自动退化成 Gouy-Chapman 模型。然而，大量的实验结果否定了这些已被公认的"成熟"理论。首先，离子极化、量子涨落、离子半径和水合半径等都无法解释那部分巨大的超额作用能；其次，低电解质浓度下 Gouy-Chapman-Stern-Grahame 模型不仅不能退化成 Gouy-Chapman 模型，而且随浓度降低实验结果偏离 Gouy-Chapman 模型越来越严重。这表明经典的界面双电层理论和基于经典双电层理论的颗粒相互作用的 DLVO 理论将是一个失效的理论。早在 2001 年，Kim 等（2001）就酶活性（限制性酶切效率测定）研究得到完全相同的结果。Boström 等（2001）指出，经典 DLVO 理论在生物和胶体系统中失效的本质原因就是离子特异性效应的存在。

然而，离子特异性效应发生的浓度范围和离子特异性效应的本质来源至今都是有争议的。在离子特异性效应产生的浓度问题上，就存在截然不同的两个观点：一方面，研究者指出离子特异性效应在较高的电解质浓度时才会出现（Parsons et al., 2010; Moreira et al., 2006; Cacace et al., 1997）；另一方面，研究者发现离子特异性效应可以在较低的电解质浓度条件下发生，可低至 0.5 mmol/L（Enami et al., 2012; Borah et al., 2011; Kershner et al., 2004）。

Ninham 等（1997）通过相关研究，指出在溶液中色散力扮演着与静电力同样重要的作用；且在大于 0.1 mol/L 的电解质浓度条件下，由于静电力几乎消失，色散力将起到支配作用（Parsons et al., 2011），并且，研究指出色散力的强度取决于溶液中离子的大小和离子的极化率。Parsons 等（2011）的研究指出，量子涨落可能在离子特异性效应中扮演着重要作用，并且长期被忽略的离子或/和表面的水化也被提及是离子特异性效应的来源，这是因为电解质溶液中的离子通过与周围水分子及表面的强烈作用影响着胶体体系中的动态过程。然而，由于水化作用的定义本身就很困难，至今仍不清楚离子与水、离子与离子是如何相互作用的（Zhang et al.，2005）。Duignan 等（2013）基于对溶剂能的研究，认为水结构的改变及化学能的贡献是可以忽略的，色散力在离子特异性效应中起主导作用；并且，对于大小相同的离子，色散力越强，溶剂能的差异越大。不难理解，离子与离子相互作用及离子与表面相互作用势必会影响到离子与水的相互作用，这使得水化作用更难以被阐释清楚（Chen et al.，2008）。

## 3.3　土壤胶体相互作用中的离子特异性效应

离子特异性效应不是离子才有的一种"特殊而微弱"的效应。大量的研究表明，离子特异性效应在有机无机、生命非生命系统，固液、气液界面都普遍地发生作用。与蛋白质胶体凝聚类似，土壤胶体的凝聚也必然受到离子特异性效应的影响。然而，由于表征土壤胶体凝聚中离子特异性效应的手段及理论的缺乏，相关研究至今都少见报道。其实，土壤学家对于离子特异性效应并不陌生，我们早就知道 KCl 与 NaCl 具有不同的饱和浓度，同浓度的 KOH 和 NaOH 溶液也具有不同的碱性。我们也知道 $K^+$ 和 $Na^+$ 在土壤中具有不同的交换吸附能力，虽然 KCl 与 NaCl 在溶液中的性质差异不大，但当分别把 KCl 与 NaCl 放入"黏土-水"和"蛋白质-水"体系，KCl 与 NaCl 的微小差异就会被黏土或蛋白质迅速放大，而使土壤与生物体呈现完全不同的性质或效应。并且土壤学家通常用离子水合半径来解释这种交换能力的差异，但有研究发现这种解释是有问题的（Parsons et al.，2011）。事实上，最近在多个领域内的研究结果发现，这种影响对土壤中的宏观现象将带来巨大的影响。一个典型的例子是，四川紫色土区是中国著名的粮食生产基地，高肥力紫色土具有良好的物理与化学性质。但众所周知，紫色土普遍富含 $K^+$，而且如果紫色土的 $K^+$ 被 $Na^+$ 取代，紫色土的肥力就将迅速下降（紫色土上曾因尿液施用而发生过这样的事情）。土壤对 $K^+$ 和 $Na^+$ 作用的不同反馈与生物体对 $K^+$ 和 $Na^+$ 作用的不同反馈（如人体缺 $K^+$ 引起呼吸衰竭或人体高 $Na^+$ 引起高血压等）都同属被放大了的离子的特异性效应所引起的现象。

有研究更是明确提出，土壤胶体的表面离子交换（Liu et al.，2013）和颗粒相互作用的活化能（Tian et al.，2014）等均体现出了强烈的离子特异性效应，并且对于这些现象的解释均依赖离子在土壤电场中的量子涨落效应。根据经典的 DLVO 理论（胡纪华等，1997），胶体颗粒的相互作用受到范德华引力和静电斥力的支配。这些力的作用力程可长达 10 nm 量级（Kanda et al.，2002），因此称为长程作用力。

土壤中粒径在几十到几百纳米范围内的有机(腐殖质)与无机(矿物质)胶体(Sheng et al., 2004)之间的相互作用也应该首先表现为长程作用力下的物理凝聚，然后当颗粒充分靠近后才有可能发生各种短程作用力下的物理凝聚。同时，离子在界面上短程作用力（力程约为 0.1 nm）的作用也会反过来影响长程作用力的发挥。不同离子所带来的界面上短程作用力的不同是离子特异性效应存在的本质，该效应会改变离子的有效电荷，影响颗粒间的静电斥力，进而影响颗粒的相互作用。Tian 等（2014）已经在蒙脱石矿物颗粒的相互作用中发现了这种离子特异性效应，并用活化能定量表征了颗粒相互作用中的离子特异性效应的强度。

土壤中的胡敏酸和蒙脱石的表面电场强度都高达 $10^8 \sim 10^9$ V/m（Li et al., 2013），因此其表面吸附的反号离子因"电场-量子涨落"耦合作用而被强烈极化。强烈极化的结果将导致离子在界面附近受到的库仑力远远超过离子电荷所能产生的库仑力，这体现在离子的有效电荷将远大于离子的实际电荷。因此胶体体系中基于非经典极化的离子有效电荷可以用来定量表征离子特异性效应的强度。

不论是溶液中矿物质与腐殖质的复合过程，失水过程中矿物质与腐殖质紧密结合过程，还是干燥后腐殖质-矿物质复合体再润湿后的分散过程，范德华引力、静电斥力和水合斥力三者均扮演关键的角色。然而，越来越多的研究发现，这三个作用力都受离子特异性效应的深刻影响。综合上述分析推测，胶体颗粒相互作用中经典理论的失效是源于一种新的相互作用："电场-量子涨落"耦合作用对颗粒间静电斥力、范德华引力和水合斥力的影响，而"电场-量子涨落"耦合作用正是离子特异性效应发生的理论基础。在土壤固液界面附近，当物质的核外电子云发生量子涨落（核外电子运动的随机性而产生的电子云偏离最大概率分布的情况）时，强大的外电场将使这种涨落被急剧放大，从而使电子能量和量子态发生巨大变化。反过来，这种变化又会影响界面性质和界面附近电场强度的变化，而呈现耦合特征。其结果不仅激发界面附近各物质独特的物理、化学和生物学活性，而且将使土壤矿物、有机、微生物"颗粒"本身的界面性质和这些颗粒相互作用能发生质的变化。这就是土壤固液界面广泛存在的"电场-量子涨落"耦合作用。这种作用在土壤中是普遍存在的，在土壤这个复杂的多分散体系中，离子特异性效应对于有机质和矿物质的复合凝聚过程有一定的影响，进而对整个土壤的宏观环境效应产生巨大影响。

基于上述分析，土壤有机无机复合体的形成似乎必须经历两个过程：第一个过程是基于介观尺度下腐殖质和矿物质的凝聚过程。通过该过程，有机质与矿物质在上述四个力的支配下可能形成一种具有分形特征的"有机无机超分子聚合体"。而且，该过程应具有一定的可逆性。第二个过程是腐殖质与矿物质在短程力下的聚合过程。该过程是在第一个过程的基础上，有机与无机，以及有机与有机之间进一步在化学键力、氢键和短程分子力的作用下结合成更加紧密而稳定的复合体。而界面上不同离子所引起的短程作用力的不同会反过来影响到长程作用力的发挥，进而影响颗粒间的相互作用。此过程中不同离子所表现出的作用力和作用强度的差异即离子特异性效应存在的本质。

## 参考文献

胡纪华, 杨兆禧, 郑忠, 1997. 胶体与界面化学[M]. 广州: 华南理工大学出版社.

Bolt G, 1955. Ion adsorption by clays[J]. Soil Science, 79(4): 267-276.

Borah J M, Mahiuddin S, Sarma N, et al., 2011. Specific ion effects on adsorption at the solid/electrolyte interface: A probe into the concentration limit[J]. Langmuir, 27(14): 8710-8717.

Boström M, Williams D R M, Ninham B W, 2001. Specific ion effects: Why DLVO theory fails for biology and colloid systems[J]. Physical Review Letters, 87(16): 168103.

Cacace M G, Landau E M, Ramsden J J, 1997. The Hofmeister series: Salt and solvent effects on interfacial phenomena[J]. Quarterly Reviews of Biophysics, 30(3): 241-277.

Chen E, Tsai T L, Dieckmann R, 2008. Does the valence state of an ion affect its diffusivity? Part I: Oxygen activity dependence of the diffusion of iron in alumina-doped MgO[J]. Solid State Sciences, 10(6): 735-745.

Duignan T T, Parsons D F, Ninham B W, 2013. A continuum model of solvation energies including electrostatic, dispersion, and cavity contributions[J]. The Journal of Physical Chemistry B, 117(32): 9421-9429.

Enami S, Mishra H, Hoffmann M R, et al., 2012. Hofmeister effects in micromolar electrolyte solutions[J]. The Journal of Chemical Physics, 136(15): 154707.

Izutsu K, Aoyagi N, 2005. Effect of inorganic salts on crystallization of poly (ethylene glycol) in frozen solutions[J]. International Journal of Pharmaceutics, 288(1): 101-108.

Jia M Y, Li H, Zhu H L, et al., 2013. An approach for the critical coagulation concentration estimation of polydisperse colloidal suspensions of soil and humus[J]. Journal of Soils and Sediments, 13(2): 325-335.

Kanda Y, Yamamoto T, Higashitani K, 2002. Origin of the apparent long-range attractive force between surfaces in cyclohexane[J]. Advanced Powder Technology, 13(2): 149-156.

Kershner R J, Bullard J W, Cima M J, 2004. Zeta potential orientation dependence of sapphire substrates[J]. Langmuir, 20(10): 4101-4108.

Kim H K, Tuite E, Norden B, et al., 2001. Co-ion dependence of DNA nuclease activity suggests hydrophobic cavitation as a potential source of activation energy[J]. The European Physical Journal E, 4(4): 411-417.

Kunz W, 2010. Specific ion effects in colloidal and biological systems[J]. Current Opinion in Colloid & Interface Science, 15(1-2): 34-39.

Kunz W, Nostro P L, Ninham B W, 2004. The present state of affairs with Hofmeister effects[J]. Current Opinion in Colloid & Interface Science, 9(1-2): 1-18.

Leng Y, 2012. Hydration force between mica surfaces in aqueous KCl electrolyte solution[J]. Langmuir, 28(12): 5339-5349.

Li H, Peng X H, Wu L S, et al., 2009. Surface potential dependence of the Hamaker constant[J]. The Journal of Physical Chemistry C, 113(11): 4419-4425.

Li S, Li H, Xu C Y, et al., 2013. Particle interaction forces induce soil particle transport during rainfall[J]. Soil Science Society of America Journal, 77(5): 1563-1571.

Liu X M, Li H, Du W, et al., 2013. Hofmeister effects on cation exchange equilibrium: Quantification of ion exchange selectivity[J]. The Journal of Physical Chemistry C, 117(12): 6245-6251.

Liu X M, Li H, Li R, et al., 2013. Combined determination of surface properties of nano-colloidal particles through ion selective electrodes with potentiometer[J]. Analyst, 138(4): 1122-1129.

Liu X M, Li H, Li R, et al., 2014. Strong non-classical induction forces in ion-surface interactions: General origin of Hofmeister effects[J]. Scientific Reports, 4: 5047.

Moreira L A, Boström M, Ninham B W, et al., 2006. Hofmeister effects: Why protein charge, pH titration and protein precipitation depend on the choice of background salt solution[J]. Colloids and Surfaces A: Physicochemical and Engineering Aspects, 282: 457-463.

Murgia S, Monduzzi M, Ninham B W, 2004. Hofmeister effects in cationic microemulsions[J]. Current Opinion in Colloid & Interface Science, 9(1-2): 102-106.

Ninham B W, 2002. Physical chemistry: The loss of certainty[J]. Lipid and Polymer-Lipid Systems, 120: 1-12.

Ninham B W, Duignan T T, Parsons D F, 2011. Approaches to hydration, old and new: Insights through Hofmeister effects[J]. Current Opinion in Colloid & Interface Science, 16(6): 612-617.

Ninham B W, Yaminsky V, 1997. Ion binding and ion specificity: The Hofmeister effect and onsager and Lifshitz theories[J]. Langmuir, 13(7): 2097-2108.

Para G, Jarek E, Warszynski P, 2006. The Hofmeister series effect in adsorption of cationic surfactants: Theoretical description and experimental results[J]. Advance in Colloid and Interface Science, 122(1-3): 39-55.

Parsons D F, Boström M, Lo Nostro P, et al., 2011. Hofmeister effects: Interplay of hydration, nonelectrostatic potentials, and ion size[J]. Physical Chemistry Chemical Physics, 13(27): 12352-12367.

Parsons D F, Boström M, Maceina T J, et al., 2010. Why direct or reversed Hofmeister series? Interplay of hydration, non-electrostatic potentials, and ion size[J]. Langmuir, 26:3323-3328.

Parsons D F, Ninham B W, 2011. Surface charge reversal and hydration forces explained by ionic dispersion forces and surface hydration[J]. Colloids and Surfaces A: Physicochemical and Engineering Aspects, 383(1-3): 2-9.

Pashley R M, 1981. DLVO and hydration forces between mica surfaces in $Li^+$, $Na^+$, $K^+$, and $Cs^+$ electrolyte solutions: A correlation of double-layer and hydration forces with surface cation exchange properties[J]. Journal of Colloid & Interface Science, 83(2): 531-546.

Peula-García J M, Ortega-Vinuesa J L, Bastos-González D, 2010. Inversion of Hofmeister series by changing the surface of colloidal particles from hydrophobic to hydrophilic[J]. The Journal of Physical Chemistry C, 114(25): 11133-11139.

Sheng N, Boyce M C, Parks D M, et al., 2004. Multiscale micromechanical modeling of polymer/clay nanocomposites and the effective clay particle[J]. Polymer, 45(2): 487-506.

Tian R, Yang G, Li H, et al., 2014. Activation energies of colloidal particle aggregation: Towards a quantitaive characterization of specific ion effects[J]. Physical Chemistry Chemical Physics, 16(19): 8828-8836.

Tielrooij K J, Garcia-Araez N, Bonn M, et al., 2010. Cooperativity in ion hydration[J]. Science, 328(5981): 1006-1009.

Tobias D J, Hemminger J C, 2008. Getting specific about specific ion effects[J]. Science, 319(5867): 1197-1198.

Zhang Y, Furyk S, Bergbreiter D E, et al., 2005. Specific ion effects on the water solubility of macromolecules: PNIPAM and the Hofmeister series[J]. Journal of the American Chemical Society, 127: 14505-14510.

# 第4章 土壤胶体相互作用研究方法

目前关于土壤学的研究虽运用了物理和化学等相关知识，但由于土壤本身的特殊复杂性质，要建立属于自身的知识体系，就要在宏观、介观、分子、原子尺度上进行更深入的思考研究。计算机技术的应用，使人们能够在配位化学、纳米（分子或原子）化学水平和三维分子结构模型上来重新认识有机无机复合体的结构和性质，使有机无机复合体的定量化研究成为可能。所涉及的实验方法以静态吸附实验为主，并结合多种定量、界面定性表征方法。涉及的理论方法主要为吸附热力学和动力学过程理论，过程机理表达多以相应的热力学或动力学模型方程参数来实现（Sharma et al., 2009; Hu et al., 2005）。傅里叶变换红外光谱仪（Fourier transform infrared spectrometer，FTIR）、X 射线光电子能谱（X-ray photo-electron spectroscopy，XPS）、原子力显微镜（AFM）、同步辐射-傅里叶变换红外光谱仪（synchrotron radiation-Fourier transform infrared spectrometer，SR-FTIR）、纳米二次离子质谱（nano secondary ion mass spectrum，Nano-SIMS）、微量热（microcalorimetry）等新兴现代测试技术在土壤界面化学研究中不断得到应用。

对胶体凝聚动力学的表征手段也有很多：浊度计（Rao et al., 2011）、紫外分光光度计（Hayasaka et al., 1969）、Zeta 电位仪（Wiese et al., 1975）、原子力显微镜（Francis et al., 2002）、多角度光散射仪（Gregory et al., 1989）等。此外，对胶体凝聚过程中胶体颗粒间相互作用力或相互作用能的表征手段同样也有很多：表面力仪（surface force apparatus，SFA）（Meyer et al., 2006）、光学镊子（optical tweezers）（Moffitt et al., 2008）、全内反射显微镜（total internal reflection microscopy，TIRM）（Axelrod, 2001）和原子力显微镜（Butt et al., 2005）。这些测定方法都需要保证以下三个关键因素：灵敏度足够高、外部施加力在一定范围内、制备足够大的胶体（Schneider et al., 2008）。并且，这些测定方法一般都只适用于两个颗粒间相互作用力的测定，因此更适用于测定及描述单分散的球形胶体颗粒悬液中颗粒间的作用力。对于多分散的非球形胶体颗粒体系，这些基于两个物体（颗粒）相互作用的测定并不能反映体系中颗粒间复杂的相互作用。因此，单一使用 SFA、TIRM 和 AFM 等仪器或技术都不能够准确反映土壤（多分散度高）这一复杂胶体悬液中非球形胶体颗粒间相互作用。

分形概念的提出促进了人们对凝聚体结构特征的认识、描述及研究。Forrest 等（1979）第一个报道了凝聚体分形的性质，他们借助图像分析技术确定了金属氧化物烟雾颗粒的质量分形维数。图像分析技术常用的方法有：盒计数（box counting）法、沙盒（sand box）法和显微镜法。图像分析技术是最古老的但最通用的表征技术，它的局限性在于：对于分形结构复杂的凝聚体，其结构信息难以通过简单的数学模型完全捕捉，导致测量误差或需要复杂的分析方法；图像数据的分辨率、噪声等质量问题可能会影响质量分形维数的准确性；此外，该方法只能测定质量分形维数小于 2 的凝聚体等。

随后，能够直观给出凝聚体结构图像的技术得到发展，主要涉及的设备有：透射电子显微镜（transmission electron microscope，TEM）、光学显微镜（optical microscope）、扫描电子显微镜（scanning electron microscope，SEM）等。这些直观成像技术虽能清晰显示凝聚体图像，但是对凝聚体的修饰（如冷冻干燥）极大地改变了凝聚体本来的结构特征（Navarrete et al.，1996）。

沉降法（settling method）也常被用来研究凝聚体的结构特征（Johnson et al.，1996）。这一方法一般用于泥沙研究（杨铁笙等，2005）和污水处理（朱晓江等，2001），只能定性表征肉眼可见颗粒。图像分析技术和沉降法存在着共同的局限性：需要大量的时间才能获得结果，且不能原位在线表征凝聚体的结构特征（Bushell et al.，2002）。

近年来已在多领域被广泛应用的 X 射线吸收近边结构（X-ray absorption near edge structure，XANES）和扩展 X 射线吸收精细结构（extend X-ray absorption fine structure，EXAFS）光谱法也被公认是表征重金属离子-纳米颗粒界面吸附状态的重要手段，能够有效表征界面反应过程后吸附离子的氧化还原态变化、键合状态和吸附几何态等（Zhou et al.，2009）。通过 X 射线衍射（X-ray diffraction，XRD）数据可清晰地看出有机长链胺侵入蛭石层间，并且黏土矿物的表面有高密度的电荷（Yariv et al.，2002）。Schaefer 等（1984）通过光散射和 X 射线散射技术，原位测定了硅石凝聚体的质量分形维数，这种方法有效避免了图像分析技术中准备样品的固有局限。现在对胶体系统的研究大都选用散射技术（包括光散射、中子散射以及 X 射线散射），研究的体系也十分广泛，包括聚苯乙烯（Burns et al.，1997）、金溶胶（Dimon et al.，1986）、高岭石（Herrington et al.，1990）、蒙脱石（Katz et al.，2013）、伊利石（Hesterberg et al.，1990）、炭黑（Bezot et al.，1995）、胡敏酸（Baigorri et al.，2007）等简单的单一体系，也包括土壤这样的复杂混合多相体系（Tian et al.，2013）等。小角度静态光散射技术（Baek et al.，2002）由于对结果处理速度快、角度范围更适用于分离过程中的凝聚体结构表征，也得到了特别的应用，可用于优化实际分离过程中的操作效率。

# 4.1 计算机模拟

由于用实验方法测定胶体的凝聚动力学一般误差较大，而计算机模拟可以将实验条件单一化，可以精确地模拟出胶体颗粒的生长过程和凝聚体的质量分形维数，从而确定某一因素的影响，这是实验无法达到的（Bushell et al., 2002）。因此，关于胶体颗粒凝聚动力学及结构特征的研究，最初都采用计算机模拟的方法。

常用的计算机模拟方法有蒙特卡罗模拟、布朗动态模拟和基于数量平衡方程方法等。蒙特卡罗模拟主要用于研究凝聚体的结构特征，但是受限于凝聚体的尺寸，通常忽略了胶体颗粒间的相互作用，而只是用胶体颗粒的黏结概率来解释各种作用对凝聚过程的影响。虽然这种方法能够很好地描述凝聚过程中凝聚体结构的变化，但是它与真实凝聚时间的联系不显著。布朗动态模拟与蒙特卡罗模拟方法相比，其凝聚过程更接近于真实体系，在一定程度上能区分胶体颗粒间的相互作用和布朗运动的细节。该方法可被用来研究凝聚过程中凝聚体结构随凝聚时间的变化。缺点是模拟过程需要大量的计算时间，因此只能用于小尺寸凝聚体的过程模拟。基于数量平衡方程方法基于 Smoluchowski（斯莫卢霍夫斯基）的动力学方程，然而忽略了凝聚体间在空间和时间上的联系，因而仅适用于颗粒密度低且单体间相互作用可以被忽略的体系。基于数量平衡方程方法的最大优点是模拟方法简单，且凝聚体质量分布随时间的演变不受凝聚体的尺寸限制，因而大量的实验和理论研究都以该法为基础（Lattuada et al., 2003）。尽管计算机模拟方法有实验方法无法比拟之处，例如模拟出的结果直观、过程清楚，但计算机模拟毕竟限制了大量的外界条件，与实际的胶体体系存在差异，因此模拟的结果还需要实验来验证。

## 4.2　实　验　方　法

对胶体凝聚动力学及凝聚体结构特征的测定，通常用凝聚体的大小随时间的变化和凝聚体的质量分形维数来表征。对这二者的测定，目前常用的实验方法主要有沉淀法、显微镜图像分析法和光散射技术等。

沉淀法是研究颗粒行为的传统方法，主要适用于球状固体颗粒。沉淀法主要用于有机、无机絮凝剂对胶体颗粒凝聚过程的影响以及絮凝结果的分析（陈洪松等, 2002）。然而沉淀法仍处于定性描述阶段，其研究范围也多停留在颗粒粒径>1 μm 肉眼可见的悬液体系。

显微镜图像分析法的优点在于能够最直观地给出颗粒（凝聚体）的大小及其结构信息。主要用于研究颗粒（凝聚体）的结构特征，获得其描述性参数——质量分形维数。显微镜图像分析法用到的仪器主要有光学显微镜、透射电子显微镜、扫描电子显微镜、原子力显微镜、核磁共振等。其研究对象多属于微观尺度，且其对样品的前处理可能会破坏凝聚体的结构。

光散射技术（light scattering technology）包括动态光散射（dynamic light scattering，DLS）技术和静态光散射（static light scattering，SLS）技术。动态光

散射技术采用的是光子相关光谱技术（申晋等，2003），直接测定的是由颗粒的布朗运动引起的平均散射光强的随机起伏，在两个不同时间内其相关程度可以通过自相关函数 $C(\tau)$ 来表示。用自相关函数 $C(\tau)$ 代替散射光强后，杂乱无章的散射光强与时间的关系图变成为有规则的 $C(\tau)$ 平滑曲线，再利用各种算法反演就可以得到光强加权的 $z$-均颗粒大小与分布（岳成凤等，2004）。静态光散射技术通过分析不同散射角下散射光强与散射矢量的关系来获得凝聚体的质量分形维数（Teixeira，1988）。随着现代科技的不断进步，光散射技术的应用已逐步从简单的单分散体系扩展到多分散性纳米或胶体体系中。

综上所述，介观尺度（$10^{-9} \sim 10^{-6}$ m）的任何物质都将表现出特殊的界面性质，探索并开发这些特殊性质正是今天纳米科学与纳米技术研究的核心。对于介观尺度的土壤有机、无机和微生物胶体之间，不可能仅仅依赖于分子力和高价离子的"桥键"作用而结合在一起。光散射技术的发展，为我们从物质的尺度效应方面研究土壤有机无机胶体颗粒相互作用研究提供了有力的工具。可以预见，从物质的尺度效应来研究土壤"有机、无机、微生物"相互作用方式，必定会给我们带来全新的信息。

### 4.2.1　光散射技术在土壤胶体颗粒相互作用研究中的应用

在胶体化学、高分子材料和纳米科学等的研究中，光散射技术已经被广泛应用，并已经成为简单体系胶体和纳米颗粒相互作用机制研究的基本工具（Hadjsadok et al.，2008）。近年来，光散射技术在多分散性纳米或胶体体系中的应用也取得了一些新的进展。Adachi 等（2005）用动态光散射技术研究了水铝英石胶体悬液的稳定性。Derrendinger（1997）也用光散射技术研究了非人工合成的自然胶体的不稳定性，同时 Derrendinger 等（2000）还对光散射技术应用于黏土等多分散体系的条件进行了研究，成功地用激光散射技术研究了 NaCl 悬液中伊利石絮凝动力学及形成的凝聚体形态。这些结果表明，即使是多分散体系的分形凝聚过程也是可以通过激光散射技术来测定的。因此，探索该技术在土壤胶体这样的复杂体系中的应用条件势在必行。

#### 1. 光散射仪相关参数

以美国布鲁克海文（Brookhaven）仪器公司生产的 BI-200SM 广角度动态静态激光散射仪为例，仪器所配备的数字相关器为 BI-9000AT，是一个完全数字化、高速度的信号处理器，可用作动态光散射测定的自相关或互相关器，也可用于静态光散射测定的光子计数。激光器功率为 15 mW，波长为 532 nm。

1）散射角度

样品经过超声分散后，等倍稀释成一系列浓度，选择一个合适的颗粒密度在不同的散射角下做动态光散射测定，通过对比分析不同角度下测得的归一化自相关函数（normalized autocorrelation function，NACF）$C(\tau)$、用累积量法反演得出的初始颗粒有效水力直径——表观平均的水力直径、粒径分布（particle size distribution，PSD）和平均散射光强[后文简称为散射光强，单位为千计数每秒（kilo counts per second），后文用 kcps 表示]等参数，确定能够准确反映待测胶体凝聚动力学的散射角范围。

2）颗粒密度

选定合适的散射角度后，用动态光散射测定不同颗粒密度下黄壤胶体的归一化自相关函数以及反演出的初始颗粒有效水力直径、粒径分布和散射光强，找出符合样本统计要求并且颗粒间无相互干涉作用的初始颗粒密度范围。

3）质量分形维数

凝聚体质量分形维数测定即用静态光散射测定凝聚体的散射光强随散射矢量变化，从而反映胶体颗粒凝聚过程中形成的凝聚体的结构特征。质量分形维数可以综合反映凝聚体结构的开放性和孔隙度。总体而言，质量分形维数越小，结构越开放，孔隙度也越大。

2. 实验材料和样品处理

实验所用土壤为石灰岩发育的黄壤。黄壤胶体的分离与提取采用超声分散及虹吸法（熊毅等，1985）。土样经风干后过 60 目筛，称取 50 g 土样于 500 mL 烧杯中，加超纯水 500 mL，再加 0.5 mol/L 的 KOH 调节土壤悬液 pH 大约为 7.4，用探针型超声波细胞破碎仪在 20 kHz 下振动分散 15 min，转入 5000 mL 烧杯，用超纯水定容至刻度，用多孔圆盘搅拌均匀后在 25 ℃恒温条件下采用静水沉降虹吸法提取粒径<0.2 μm 的黄壤胶体，反复提取至悬液清亮。悬液全部收集后加入 0.5 mol/L 的 $HNO_3$ 浓缩，弃去上清液，将其保存为氢质胶体。取出一部分氢质胶体用超纯水反复清洗至接近中性。用已标定的 $1.79×10^{-3}$ mol/L KOH 标准液滴定，中和体系中的全部 $H^+$，使其转化为钾饱和样，再次用超声波细胞破碎仪振动分散胶体悬液，使其呈稳定的分散状态。最后用酸度计测得其 pH 为 8.3；微孔滤膜过滤后用火焰光度计法测得体系中 $K^+$ 浓度小于 $10^{-5}$ mol/L；定容后用烘干法测得颗粒密度为 0.950 g/L。

25 ℃下颗粒密度为 29.7 mg/L 的黄壤胶体在不同散射角下测定 5 min 时的自相关曲线见图 4-1。当散射角为 15°和 30°时，其自相关曲线不能平滑地衰减至基线。说明在这两个角度获得的有关颗粒粒径及其分布的信息是不准确的，这可能是由于灰尘对散射角小于 30°的测定结果有很大的影响。随着散射角的增大，自相关曲线逐渐趋于平滑并衰减至基线。因此，在 45°≤$\theta$≤150°（$\theta$ 为散射角）范围内的测定结果都是准确的。

对于动态光散射技术，无论是有效水力直径还是粒径的分布信息，其所有的推算和反演均基于光强自相关函数，所以要得到准确的测定结果，需要有一个可靠的自相关函数。一个理想的自相关函数曲线的标志是其能够平滑地衰减至基线。

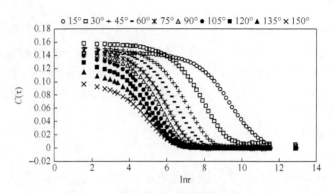

图 4-1　不同散射角下测得的自相关曲线

$C(\tau)$为归一化自相关函数；$\tau$ 为延迟时间，单位为 ns（下同）

　　图 4-2 是不同散射角下黄壤胶体的粒径分布。从图 4-2 可以看出，当散射角小于 90° 时，测得的有效水力直径和粒径分布宽度均随散射角的减小而变大，这反映了转动扩散运动对散射角的依赖性（Mandelbrot, 1983）。而当散射角为 90°～135° 时，测得的有效水力直径分布几乎重合在一起，这说明当散射角大于等于 90° 时，所有的初始颗粒均满足 $a>1$ nm（$a$ 是胶体颗粒的初始有效水力直径），测得的有效水力直径是颗粒的真实水力直径的整数倍（Lin et al., 1989）。Derrendinger 等（2000）的研究结果表明，当散射矢量 $Q$ 能够识别凝聚体的内部结构时，用动态光散射技术测得的有效水力直径与真实的水力直径的比值是一常数，在这种条件下，多分散体系中胶体颗粒凝聚动力学可以通过测定凝聚过程中凝聚体的有效水力直径随时间的变化来反映。因此，当散射角大于等于 90° 时，在单一角度下研究黄壤胶体凝聚的动力学机制是可行的。然而，散射角为 150° 时测得的有效水力直径分布与 90°～135° 相比稍宽，这可能是由于大角度的检测区体积大，容易受到灰尘的影响。因此，用动态光散射技术研究黄壤胶体凝聚的动力学机制，散射角的最好选择为 90°～135°。

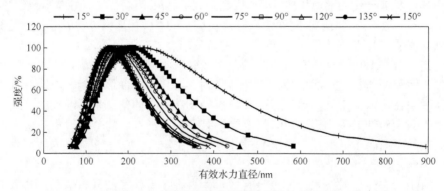

图 4-2　不同散射角下黄壤胶体的粒径分布

图 4-3 是不同初始颗粒密度的黄壤胶体在 25 ℃和 90°散射角下测定 5 min 得

到的自相关曲线。从图 4-3 可以看出，当黄壤胶体颗粒密度大于 1.90 mg/L 时可以得到非常理想的自相关曲线；密度为 1.90 mg/L 时得到的自相关曲线虽然能够衰减至基线，但已经出现零星的离散点；而当密度为 0.95 mg/L 时，自相关曲线变得十分离散且不能够衰减至基线。这表明黄壤胶体颗粒密度小于等于 1.90 mg/L 时，检测区域的颗粒密度或有效水力直径构成随检测时间出现很大的波动，导致实验结果的不稳定和测定误差的增加。因此，实验所需的最低黄壤胶体颗粒密度近似为 1.90 mg/L。

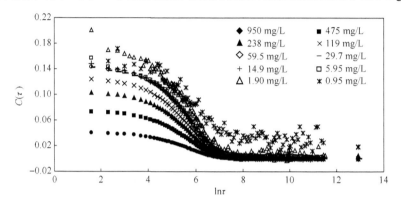

图 4-3　不同初始颗粒密度黄壤胶体的自相关曲线

表 4-1 是黄壤胶体在不同散射角下平均有效水力直径和散射光强等的测定结果。理论上讲，如果颗粒间不存在相互干涉作用，测得的散射光强应该随颗粒密度的降低而等比例下降，且有效水力直径大小基本保持不变。从表 4-1 可以看出，在黄壤胶体颗粒密度为 1.90～119 mg/L 时，随着样品的稀释，散射光强大体上呈等比例下降，有效水力直径为 157.6～169.1 nm。而当颗粒密度为 238～950 mg/L 时，随着颗粒密度的降低，散射光强基本上没有下降甚至还有增长的现象（颗粒密度为 475 mg/L 时），说明在这一浓度范围内，颗粒间干涉效应将变得非常显著，实验误差增大。因此，满足光散射测定要求的黄壤胶体初始颗粒密度范围为 1.90～119 mg/L。

表 4-1　黄壤胶体在不同散射角下平均有效水力直径和散射光强

| 颗粒密度/(mg/L) | 有效水力直径/nm | 多分散度 | 散射光强/kcps | 累积相对误差 |
| --- | --- | --- | --- | --- |
| 950 | 151.8 | 0.173 | 473.8 | $8.54 \times 10^{-5}$ |
| 475 | 153 | 0.177 | 546.2 | $9.87 \times 10^{-5}$ |
| 238 | 156.1 | 0.155 | 427.3 | $1.98 \times 10^{-4}$ |
| 119 | 157.6 | 0.148 | 250.7 | $1.82 \times 10^{-4}$ |
| 59.5 | 163.3 | 0.154 | 151.4 | $2.19 \times 10^{-4}$ |
| 29.7 | 163.4 | 0.163 | 81.9 | $3.53 \times 10^{-4}$ |
| 14.8 | 159.6 | 0.169 | 43.5 | $6.62 \times 10^{-4}$ |
| 5.95 | 168.7 | 0.157 | 17.6 | $1.62 \times 10^{-3}$ |
| 1.90 | 169.1 | 0.124 | 7.20 | $3.84 \times 10^{-3}$ |
| 0.95 | 120.1 | 0.079 | 3.30 | $8.12 \times 10^{-3}$ |

### 3. 光散射技术在土壤胶体颗粒相互作用研究中的应用条件

90°散射角下，90 mmol/L KNO$_3$体系中，29.7 mg/L 黄壤胶体凝聚过程中自相关函数随凝聚时间的变化见图 4-4。由图可以看出，在凝聚开始的前 80 min 内，自相关曲线均能平滑地衰减至基线，这说明在前 80 min 内得到的测定结果均是可靠的。然而，80 min 后，自相关曲线开始偏离基线，这可能是由于测定时间过长，累积误差增大，也可能是体系中形成的凝聚体不断增大导致重力作用下发生颗粒沉降。

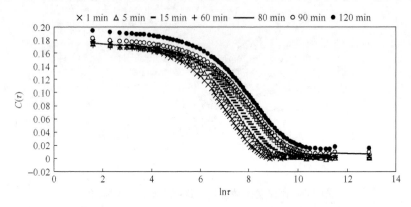

图 4-4    黄壤胶体凝聚过程中自相关曲线的变化

黄壤胶体凝聚过程中散射光强随时间的变化见图 4-5。凝聚开始的 80 min 内，散射光强基本保持一常数值 98.6 kcps。然而，80 min 后散射光强开始变得离散，尽管大部分仍然保持在 98.6 kcps，但已经呈现出下降趋势。这说明在 80 min 后体系中开始出现重力沉降或者存在干涉作用。然而由图 4-3 可知，即使存在干涉作用（初始颗粒密度大于 119 mg/L 时），自相关曲线仍然能够衰减至基线。这说明颗粒（凝聚体）的重力沉降是导致散射光强下降和自相关曲线偏离基线的主要原因。

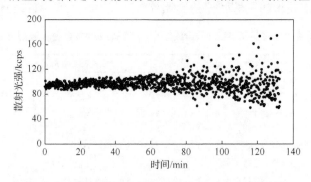

图 4-5    黄壤胶体凝聚过程中散射光强随时间的变化

综上所述，在 25 ℃、90 mmol/L KNO$_3$体系中，0~80 min 内颗粒的布朗运动

居于支配地位，重力沉降作用可以被忽略，在这一时间段内用动态光散射技术测得的黄壤胶体的有效水力直径及其分布是准确的，这说明用动态光散射技术来研究黄壤胶体凝聚的动力学机制是可行的。

图 4-6 是黄壤胶体凝聚过程中凝聚体的有效水力直径随时间的变化。用幂函数关系拟合，其决定系数 $R^2=0.9945$。这说明黄壤胶体在 25 ℃和 90 mmol/L KNO$_3$ 体系中的凝聚过程符合幂函数增长关系。其凝聚动力学方程可用下式表示：

$$R_{eff} = 595.45t^{0.2347} \tag{4-1}$$

式中，$R_{eff}$ 为凝聚体的有效水力直径；$t$ 为凝聚时间。

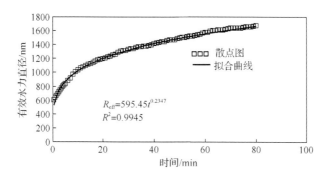

图 4-6　黄壤胶体凝聚过程中凝聚体有效水力直径随时间的变化

土壤胶体颗粒凝聚过程中凝聚体的有效水力直径与凝聚时间之间的这种幂函数关系与胶体凝聚领域中 DLCA 机制相一致（Stanley et al., 1985）。这种凝聚机制意味着在实验条件下，土壤胶体颗粒的黏结速率远远大于颗粒的布朗运动速率，即动力学过程由扩散所控制。这一结果与简单体系中的实验结果极为吻合（Witten et al., 1981）。

图 4-7 是黄壤胶体凝聚过程中粒径分布的变化。从图 4-7 可以看出，悬液中加入 KNO$_3$ 溶液后，黄壤胶体能够迅速黏结在一起形成凝聚体。当凝聚时间从 0 min（未加电解质时）增加至 1 min、5 min、15 min、30 min、60 min 和 80 min 时，体系中的最大颗粒（单体或凝聚体）有效水力直径（即体系中最可能存在或含量最高的某一粒径）由 163 nm 增加至 629 nm、823 nm、1074 nm、1367 nm、1570 nm 和 1677 nm，而粒径分布宽度则由 66～403 nm 分别增加至 249～1585 nm、260～2607 nm、319～3612 nm、450～4153 nm、472～5227 nm 和 496～5669 nm。

由以上结果可以看出，在自相关函数平滑地衰减至基线且散射光强保持不变的情况下，动态光散射技术能够给出可靠的土壤胶体颗粒凝聚过程中形成的凝聚体的有效水力直径随凝聚时间的变化，反映土壤悬液中胶体颗粒凝聚的动力学特征。

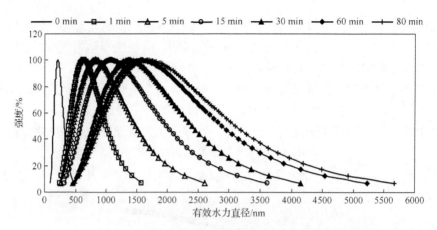

图 4-7　黄壤胶体凝聚过程中粒径分布的变化

　　图 4-8 是不同时间段内在黄壤胶体凝聚过程中得到的散射光强（$I$）与散射矢量（$Q$）的对数图（$\ln I$-$\ln Q$），其斜率是散射指数。当散射指数随凝聚时间的变化趋近于常数时，其绝对值就是凝聚体的质量分形维数。由图 4-8 可以得出，在 0～16 min、17～33 min、67～83 min 范围内，散射指数值分别是 1.54、1.56、1.57，基本上可认为是一常数值 1.56。这再次表明黄壤胶体在 25 ℃和 90 mmol/L $KNO_3$ 体系中的凝聚动力学是 DLCA 机制，形成的凝聚体的质量分形维数为 1.56±0.02。而 Lin 等（1989）用动态/静态光散射技术得到普适性的胶体在 DLCA 机制下凝聚体的质量分形维数为 1.85±0.05。这意味着黄壤胶体在 90 mmol/L $KNO_3$ 体系中形成的土壤凝聚体的结构更疏松、开放。出现这种差异的原因可能是黄壤胶体的多分散性，土壤胶体悬液的多分散性使其在不同的条件下形成的凝聚体的结构状况可能有所不同。

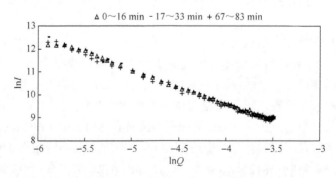

图 4-8　黄壤胶体凝聚过程中散射光强与散射矢量的对数图

　　土壤胶体悬液是一个多组成、多分散性的胶体体系。动态/静态光散射技术可以用来研究土壤胶体颗粒间的相互作用。在本章研究中我们首先探讨了光散射技术在土壤胶体中的初始应用条件，发现悬液中单体颗粒的密度及颗粒分布是关键的测定条件。在本章实验条件下最佳的测定条件为：胶体悬液的单体颗粒密度为

1.90～119 mg/L，可准确测定土壤胶体颗粒凝聚动力学研究的动态光散射角度范围在 90°～135°，而以 90°为最好。在此基础上，我们应用动态光散射技术研究了土壤胶体颗粒凝聚动力学特征，用静态光散射技术表征了形成的凝聚体形态特征。结果表明：在自相关函数能够平滑地衰减至基线且散射光强保持不变的条件下，动态光散射技术能够准确给出土壤胶体凝聚过程中颗粒（凝聚体）有效水力直径及其分布的变化，反映其凝聚动力学特征。在本实验条件下，得到的黄壤胶体凝聚动力学为扩散控制团簇凝聚（DLCA）机制，同时用静态光散射技术得到其凝聚体的质量分形维数为 1.56±0.02。然而，在不同条件下，因单粒本身的密度不同，以及凝聚发生的热力学条件不同，凝聚动力学机制及形成的凝聚体的结构状况将有所不同。但是在自相关曲线衰减至基线及散射光强保持不变的情况下，光散射技术仍然可以应用于土壤颗粒有效水力直径分布测定、土壤颗粒凝聚机制研究和土壤颗粒凝聚体结构性质研究中。

### 4.2.2　原子力显微镜在土壤胶体颗粒相互作用研究中的应用

#### 1. 原子力显微镜的工作原理及特征

　　AFM 是一种具有极高灵敏度的研究颗粒间凝聚过程、相互作用及黏附力的显微工具。AFM 主要由扫描系统、探测系统和反馈系统组成，其成像原理是通过安装在悬臂上的尖端在靠近扫描样品时所产生的较小且稳定的力而使悬臂发生弯曲，当悬臂发生弯曲时，反射激光束的位置会发生变化，从而改变检测器接收到的光强度信号，这些信号经过处理后形成图像（图 4-9）（赵春花，2019）。扫描样品首先被连接到三维压电驱动器上，在扫描时，样品与探针靠近，它们之间势必会出现力的作用，即相互作用力。在相互作用力的驱动下，连接探针的悬臂挠度会发生一定角度的偏移，反馈系统对偏移角度进行计算，即可得到所扫描样品的形貌图（程利群等，2018）。

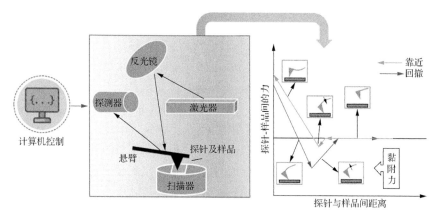

图 4-9　AFM 基本工作原理示意图

AFM 作为新型且具有无限应用潜力的光学显微镜，具有诸多优点：①AFM 所具有的较高分辨率可使其在纳米尺度上测量物质的表面形貌和粗糙度，且能够提供不同于电子显微镜的三维立体图像（Firoozi et al., 2015）；②需要强调的是 AFM 可使待测样品在任何条件下成像（Siretanu et al., 2014; Ploehn et al., 2006），而不再被限制于真空条件下，这使得在原态条件下测得一些物质颗粒的形貌和特征成为可能；③此外，对导电和非导电物质进行成像前不需要对样品进行特殊处理，可最大限度地还原样品本身形貌（Mwema et al., 2020）。但是在使用 AFM 的过程中也有一些不可避免的限制因素。例如：无法准确地找出最佳扫描点，需要反复尝试，从而导致扫描效率大大降低；同时，AFM 成像时从相反方向扫描得到的图像会发生一定程度的偏移，无法得到与初始扫描时完全相同的图像（Hanarp et al., 2003）。因此，在扫描时需要对扫描速度和精度进行反复调试，探索适合测量不同物质的实验参数条件才能保证图像清晰且准确（张亚男，2017）。此外，为保证测量的准确度，需要光滑的表面，且基底不能太软（Bickmore et al., 1999）。

AFM 是研究颗粒聚集、黏附力以及颗粒间相互作用比较直观的显微工具。自其问世以来，已被应用于生物及纳米材料研究的多个领域，展示了广泛的应用前景。例如：利用 AFM 检测颗粒与细胞之间的相互作用，获得相应的力学性能，结合体系中的生理现象，解析颗粒在生物医药领域的应用（药物递送、免疫响应和细胞力学等深层次的作用机制问题）（宋翠等，2019）。相关学者通过 AFM 的液相成像实现了近生理条件下对活细胞、生物大分子等生物样品的动态研究，其为探究液相条件下胶体颗粒的相互凝聚提供了可行性（宋翠等，2019）。在土壤矿物胶体研究方面，有学者运用 AFM 成功地观察了矿物的聚集、表面电场及相互作用力等，为探究土壤胶体颗粒的凝聚开辟了新的道路，也为获得复杂土壤系统的特征提供了一个前所未有的手段。

2. 利用原子力显微镜测定土壤胶体表面形貌

土壤胶体作为土壤中广泛存在的最为活跃的微小颗粒控制着土壤中一系列宏观表现，但因其自身的特殊性和异质性，给直观、可视化地研究其状态和功能提出了挑战（熊毅，1982）。由于 AFM 能够更为直观地表征土壤颗粒表面形貌，因此逐渐得到土壤科技工作者的关注，这也是其最基本的功能。AFM 能够在更广泛的条件下获得土壤颗粒尺寸、土壤结构特征、土壤聚集程度以及聚集体特征等形态学数据，且通过 NanoScope Analysis 软件分析得到颗粒的聚集状态、表面粗糙程度、颗粒粒径和颗粒面积等，为土壤学研究提供行之有效的技术手段。图 4-10 为黑土矿物胶体在不同电解质中的 AFM 形貌图。

1）对土壤胶体形貌的直接观察

AFM 是研究颗粒表面形貌的主要技术之一，但是很少有人在纳米尺度下用其对天然土壤胶体进行分析。Chen 等（2003）在运用 AFM 探索不同溶液处理土壤无机胶体的表面特征时，清楚地观察到了非结晶材料以表面涂层的形式存在于叶状颗粒（主要是高岭石）和球状颗粒（主要是针铁矿和赤铁矿）表面。相较于传统的光学显微镜，该技术能够直接在空气条件下对非晶体物质进行观察，因此，AFM 成为研究胶体颗粒表面特征的主要仪器之一。Luo 等（2017）运用 AFM 对西北地区三种天然土壤胶体的形貌和粒径分布进行了观察，结果表明胶体的吸附能力随胶体粒径的增大而降低。Cadene 等（2005）通过对 $Na^+$-蒙脱石胶体颗粒尺寸、形貌和表面电荷进行研究发现，在低 pH 条件下，基底表面会产生相反的电荷，从而导致蒙脱石胶体颗粒聚集，而在高 pH 条件下，双电层会引起颗粒之间的排斥。且 $Na^+$-蒙脱石单粒高度为 0.8～2.4 nm，长度为 80～300 nm，此外二八面体结构的同晶替代可能是导致蒙脱石胶体颗粒在长度和形态上具有高分散性的主要因素。Liu 等（2008）对土壤有机胶体胡敏酸（HA）进行研究时则发现，90%的 HA 胶体单粒的高度为 4.2～5.7 nm，而风干样品胶体单粒的高度为 3.1～3.7 nm。AFM 测定物质形貌的技术已经很成熟稳定，目前被普遍用于直接观测颗粒的大小和存在形态，为研究颗粒的凝聚和分散提供了基础。Balnois 等（2003）对黏土矿物的研究中发现矿物颗粒主要是单个存在且形态各异，多分散指数为 1.18，用小角中子散射（small angle neutron scattering，SANS）曲线模型对尺寸进行模拟，其数值和观察结果能够很好地吻合，这也说明 AFM 在对尺寸进行测量时具有很高的准确性。

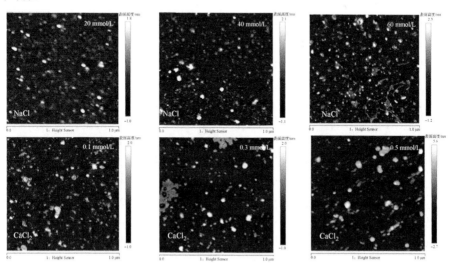

图 4-10　黑土矿物胶体在不同电解质中的 AFM 形貌图

2）对土壤胶体凝聚、分散行为的表征

通过对液相环境中土壤颗粒形貌的观察，可以初步确定不同条件下颗粒凝聚与分散的强度，进一步判定测定条件对土壤颗粒相互作用的影响，为相关理论研究与实验条件摸索提供支撑。汤志云等（2009）运用 AFM 的轻敲模式对三种自然土壤纳米胶体的形貌进行表征，以此来反映胶体的凝聚和分散行为，研究发现当胶体体系酸化时，体系中的有机胶体开始质子化，具正电荷，与带负电荷的黏土矿物纳米胶体等发生相互吸引作用，产生团聚或絮凝的现象；而当体系碱化时，体系中的有机胶体开始去质子化，具负电荷，与带负电荷的黏土矿物纳米胶体等发生排斥作用，从而使胶体更加分散、分布更均匀。后有学者（刘汉燊等，2018）基于 AFM 对颗粒尺寸和形貌的准确测定并结合黏附力来表征土壤矿物胶体颗粒凝聚过程中的离子特异性效应。研究发现，当环境电解质浓度低时，颗粒发生横向聚集且聚集程度较弱，当环境电解质浓度高时，颗粒发生纵向聚集，聚集程度强，其主要原因可能是量子涨落和体积效应作用。土壤中的有机、无机胶体能够通过相互作用力形成紧密的有机无机复合体。有机无机复合体与土壤结构和土壤肥力水平的好坏有着密切关系（史吉平等，2002），并且对重金属的吸附也有着重要意义（Kretzschmar et al., 2005; Ryan et al., 1996）。朱曦等（2018）对土壤有机无机复合体在不同溶液条件下的絮凝进行了监测，并通过 AFM 对其成像进行表征，发现复合体中的腐殖质组分会促进胶体颗粒稳定性的提高。众所周知，土壤腐殖质是含有多种官能团的、结构复杂的大分子化合物（Stevenson, 1982），是土壤有机质的主要组成物质，对土壤理化性质的调控和微生物繁衍具有重要作用（Chin et al., 1998）。腐殖质在环境中能够吸附、络合重金属及有机污染物，通过聚集而降低危害。但在对腐殖质化学结构的研究中还存在许多难点。近年来，AFM 技术的引入在一定程度上推动了土壤有机无机复合方面的研究。可以在土壤不受扰动状态下直接观测表面形貌变化，识别出土壤中有机物形态特征（汪景宽等，2019; Alvarez-Puebla et al., 2005）。Chen 等（2007）用 AFM 技术对 HA 的大分子结构进行了观察，发现 HA 分子聚集体的大小和形状都是不规则的，在特定的实验条件下，HA 分子在低 pH 和高盐浓度下会形成球形胶体，而网络或线性结构则会在高 pH 和低盐浓度下形成。HA 的形状在不同的自然环境条件下是异质的，这表明 HA 分子的聚集是自发的。因此，了解 HA 形貌和分子结构对评估 HA-金属离子-矿物三元系统中金属离子的自然环境行为具有重要意义。同样，Colombo 等（2015）在对 HA 的研究中也表明，pH 对 HA 的聚集程度和形状起着至关重要的影响。在干燥条件下，pH=5 时获得了最清晰的单个颗粒的 AFM 图像。上述研究表明，运用 AFM 表征颗粒的凝聚与分散，借助其凝聚与分散过程，探究颗粒间相互作用力的变化，为深入研究颗粒间的相互作用机理提供了新的方法和思路。

3. 利用原子力显微镜测定土壤胶体相互作用力

1）原子力谱（力-距离曲线）

原子力谱又称力-距离曲线。形成原子力谱的主要因素有三点，即短程化学力、范德华引力和静电力（Nalaskowski et al., 2015; Benli et al., 2011; Seo et al., 2008; Cleaver et al., 2007）。对原子力谱进行测量时，需将样品固定在 AFM 扫描台上，仪器悬臂梁连接的探针针尖移动到正对样品的位置，针尖与样品表面不断接触，根据悬臂偏转的挠度，测定悬臂的弹性系数进而得到相互作用力随距离的变化曲线，即力-距离曲线。在实验过程中，通过改变样品、针尖的修饰方式和测量模式可以得到不同的相互作用力数据。通过作用力曲线可直接反映黏附力、电性力等力学特征。通过对力-距离曲线的归纳与分析，可以更加深入地探究土壤胶体相互作用力，进而揭示土壤胶体的相互作用机制，并了解其性质、功能。

无论是测定表面形貌还是测量力-距离曲线，探针都是 AFM 最核心、最重要的元件。探针包含悬臂和针尖两部分，悬臂的核心参数是其弹性系数，在力-距离曲线的测量时需要首先对其进行标定和校正；针尖主要由 Si、$Si_3N_4$ 材质制成，有时为满足特殊需要，也可用矿物单晶或碳等其他材质（Smirnov et al., 2011; Zhu et al., 2011）。探针针尖作为 AFM 与样品直接接触的部分，其材质的选择与所测量样品数据的准确性有着直接的联系。因此，AFM 自研制以来，伴随着用途的不断扩展，其探针修饰技术也在不断改进与发展。

2）扫描探针修复

自 Ducker 等（1991）和 Butt（1991）报道了胶体探针制备技术后，随着技术的发展和人们的不断探索，各种各样的胶体探针制备方法相继涌现（D'Sa et al., 2014; Gan, 2007）。人们在传统探针表面修饰化学分子或目标蛋白，甚至是改变其电性吸附胶体物质等方法制成胶体探针，研究者可以根据颗粒的性质、操作环境和特殊的设备要求等来选择合适的方法进行胶体探针的制备，从而为进一步测定两种不同颗粒之间的相互作用提供巨大空间。为了让针尖与样品更好地接触，早期的学者通过用手将金刚石碎片附着到杠杆末端上来修饰探针，或者，如果是导线悬臂，则通过将导线蚀刻到一个尖锐的位置修饰探针（Albrecht et al., 1990）。Marti 等（1987）为了更好地研究液体条件下的成像，选择将探针用钻石碎片修饰。Meyer 等（1988）在比较氟化锂和石墨的时候使用了相同的修饰方法。但 AFM 测定所需的探针体积小且重量轻，使得手工组装测针组件困难且重复性差。现在应用较广的修饰探针是在上面修饰 $SiO_2$ 和 $Si_3N_4$，主要原因是它们具有足够的反射率和良好的机械性能（Albrecht et al., 1990）。Gupta 等（2010）通过用 $Si_3N_4$ 修饰探针后，直接测量高岭石表面力。Sokolov 等（2006）和 Raiteri 等（1998）在对矿物力的研究中也使用了标准的 $Si_3N_4$ 针尖，Kumar 等（2016）和 Veeramasuneni 等（1996）则是使用 $SiO_2$ 修饰针尖对高岭石电荷点和 Si 与 Al 之间的相互作用进行测量。Feng 等（2020）选择了尽可能圆润的蒙脱石胶体颗粒修饰探针，Gan（2007）则是将钛微球修饰到探针上。但这些材质仍具有限制因素，探针针头过大，其与样品接触面积过大，测量时无法准确地反映出力的大小。此外在将颗粒粘到探针上时要十分小心以防胶水溢出，且在自然条件下，物质与针尖二者都易被氧化。因此为追求更加准确的相互作用力，还需根据测量的目的不同，继续探索选用不同的物质来修饰探针。特别是对土壤胶体来说，土壤胶体颗粒是不规则的，难以找到完全圆润的颗粒用于探针修饰，并且在实验过程中，受到样品表面异质性的影响，粘在探针上的颗粒随时可能会出现偏移甚至脱落，势必会对测量结果产生一定影响。图 4-11 为制备的蒙脱石胶体颗粒探针的光学显微照片。

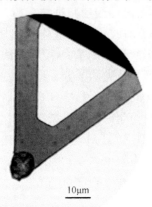

图 4-11    制备的蒙脱石胶体颗粒探针的光学显微照片

3）土壤胶体相互作用力测定

分子间因相互作用而产生的力称为相互作用力，包括长程作用力和短程作用力，它们与胶体的凝聚和分散密切相关。随着人们对纳米级物质关注的增加，土壤胶体的相互作用力也受到了越来越多的关注。经典 DLVO 理论认为胶体颗粒的凝聚与分散主要是颗粒间相互作用力的原因，但是许多学者通过研究发现，运用各种仪器实际测量出的力与经典 DLVO 理论不符，因此，可以猜测除经典 DLVO 力外还存在着其他的力在相互作用中扮演着关键角色。在传统研究中，表面力仪（SFA）是测量表面间相互作用力的主要方法（Dan et al., 2010）；但由于其分辨率有限，AFM 对微小颗粒的相互作用力进行测量更为精确。

早在 1991 年，就有学者通过 AFM 在溶液中对水合力、静电斥力和范德华引力进行了测量（Butt, 1991），结果显示，在高浓度下，可以完全忽略静电斥力。Leite 等（2003）分别对空气和溶液中的土壤矿物的黏附力进行测量，发现黏附力对样品的表面粗糙度和环境条件都有很强的依赖性，并且在空气和水中的黏附力分别与毛细管力和范德华引力有关。其结果与计算值刚好吻合。Huang 等（2015）通过 AFM 确定了水中细菌与针铁矿之间的黏附力，并深入了解细菌-矿物聚集体和在黏土矿物上形成的生物膜的纳米级表面形态，该研究直接证明了细菌和矿物质之间存在多种不同的缔合机制。Yang 等（2017）首次将 AFM 与光谱联用，在纳米尺度原位表征新鲜页岩中天然有机质的地球化学和地质力学性质，揭示了页岩中单个显微组分的地球化学演变过程。Guo 等（2017）提出了一种描述球形 AFM 尖端与板状黏土矿物之间相互作用力的数学模型，并将其用于表面电荷密度和表面电势的数学拟合。由此，可通过使用 DLVO 模型的数学回归分析来确定黏土矿物的表面电势，蒙脱石的平均表面电势为-62.8±10.6 mV，高岭石的平均表面电势为-40.9±15.5 mV，测得的结果有助于了解黏土沉积物之间的相互作用，并可将其用于建立颗粒间力模型进而模拟侵蚀过程中的沉积物迁移。Morag 等（2013）在不同 pH 的条件下，利用 AFM 测量了二氧化硅颗粒表面之间的作用力，阐明了离子特异性吸附序列的起源及其逆转原因：在低 pH 条件下，颗粒间的静电作用不明显，而随着 pH 的升高，在颗粒表面形成紧密结合的水合层，从而凸显了表面水合力的主导作用。除了在高 pH 条件下观察到水合排斥作用，在低 pH 条件下观察到的数据也证实了表面水合力的存在。Kumar 等（2016）使用 DLVO 理论结合表面复杂化模型从力-距离曲线中提取表面电荷密度信息，得到的结果与理论值吻合得很好。邢耀文等（2019）以玻璃微球为对象对不同疏水性颗粒间的相互作用力进行了测试，并将结果与经典 DLVO 理论进行拟合分析、对比。结果发现，亲水性颗粒与疏水性颗粒间相互作用力服从经典 DLVO 理论，但当分离距离在 6 nm 左右时，颗粒间范德华引力克服静电斥力，两亲水性颗粒间存在着额外的短程水化斥力。Wang 等（2013）在研究硅球和氧化硅片在不同电解质溶液中相互作用力时发现经典 DLVO 合力加水合斥力的曲线能够和原子力显微镜测得的力-距离曲线重合，这说明除了经典的 DLVO 合力之外，水合斥力应该被考虑进颗粒间相互作用中。土壤胶体体系本身是一个强电场体系，在土壤胶体的相互作用过程中常常发现不完全符合 DLVO 理论的情况，因此，利用 AFM 对土壤胶体相互作用力的探究将有助于揭示其中缘由。

　　土壤固相活性组分（包括有机质、黏土矿物、金属氧化物等）在实际土壤系统中分布不均、大小不一且具有异质性，会通过多种结合方式形成有机无机复合体。这就导致活性组分分布的微域中颗粒物理化学组成、局域结构和表面性质各异，类似不同的"微反应器"，从而控制着土壤中金属和养分元素的分布、形态转化及最终归趋。鉴于此，有必要利用高空间分辨率的表征技术在具有环境意义的微纳米空间尺度上对上述特殊微域中溶质迁移和元素分布进行探究，以深入认识非均相土壤系统中物质和能量的转化及生物有效性机制。AFM 作为具有原子级分辨率的仪器，并且具有对待测样品前处理要求较低、可保持样品原貌、分辨率高和可检测样品范围广等优点，必将在土壤科学特别是土壤胶体和土壤生物等微观土壤学领域的研究中发挥越来越突出的作用。①AFM 作为新型的现代化仪器，借助 AFM 研究土壤胶体的应用才刚刚开始。AFM 可实现在气液两相条件下开展形貌和微观作用力的测定，因此可实现在更接近真实土壤体系的环境条件下，模拟原态的胶体相互作用过程的监测，而 AFM 在不同土壤胶体固液界面力的研究中的应用条件还需进一步探索。此外，虽然 AFM 被称作"原子"力显微镜，但是目前只局限于少数实验室通过修饰原子级针尖扫描而真正实现了原子级分辨率的成像以及相互作用。在土壤化学研究领域实现原子级分辨率的成像和相互作用研究会是将来发展和推广普及的方向，可以为我们了解土壤颗粒的原子组成和相互作用以及污染物对土壤颗粒组成的影响提供前所未有的技术方法；通过 AFM 实现在土壤强电场体系下对不同性质颗粒间的微观作用力进行直接测试，并且丰富和扩展了传统的 DLVO 理论。②探针的修饰无疑是扩大 AFM 功能和应用领域的重要方式，但胶体探针增加了颗粒与待测颗粒之间的接触面积，特别是土壤胶体颗粒几何形状并不规则，那么如何确保修饰的胶体探针与颗粒间的相互作用具有代表性和获得可靠、稳定的且具有重现性的作用力数据成为有待解决的瓶颈问题，因此，胶体探针技术在土壤胶体作用中的应用条件是未来需要摸索的问题。③在土壤学领域，矿物与有机物、微生物界面过程是土壤的核心过程，也是揭示地球表层系统中元素生物地球化学循环、过程与机制的重大前沿科学问题。将 AFM 与其他的先进技术进行联用已经成为新的研究热点，比如将 AFM 与红外光谱进行联用，可以在更高分辨率和精度条件下对微区中有机质或微生物的化学组成和结构进行成像；将 AFM 与荧光显微镜、激光共聚焦显微镜进行联用，以期实现获得力学性能数据的同时获得荧光图像等信息、直接观察到力学性能对细胞行为及功能的影响等，更多的探索工作有待开展。

## 4.3　本　章　小　结

光散射技术是目前胶体及纳米颗粒分形凝聚研究的重要方法。集动态、静态光散射技术于一体的 Brookhaven 的 BI-200SM 广角度动态静态激光散射仪是一个研究级的仪器，主要通过动态光散射技术获得土壤胶体的大小及分布，通过静态光散射技术测定质量分形维数。本章研究发现，动态静态光散射技术完全可以应用于土壤胶体的分散和凝聚体系研究中，且对于分散体系，通过动态光散射技术在 5 min 内即可获得体系散射光强、有效水力直径、粒径分布等信息。对于凝聚体系，在自相关函数能够平滑地衰减至基线且散射光强保持不变的条件下，利用动态光散射技术能够准确测定出土壤胶体凝聚过程中颗粒（凝聚体）有效水力直径及其分布的变化，反映其凝聚动力学特征。

通过 AFM 测定土壤颗粒间的相互作用力也是阐明土壤团聚体形成与破碎机制的重要途径。土壤团聚体的形成与破碎在微观尺度上主要受到颗粒间的相互作用力调控,如静电斥力、范德华引力和水合斥力等。通过 AFM 对土壤胶体开展研究是完善土壤胶体相互作用理论的桥梁。今后需要在土壤胶体内在机制的研究基础上,找到并提出更多的行之有效的方案以促进胶体界面理论、生态、环境效应机理研究的发展,以实现提升土壤肥力和改善环境污染的目标。

## 参考文献

陈洪松, 邵明安, 2002. 细颗粒泥沙的絮凝沉降特性[J]. 土壤通报, 33(5): 356-359.

陈宗淇, 1986. 胶体分散体系的絮凝现象[J]. 化学通报, 9: 27-30.

程利群, 曲英敏, 杨焕洲, 等, 2018. AFM 及其应用研究进展[J]. 电子世界, 19: 39-40.

刘汉燚, 刘新敏, 田锐, 等, 2018. 蒙脱石纳米颗粒聚集中的离子特异性效应[J]. 土壤学报, 55(3): 673-682.

申晋, 郑刚, 李梦超, 等, 2003. 用光子相关光谱法测量多分散颗粒系的颗粒粒度分布[J]. 光学仪器, 25(4): 3-6.

史吉平, 张夫道, 林葆, 2002. 长期定位施肥对土壤有机无机复合状况的影响[J]. 植物营养与肥料学报, 8(2): 131-136.

宋翠, 张潇, 魏炜, 等, 2019. 原子力显微镜在测定颗粒与细胞相互作用中的应用[J]. 生物加工过程, 17(1): 53-59.

汤志云, 陈旸, 吴龙华, 等, 2009. 原子力显微镜表征土壤中的纳米胶体[J]. 土壤学报, 46(5): 840-850.

汪景宽, 徐英德, 丁凡, 等, 2019. 植物残体向土壤有机质转化过程及其稳定机制的研究进展[J]. 土壤学报, 56(3): 528-540.

邢耀文, 刘敏, 桂夏辉, 等, 2019. 基于原子力显微镜的颗粒间表面力研究[J]. 中国矿业大学学报, 48(6): 1352-1357, 1374.

熊毅, 1982. 有机无机复合与土壤肥力[J]. 土壤, 14(5): 3-9.

熊毅, 等, 1985. 土壤胶体(第二册): 土壤胶体研究法[M]. 北京: 科学出版社.

杨铁笙, 韦富根, 梁朝皇, 2005. 粘性细颗粒泥沙静水絮凝沉降生长的计算机模拟[J]. 泥沙研究, 4: 14-20.

岳成凤, 杨冠玲, 何振江, 2004. 动态光散射光强自相关函数与颗粒分布关系及算法比较[J]. 光电子技术与信息, 17(1): 10-14.

张亚男, 2017. 生物降解与植物细胞壁结构的 AFM 单分子识别研究[D]. 南京: 南京航空航天大学.

赵春花, 2019. 原子力显微镜的基本原理及应用[J]. 化学教育(中英文), 40(4): 10-15.

朱曦, 邹温馨, 刘秀婷, 等, 2018. Hofmeister 效应对矿物/腐植酸复合体形成的影响[J]. 山东农业科学, 50(11): 83-90.

朱晓江, 尹双凤, 桑军强, 2001. 微生物絮凝剂的研究和应用[J]. 中国给水排水, 17: 19-22.

Adachi Y, Koga S, Kobayashi M, et al., 2005. Study of colloidal stability of allophane dispersion by dynamic light scattering[J]. Colloids and Surfaces A: Physicochemical and Engineering Aspects, 265(1-3): 149-154.

Albrecht T R, Akamine S, Carver T E, et al., 1990. Microfabrication of cantilever styli for the atomic force microscope[J]. Journal of Vacuum Science & Technology A Vacuum Surfaces and Films, 8(4): 3386-3396.

Alvarez-Puebla R, Garrido J, 2005. Effect of pH on the aggregation of a gray humic acid in colloidal and solid states[J]. Chemosphere, 59(5): 659-667.

Axelrod D, 2001. Total internal reflection fluorescence microscopy in cell biology[J]. Traffic, 2(11): 764-774.

Baek K Y, Kamigaito M, Sawamoto M, 2002. Star-shaped polymers by Ru(II)-catalyzed living radical polymerization. II. Effective reaction conditions and characterization by multi-angle laser light scattering/size exclusion chromatography and small-angle X-ray scattering[J]. Journal of Polymer Science Part A: Polymer Chemistry, 40(14): 2245-2255.

Baigorri R, Fuentes M, González-Gaitano G, et al., 2007. Analysis of molecular aggregation in humic substances in solution[J]. Colloids and Surfaces A: Physicochemical and Engineering Aspects, 302(1-3): 301-306.

Balnois E, Durand-Vidal S, Levitz P, 2003. Probing the morphology of Laponite clay colloids by atomic force microscopy[J]. Langmuir, 19(17): 6633-6637.

Benli B, Nalaskowski J, Assemi S, et al., 2011. Evaluation of adhesion forces in alginate-filler system using an AFM colloidal probe technique[J]. Journal of Adhesion Science and Technology, 25(11): 1159-1173.

Bezot P, HesseBezot C, Rousset B, et al., 1995. Effect of polymers on the aggregation kinetics and fractal structure of carbon black suspensions in an aliphatic solvent. A static and dynamic light scattering study[J]. Colloids and Surfaces A: Physicochemical and Engineering Aspects, 97(1): 53-63.

Bickmore B R , Hochella M E , Bosbach D , et al., 1999. Methods for performing atomic force microscopy imaging of clay minerals in aqueous solutions[J]. Clays and Clay Minerals, 47(5): 573-581.

Burns J L, Yan Y D, Jameson G J, et al., 1997. A light scattering study of the fractal aggregation behavior of a model colloidal system[J]. Langmuir, 13(24): 6413-6420.

Bushell G, Yan Y, Woodfield D, et al., 2002. On techniques for the measurement of the mass fractal dimension of aggregates[J]. Advances in Colloid and Interface Science, 95(5): 1-50.

Butt H J, 1991. Measuring electrostatic, van der Waals, and hydration forces in electrolyte solutions with an atomic force microscope[J]. Biophysical Journal, 60(6): 1438-1444.

Butt H J, Cappella B, Kappl M, 2005. Force measurements with the atomic force microscope: Technique, interpretation and applications[J]. Surface Science Reports, 59(1-6): 1-152.

Cadene A, Durand-Vidal S, Turq P, et al., 2005. Study of individual na-montmorillonite particles size, morphology, and apparent charge[J]. Journal of Colloid & Interface Science, 285(2): 719-730.

Chen C L, Wang X K, Jiang H, et al., 2007. Direct observation of macromolecular structures of humic acid by AFM and SEM[J]. Colloids and Surfaces A: Physicochemical and Engineering Aspects, 302(1-3): 121-125.

Chen L, Li X Y, Xu F L, et al., 2003. Atomic force microscopy of soil inorganic colloids[J]. Soil Science & Plant Nutrition, 49(1):17-23.

Chin W C, Orellana M V, Verdugo P, 1998. Spontaneous assembly of marine dissolved organic matter into polymer gels[J]. Nature, 391(6667): 568-572.

Cleaver J A S, Looi L, 2007. AFM study of adhesion between polystyrene particles; — The influence of relative humidity and applied load[J]. Powder Technology, 174(1-2): 34-37.

Colombo C, Palumbo G, Angelico R, et al., 2015. Spontaneous aggregation of humic acid observed with AFM at different pH[J]. Chemosphere, 138: 821-828.

Dan B Y, Andelman D, 2010. Revisiting the Poisson-Boltzmann theory: Charge surfaces, multivalent ions and inter-plate forces[J]. Physica A: Statistical Mechanics and its Applications, 389(15): 2956-2961.

Derrendinger L, 1997. Destabilization of natural colloids: A light scattering study[D]. Berkeley: University of California.

Derrendinger L, Sposito G, 2000. Flocculation kinetics and cluster morphology in illite/NaCl suspensions[J]. Journal of Colloid and Interface Science, 222: 1-11.

Dimon P, Sinha S K, Weitz D A, et al., 1986. Structure of aggregated gold colloids[J]. Physical Review Letters, 57(5): 595-598.

D'Sa D J, Chan H K, Chrzanowski W, 2014. Attachment of micro- and nano-particles on tipless cantilevers for colloidal probe microscopy[J]. Journal of Colloid and Interface Science, 426: 190-198.

Ducker W A, Senden T J, Pashley R M, 1991. Direct measurement of colloidal forces using an atomic force microscope[J]. Nature, 353: 239-241.

Feng B, Liu H Y, Li Y L, et al., 2020. AFM measurements of Hofmeister effects on clay mineral particle interaction forces[J]. Applied Clay Science, 186: 105443.

Firoozi A A, Taha M R, Firoozi A A, et al., 2015. Effect of ultrasonic treatment on clay microfabric evaluation by atomic force microscopy[J]. Measurement, 66: 244-252.

Forrest S R, Witten Jr T A, 1979. Long-range correlations in smoke-particle aggregates[J]. Journal of Physics A: Mathematical & General, 12(5): 109-117.

Francis R, Skolnik A M, Carino S R, et al., 2002. Aggregation and surface morphology of a poly (ethylene oxide)-block-polystyrene three-arm star polymer at the air/water interface studied by AFM[J]. Macromolecules, 35(17): 6483-6485.

Gan Y, 2007. Invited review article: A review of techniques for attaching micro- and nanoparticles to a probe's tip for surface force and near-field optical measurements[J]. Review of Scientific Instruments, 78(8): 081101.

Gregory J, O'Melia C R, 1989. Fundamentals of flocculation[J]. Critical Reviews in Environmental Science and Technology, 19(3): 185-230.

Guo Y, Yu X, 2017. Characterizing the surface charge of clay minerals with atomic force microscope (AFM)[J]. Aims Materials Science, 4(3): 582-593.

Gupta V, Miller J D, 2010. Surface force measurements at the basal planes of ordered kaolinite particles[J]. Journal of Colloid & Interface Science, 344(2): 362-371.

Hadjsadok A, Pitkowskj A, Nicolai T, et al., 2008. Characteristic of sodium caseinate as a function of ionic strength, pH and temperature using static and dynamic light scattering[J]. Food Hydrocolloids, 22(8): 1460-1466.

Hanarp P, Sutherland D S, Gold J, et al., 2003. Control of nanoparticle film structure for colloidal lithography[J]. Colloids and Surfaces A: Physicochemical and Engineering Aspects, 214(1-3): 23-36.

Hayasaka T, Inoue Y, 1969. Chromomycin A3 studies in aqueous solutions. Spectrophotometric evidence for aggregation and interaction with herring sperm deoxyribonucleic acid[J]. Biochemistry, 8(6): 2342-2347.

Herrington T M, Midmore B R, Lips A, 1990. Theoretical modelling of an infinitely dilute irreversibly aggregating suspension[J]. Journal of the Chemical Society Faraday Transactions, 86(17): 2961-2966.

Hesterberg D, Page A, 1990. Critical coagulation concentrations of sodium and potassium illite as affected by pH[J]. Soil Science Society of America Journal, 54(3): 735-739.

Hu J, Chen H, Lo I M C, 2005. Removal and recovery of Cr(VI) from wastewater by maghemite nanoparticles[J]. Water Research, 39(18): 4528-4536.

Huang Q Y, Wu H Y, Cai P, et al., 2015. Atomic force microscopy measurements of bacterial adhesion and biofilm formation onto clay-sized particles[J]. Scitific Report, 20(5): 16857.

Johnson C P, Li X, Logan B E, 1996. Settling velocities of fractal aggregates[J]. Environmental Science & Technology, 30(6): 1911-1918.

Katz A, Xu M, Steiner J C, et al., 2013. Influence of cations on aggregation rates in Mg-montmorillonite[J]. Clays and Clay Minerals, 61(1-2): 1-10.

Kretzschmar R, Schaefer T, 2005. Metal retention and transport on colloidal particles in the environment[J]. Elements, 1(4): 205-210.

Kumar N, Zhao C, Klaassen A, et al., 2016. Characterization of the surface charge distribution on kaolinite particles using high resolution atomic force microscopy[J]. Geochimica et Cosmochimica Acta, 175: 100-112.

Lattuada M, Wu H, Morbidelli M, 2003. A simple model for the structure of fractal aggregates[J]. Journal of Colloid and Interface Science, 268(1): 106-120.

Leite F L, Riul A, Herrmann P, 2003. Mapping of adhesion forces on soil minerals in air and water by atomic force spectroscopy (AFS)[J]. Journal of Adhesion Science and Technology, 17(16): 2141-2156.

Lin M Y, Lindsay H M, Weitz D A, et al., 1989. Universality of fractal aggregates as probed by light scattering[J]. Proceedings of the Royal Society A: Mathematical, Physical and Engineering Science, 423(1864): 71-87.

Liu C, Li X, Xu F, et al., 2003. Atomic force microscopy of soil inorganic colloids[J]. Soil Science & Plant Nutrition, 49(1):17-23.

Liu J F, Zhao Z S, Jiang G B, et al., 2008. Coating $Fe_3O_4$ magnetic nanoparticles with humic acid for high efficient removal of heavy metals in water[J]. Environmental Science & Technology, 42(18): 6949-6954.

Luo X, Yu L, Wang C, et al., 2017. Sorption of vanadium (v) onto natural soil colloids under various solution pH and ionic strength conditions[J]. Chemosphere, 169: 609-617.

Mandelbrot B B, 1983. The fractal geometry of nature[J]. American Journal of Physics, 51(3): 286.

Marti O, Drake B, Hansma P K, 1987. Atomic force microscopy of liquid-covered surfaces: Atomic resolution images[J]. Applied Physics Letters, 51(7): 484-486.

Meyer E E, Heinzelmann H, Grütter P, et al., 1988. Comparative study of lithium fluoride and graphite by atomic force microscopy (AFM)[J]. Journal of Microscopy, 152(1): 269-280.

Meyer E E, Rosenberg K J, Israelachvili J, 2006. Recent progress in understanding hydrophobic interactions[J]. Proceedings of the National Academy of Sciences, 103(43): 15739-15746.

Moffitt J R, Chemla Y R, Smith S B, et al., 2008. Recent advances in optical tweezers[J]. Biochemistry, 77: 205-228.

Morag J, Dishon M, Sivan U, 2013. The governing role of surface hydration in ion specific adsorption to silica: An AFM-based account of the Hofmeister universality and its reversal[J]. Langmuir, 29(21): 6317-6322.

Mwema F M, Akinlabi E T, Oladijo O P, 2020. Dependence of fractal characteristics on the scan size of atomic force microscopy (AFM) phase imaging of aluminum thin films[J]. Materials Today: Proceedings, 26: 1540-1545.

Nalaskowski J, Drelich J, Hupka J, et al., 2015. Adhesion between hydrocarbon particles and silica surfaces with different degrees of hydration as determined by the AFM colloidal probe technique[J]. Langmuir, 19(13): 5311-5317.

Navarrete R C, Scriven L, Macosko C W, 1996. Rheology and structure of flocculated iron oxide suspensions[J]. Journal of Colloid and Interface Science, 180(1): 200-211.

Ploehn H J, Liu C J I, Research E C, 2006. Quantitative analysis of montmorillonite platelet size by atomic force microscopy[J]. Industrial & Engineering Chemistry Research, 45(21): 7025-7034.

Raiteri R, Margesin B, Grattarola M, et al., 1998. An atomic force microscope estimation of the point of zero charge of silicon insulators[J]. Sensors & Actuators B: Chemical, 46(2): 126-132.

Rao F, Ramirez-Acosta F J, Sanchez-Leija R J, et al., 2011. Stability of kaolinite dispersions in the presence of sodium and aluminum ions[J]. Applied Clay Science, 51(1-2): 38-42.

Ryan J N, Elimelech M, 1996. Colloid mobilization and transport in groundwater[J]. Colloids and Surfaces A: Physicochemical and Engineering Aspects, 107: 1-56.

Schaefer D W, Martin J E, Wiltzius P, et al., 1984. Fractal geometry of colloidal aggregates[J]. Physical Review Letters, 52(26): 2371-2374.

Schneider C, Jusufi A, Farina R, et al., 2008. Microsurface potential measurements: Repulsive forces between polyelectrolyte brushes in the presence of multivalent counterions[J]. Langmuir, 24(19): 10612-10615.

Seo Y, Jhe W, 2008. Atomic force microscopy and spectroscopy[J]. Reports on Progress in Physics, 71(1): 016101.

Sharma Y C, Srivastava V, Weng C H, et al., 2009. Removal of Cr(VI) from wastewater by adsorption on iron nanoparticles[J]. The Canadian Journal of Chemical Engineering, 87(6): 921-929.

Siretanu I, Ebeling D, Andersson M P, et al., 2014. Direct observation of ionic structure at solid-liquid interfaces: A deep look into the stern layer[J]. Scientific Reports, 4: 4956.

Smirnov W, Kriele A, Hoffmann R, et al., 2011. Diamond-modified AFM probes: From diamond nanowires to atomic force microscopy-integrated boron-doped diamond electrodes[J]. Analytical Chemistry, 83(12): 4936-4941.

Sokolov I, Ong Q K, Shodiev H, et al., 2006. AFM study of forces between silica, silicon nitride and polyurethane pads[J]. Journal of Colloid & Interface Science, 300(2): 475-481.

Stanley H E, Family F, Gould H, 1985. Kinetics of aggregation and gelation[J]. Journal of Polymer Science: Polymer Symposia, 73(1): 19-37.

Stevenson F J, 1982. Humus chemistry: Genesis, composition, reactions[J]. Soil Science, 135(2): 129-130.

Teixeira J, 1988. Small-angle scattering by fractal systems[J]. Journal of Applied Crystallography, 21(6): 781-785.

Tian R, Li H, Zhu H L, et al., 2013. Ca and Cu induced aggregation of variably charged soil particles: A comparative study[J]. Soil Science Society of America Journal, 77(3): 774-781.

Veeramasuneni S, Yalamanchili M R, Miller J D, et al., 1996. Measurement of interaction forces between silica and α-alumina by atomic force microscopy[J]. Journal of Colloid & Interface Science, 184(2): 594-600.

Wang Y, Wang L, Hampton M A, et al., 2013. Atomic force microscopy study of forces between a silica sphere and an oxidized silicon wafer in aqueous solutions of NaCl, KCl, and CsCl at concentrations up to saturation[J]. The Journal of Physical Chemistry C, 117(5): 2113-2120.

Wiese G R, Healy T W, 1975. Coagulation and electrokinetic behavior of $TiO_2$ and $Al_2O_3$ colloidal dispersions[J]. Journal of Colloid and Interface Science, 51(3): 427-433.

Witten T A, Sander L M, 1981. Diffusion-limited aggregation, a kinetic critical phenomenon[J]. Physical Review Letters, 47(19): 1400-1403.

Yang J, Hatcherian J, Hackley P C, et al., 2017. Nanoscale geochemical and geomechanical characterization of organic matter in shale[J]. Nature Communications, 8(1): 2179.

Yariv S, Cross H, 2002. Organo-clay complexes and interactions[M]. New York: Marcel Dekker, Inc.

Zhao G T, Guo W C, Tan Q Y, et al., 2013. Force measurement between mica surface in electrolyte solutions[J]. Journal of Southeast University(English Edition), 1: 57-61.

Zhou J G, Fang H T, Hu Y F, et al., 2009. Immobilization of $RuO_2$ on carbon nanotube: An X-ray absorption near-edge structure study[J]. The Journal of Physical Chemistry C, 113(24): 10747-10750.

Zhu X , Bu I , Milne W I , et al., 2011. High throughput nanofabrication of silicon nanowire and carbon nanotube tips on AFM probes by stencil-deposited catalysts[J]. Nano Letters, 11(4): 1568-1574.

# 第5章  土壤矿物胶体相互作用的离子特异性效应

## 5.1  土壤矿物胶体的特征及界面离子特异性效应

### 5.1.1  土壤矿物胶体特征

土壤矿物按照其来源，可分为原生矿物和次生矿物。原生矿物直接来源于地球内部岩浆的结晶或有关的变质作用，它们主要分布在土壤的砂粒和粉粒中。而次生矿物是由原生矿物经过化学风化或生物风化作用分解转化而成的新生矿物，它们主要存在于土壤黏粒组分中，也称黏土矿物。土壤矿物胶体包含在这一组分中。

土壤无机胶体又称为土壤矿物胶体，土壤母质中的矿物碎屑和风化产物是构成土壤无机胶体的主要组分，包含蒙脱石、高岭石、伊利石、蛭石等黏土矿物和铁、硅、锰等的氧化物及其水合物。其中硅酸盐黏土矿物基面暴露出由氧离子层与硅离子层紧密结合组成的硅氧烷型表面，此类型的矿物胶体主要通过同晶置换产生电荷，因而所带电荷不受土壤溶液环境 pH 和电解质浓度等因素影响；金属阳离子与羟基组成水和氧化物表面，主要通过水和氧化物表面质子的解离或缔结产生电荷，因此电荷数量受到土壤溶液环境 pH 和电解质浓度等因素影响。土壤中有机胶体和无机胶体很少独立存在，在自然环境中硅酸盐表面在物理或化学作用下与凝胶硅酸盐、氧化物和腐殖质相连，并团聚成为有机无机复合体。由于土壤无机、有机胶体在各种力的作用下牢牢联结在一起，所以在充分了解无机胶体和有机胶体各自体系特征后，再全面系统地解析土壤有机无机复合体特征才能真实、全面地反映土壤胶体的性质。

### 5.1.2  界面离子特异性效应

研究发现，在无机和有机体系、生命系统和非生命系统中，离子特异性效应均普遍地在发生作用，它深刻地影响着一系列物理、化学与生物学过程（Kunz et al., 2010; Tobias et al., 2008）。离子特异性效应在很多研究中被发现，包括固液界面（López-León et al., 2008）、气液界面的反应（Padmanabhan et al., 2007; Jungwirth et al., 2006; Boström et al., 2001a; Jungwirth et al., 2001）、蛋白质稳定性和相互作用（Curtis et al., 2006; Broering et al., 2005; Perez-Jimenez et al., 2004）、酶的活性

（Bauduin et al., 2006; Vrbka et al., 2006; Pinna et al., 2005），超分子聚合（Lo Nostro et al., 2006），细菌生长（Lo Nostro et al., 2005）和大气中卤化物的化学异构（Foster et al., 2001; Oum et al., 1998）等实验研究。研究者通过长期的实验和研究，列出了不同体系中典型阴离子和阳离子的 Hofmeister 序列，这些序列中离子对溶液的影响在盐浓度高的溶液中较明显（Izutsu et al., 2005），阴离子的影响要大于阳离子的影响（Murgia et al., 2004），且离子特异性效应的序列会发生局部顺序的调整甚至是反转。

现有研究对离子特异性效应存在的本质原因的解释包括离子的体积效应、极化力和诱导力（Parsons et al., 2011）、离子水合作用（Tielrooij et al., 2010; Nucci et al., 2008）、疏水力或亲水力（Peula-García et al., 2010）、离子的色散力（Ninham et al., 2011; Boström et al., 2001b），还有学者提出离子特异性效应的深层原因是量子涨落力，水合作用本身也由量子涨落力所决定（Parsons et al., 2011）。当体系或条件改变时，量子涨落力还会与电场等其他作用发生耦合效应，导致离子特异性效应被放大（Gao et al., 2022; Liu et al., 2013）。然而离子特异性效应的本质来源至今仍无定论。

经典的 DLVO 理论、扩散双电层理论和 Schulze-Hardy 规则（胡纪华等，1997）指出同价离子对于胶体颗粒相互作用的影响相同，影响程度只与离子的化合价有关，与离子种类无关（Tertre et al., 2011; Li et al., 2007; Morgan et al., 1995），而离子特异性效应则表明不同类型的同价离子会带来不同的影响效果。离子特异性效应在胶体体系和界面反应中普遍存在，该效应存在的科学基础消除了物理学和生物学之间的壁垒。Kunz 等（2010）指出离子特异性效应的重要性相当于孟德尔的工作在遗传学中的地位。土壤中的黏土矿物如蒙脱石是粒径在胶体范围内的物质（Tian et al., 2014; Jia et al., 2013; 朱华玲等，2012），因此特殊离子效应的引入为研究土壤中黏土矿物颗粒相互作用提供了新的思路。

经典理论中，胶体颗粒相互作用的支配力为长程范德华引力和静电斥力，作用力程通常大于 10 nm（Kanda et al., 2002）。而按照双电层理论，静电斥力大小由电场强度决定，而对于一个给定的颗粒表面，在温度条件一致的情况下，场强由吸附的反号离子的浓度和化合价决定。然而，由于同价离子特异性效应的存在，离子体积（Borah et al., 2011）、水化半径（López-León et al., 2008）和离子极化作用（Padmanabhan et al., 2007; Petersen et al., 2005; Salvador et al., 2003）等的差异会强烈地影响吸附的反号离子在扩散层中的分布，进而影响到颗粒周围电场强度和颗粒间的静电斥力。理论上，半径较大的离子对电场的屏蔽能力弱，原因是其离子中心距离表面的距离较长。但半径大的离子通常水化半径小，从水化半径角度来看，水化半径小的离子对电场的屏蔽能力较强。最重要的是，较大的离子通常具有较强的色散力，这可能会显著增强屏蔽效应。实际上，较大离子在外电场中发生的极化作用会产生比较强的吸附力，从而对电场产生强屏蔽作用（Feng et al., 2010; Kunz et al., 2010; Ruckenstein et al., 2003; Hribar et al., 2002; Pashley et al., 1984; Eberl, 1980）。另有研究（Tobias et al., 2008; Chen et al., 2007; Smith et al., 2007）表明，颗粒表面的亲水、疏水性能以及靠近颗粒表面位置的水分子的结构都是影响离子特异性效应发挥的重要因素。

另外一个非静电斥力——水合斥力在胶体颗粒的相互作用中也扮演着重要的角色（Butt et al., 2005; Butt, 1991; Pashley, 1981）。通常，水合斥力的作用力程约为 1.5 nm（Pashley, 1981），这一力程仍然较玻恩斥力等力程仅为 0.1 nm 的短程作用力长。因此，在水溶液中，表面水合斥力在颗粒相互作用过程中是不容忽视的。另外，当颗粒间的距离小于 1.5 nm 时，表面水合斥力的强度将会大于范德华引力和静电斥力的强度，也就是说当颗粒间距离小于 1.5 nm 时，范德华引力-静电斥力-水合斥力的合力应表现为强烈的斥力。这也说明由于水合斥力的存在，颗粒在悬液中凝聚的过程中始终保持有至少 1.5 nm 的距离而无法靠近。

土壤溶液中包含众多阴离子和阳离子，其中阴离子的影响往往认为很微弱甚至在很多情况下可被忽略。我们尚未了解阴离子给表面带负电荷的土壤颗粒相互作用（凝聚与分散）带来的影响。近几年随着离子特异性效应研究的进展，这一问题也成为土壤学领域中一个亟待解决的问题。

阴离子存在于各系统中，但是其在一系列宏观现象中发挥的作用却没有得到足够的重视，特别是在表面带有净负电荷的体系中。但有研究表明 DNA 的酶切效率受到背景盐溶液和缓冲液中阴离子的强烈影响（Kim et al., 2001; Weissenborn et al., 1996; Weissenborn et al., 1995），蛋白质的表面电荷测定也由溶液中的阴离子而非阳离子决定（Gokarn et al., 2011）。在一定浓度范围的电解质条件下，表面张力的增量决定于溶液中的阳离子和阴离子，且更强依赖于阴离子。还有研究者发现在相同镉浓度下几种不同伴随离子（$OAc^-$、$Cl^-$）对镉污染红壤的细菌、放线菌和真菌数量及微生物群落功能多样性的抑制作用不同。

此外，蒙脱石为 2∶1 型恒电荷矿物表面，氢键和化学键作用不易发生，且蒙脱石矿物晶体表面上的氧原子都是化学键饱和的，只有侧面的断键处才可能存在不饱和键，加之硅氧四面体的对称结构使其面上的 O 与 $H_2O$ 中的 H 原子形成氢键的可能性远远低于 $H_2O$ 中的 O 原子与另一 $H_2O$ 中的 H 原子形成氢键的可能性（因水分子不对称），所以蒙脱石胶体颗粒表面难以存在化学键和氢键；另外，1～1000 nm 的介观尺度范围内的蒙脱石胶体颗粒是一个带有大量负电荷并能在该尺度上形成强烈负场的体系。相关研究（Liu et al., 2014; Li et al., 2011）表明，由蒙脱石胶体颗粒的表面电荷在颗粒表面附近区域所产生的表面电场强度可高达 $10^8$～$10^9$ V/m 的数量级。在如此强大的电场体系中阴离子必将受到静电排斥作用而无法靠近颗粒表面，因此排除阴离子在其表面发生化学吸附的可能，表面附近的强负电场使伴随阴离子也无法依靠静电吸附到达矿物表面。阴离子的半径通常大于阳离子，这会使它们具有较强烈的外层电子的量子涨落效应，这就使得阴离子一旦借助分子热运动等外力穿过双电层到达颗粒表面，就会通过色散力作用吸附到颗粒表面。因此，如果具有较高能量的阴离子越过表面附近的静电排斥势垒到达蒙脱石胶体颗粒表面，它们很有可能通过色散力吸附到蒙脱石胶体颗粒表面。如果这一过程存在，将影响蒙脱石胶体颗粒间的静电相互作用，进而影响蒙脱石胶体颗粒的凝聚过程。

正如前面分析，离子特异性效应会影响到诸多的作用，进而影响颗粒的凝聚。然而，该效应究竟是如何发挥作用以影响颗粒凝聚的还不是很清晰。本节将针对蒙脱石胶体颗粒相互作用过程中的离子特异性效应展开研究。利用动态光散射技术测定蒙脱石胶体颗粒在 $Cu(NO_3)_2$、$Ca(NO_3)_2$ 和 $Mg(NO_3)_2$ 溶液中相互作用的活化能，用活化能定量表征凝聚过程中阳离子特异性效应。同时观测在不同阴离子的电解质（$K_2SO_4$、$KCl$ 和 $KH_2PO_4$）体系中恒电荷矿物蒙脱石胶体颗粒凝聚的差异。利用动态光散射技术和阴离子色谱来研究蒙脱石胶体颗粒的凝聚动力学和定量表征阴离子在黏土矿物表面的吸附数量。我们发现，引起阳离子特异性效应的原因是离子的极化作用，而不是色散作用和水合作用等；颗粒周围的强电场、离子电荷数和近表面的离子分布等因素共同影响离子的极化，从而影响离子特异性效应；阴离子特异性效应产生的主要原因是非经典极化作用。

## 5.1.3　实验方案

### 1. 样品制备和表征

蒙脱石购买自内蒙古物华天宝矿物资源有限公司，用联合测定法测得阳离子交换量（cation exchange capacity，CEC）为 84.8 cmol/kg，比表面积为 716 $m^2/g$。胶体制备主要采用静水沉降法（熊毅等，1985）。称取 50.0 g 蒙脱石粉末于 500 mL 烧杯中，加入 500 mL 超纯水，搅拌至均匀，并用 0.5 mol/L 的 KOH 溶液将悬液的 pH 调至 7.5±0.1。用探针型超声波细胞破碎仪对样品进行处理，振动分散 15 min 后转移到 5000 mL 的大烧杯中并加超纯水直至刻度线。根据 Stokes（斯托克斯）定律计算出一定粒径的胶体颗粒沉降 10 cm 所需要的时间，本章提取小于 200 nm 粒径的胶体颗粒（例如，在室温 20 ℃条件下，沉降 10 cm 需至少 30 天），为确保提取出样品中所有的该粒径范围的胶体，可将提取步骤多次重复进行，直至悬液清亮。收集吸出的胶体悬液备用。

初步研究发现原始蒙脱石胶体颗粒和钾饱和蒙脱石胶体颗粒的结构没有显著差异，如图 5-1 所示。

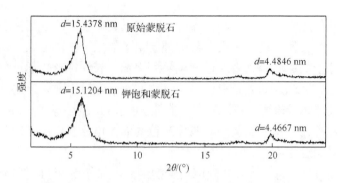

图 5-1　原始蒙脱石胶体颗粒和钾饱和蒙脱石胶体颗粒的 X 射线衍射图谱对比

d 为矿物的层间距

**2. 凝聚实验监测方法**

本实验采用仪器为美国 Brookhaven 仪器公司生产的 BI-200SM 广角度动态静态激光散射仪，数字相关器为 BI-9000AT，设定激光器功率为 15 mW，测量温度为 25 ℃，入射光波长为 532 nm。

动态光散射技术也称光子相关光谱技术，是通过测量由颗粒的布朗运动所引起的散射光强的随机波动，采用光子计数相关分析得到自相关函数（autocorrelation function，ACF），再利用各种算法反演得到布朗运动颗粒光强加权的有效水力直径及粒径分布等信息的一种技术。对于多分散体系，运用积累量法拟合得到的有效直径是平均的水力直径，即有效水力直径；通过跟踪凝聚过程中散射光强和有效水力直径的变化来研究胶体颗粒凝聚机理。通常通过静态光散射技术测定和凝聚形成的凝聚体的结构特征，用质量分形维数来描述和表征。通过测定凝聚过程中散射光强随散射矢量的变化，可以得到散射指数，当散射指数随凝聚时间的变化趋近于常数时，其绝对值就是凝聚体的分形维数（贾明云等，2010）。质量分形维数大则表明凝聚体结构致密，孔隙度小；质量分形维数小则表明凝聚体结构疏松，孔隙度大。

动态光散射测定方法：打开激光器预热 25 min，并用温控器将体系温度控制在 25 ℃。将激光散射仪的散射角度设置为 90°。实验前将电解质、胶体样品和超纯水均平衡至 25 ℃。用移液枪吸取一定量的复合体悬液于散射瓶中，然后加入超纯水和不同量的电解质使体系总体积为 10 mL，充分摇匀，使颗粒密度一致，放入样品池 30 s 后开始记录数据，每隔 30 s 记录一次散射光强和有效水力直径。每次检测时间为 60 min。另外，每 24 h 检测一次原始样品有效水力直径分布情况，确保样品在开展实验期间体系处于分散的稳定状态。

静态光散射测定方法：待凝聚完成形成凝聚体并在重力作用下沉降至散射瓶底部（通常放置 24 h），轻轻将悬液摇匀，重新放入仪器中，充分抽滤除杂，上机后开始连续扫描，扫描范围为 15°～135°，每隔 5°扫描一次，从而获得凝聚体的质量分形维数。

### 3. 凝聚动力学参数测定和计算

#### 1）总体平均凝聚速率

将动态光散射所测得的有效水力直径随时间的变化关系做散点图，并得出拟合方程。将复合体的有效水力直径对凝聚时间求导，即可得到凝聚速率随时间的变化 [$d(t) \sim t$]，进而可以求得一定时间段内其有效水力直径增长的平均速率。总体平均凝聚速率（total average aggregation rate，TAA）为

$$\tilde{v}_T(f_0) = \frac{1}{t_0}\int_0^{t_0}\tilde{v}(t, f_0)\mathrm{d}t = \frac{1}{t_0}\int_0^{t_0}\frac{D(t) - D_0}{t}\mathrm{d}t \tag{5-1}$$

式中，$\tilde{v}_T(f_0)$ 表示从 $t = 0$ 到某一给定时间 $t = t_0$ 时间段内的 TAA（nm/min）；$f_0$ 为电解质浓度（mmol/L）；$D(t)$ 表示凝聚体在 $t$ 时刻的平均有效水力直径（nm）；$D_0$ 是颗粒的初始平均有效水力直径（nm）。

#### 2）临界聚沉浓度（CCC）

根据碰撞概率理论和临界聚沉浓度的定义，向体系中加入少量的电解质，胶体颗粒间有效碰撞概率小于 1，胶体经多次碰撞才可能黏在一起，所以凝聚速率比较低。随着加入的电解质量的增加，有效碰撞概率增加，而当有效碰撞概率达到 1 以后，颗粒一经碰撞就会发生凝聚，理论上此时凝聚速率应该不会随着电解质加入量的改变而改变了。从有效碰撞概率大小的角度来说，CCC 是指使胶体有效碰撞概率达到 1 所需的最低电解质浓度。CCC 可用来表征在电解质溶液中的胶体悬浮液的稳定性。Jia 等（2013）已经建立了一种利用光散射技术测定多分散悬液体系中不同电解质的 CCC 的方法，即通过计算不同电解质浓度下、一定时间内的总体平均凝聚速率来确定 CCC。在此基础上，有学者（袁雷等，2024）进一步建立了通过 Zeta 电位快速评估胶体 CCC 的方法，并与光散射测定方法进行了对比验证。

TAA 随电解质浓度的提高而提高，并且呈现线性增长趋势，当电解质达到一定浓度后，TAA 增长缓慢或趋于一个常数。这样就可以通过平均凝聚速率曲线上的转折点求得 CCC。因此，将相对较低电解质浓度下的 TAA 和相对较高电解质浓度下的 TAA 分别拟合成两条直线，这两条直线的交点处对应的电解质浓度即 CCC。

#### 3）颗粒间相互作用活化能（$\Delta E$）

基于麦克斯韦速度分布方程，Tian 等（2014）建立了胶体体系中颗粒间相互作用活化能的计算方法。首先建立了 $\tilde{v}_T(f_0)$ 和活化能 $\Delta E(f_0)$ 的关系：

$$\tilde{v}_T(f_0) = K \cdot \mathrm{e}^{-\frac{\Delta E(f_0)}{kT}} \tag{5-2}$$

式中，$\Delta E(f_0)$ 为活化能（J）；$k$ 是 Boltzmann 常数（J/K）；$T$ 为绝对温度（K）；$K$

是一个常数。

由于 $f_0 = CCC$ 时 $\Delta E(f_0) = 0$，所以有

$$\tilde{v}_T(CCC) = K \tag{5-3}$$

将方程（5-3）代入方程（5-2），得到活化能的计算公式：

$$\Delta E(f_0) = -kT \ln \frac{\tilde{v}_T(f_0)}{\tilde{v}_T(CCC)} \tag{5-4}$$

从而，通过 CCC 可以获得活化能。

## 5.2　土壤矿物胶体相互作用过程中的阳离子特异性效应

### 5.2.1　平均凝聚速率和临界聚沉浓度的阳离子特异性效应

#### 1. 凝聚实验条件选择

本节研究中选取颗粒密度为 2.48 g/L 的蒙脱石胶体悬液 200 μL 于散射瓶中，加超纯水和不同体积的电解质溶液使得体系总体积为 10 mL，所设置的 $Cu(NO_3)_2$、$Ca(NO_3)_2$ 和 $Mg(NO_3)_2$ 的电解质浓度分别如下。

$Cu(NO_3)_2$：0.1 mmol/L、0.2 mmol/L、0.3 mmol/L、0.4 mmol/L、0.5 mmol/L、0.75 mmol/L 和 1 mmol/L。

$Ca(NO_3)_2$：0.5 mmol/L、0.75 mmol/L、1 mmol/L、2 mmol/L、3 mmol/L、5 mmol/L、10 mmol/L 和 15 mmol/L。

$Mg(NO_3)_2$：0.5 mmol/L、1 mmol/L、2 mmol/L、3 mmol/L、5 mmol/L、10 mmol/L、15 mmol/L 和 20 mmol/L。

在计算平均凝聚速率的过程中，有效水力直径 $D(t)$ 和 $D_0$ 可以通过动态光散射技术测定。式（5-1）中的积分上限 $t_0$ 为凝聚完成的时间，$t_0$ 可以通过凝聚过程中光强和时间的关系确定。当 $t<t_0$ 时，光强基本保持常数不变，说明在检测区域内的总颗粒数目是稳定的，即重力相对于布朗力而言可以忽略不计。当 $t>t_0$ 时，光强变得不稳定，光强迅速增加，说明有较大的凝聚体形成，并且该凝聚体就在激光检测区域内，使该区域原始颗粒总数迅速增加；光强降低说明悬液中形成很大的凝聚体，此时重力显著大于布朗力，凝聚体在重力作用下沉降而离开激光检测区域，使检测区域包含的原始颗粒总数持续减少。在这种情况下，检测区域内的颗粒密度不能代表整个系统的实际情况，因此，测得的有效水力直径将是无效的（高晓丹等，2012）。因此将 $t=t_0$ 定义为式（5-1）中的积分上限，在不同的电解质作用下 $t_0$ 不同（高晓丹等，2012）。本实验测定中 $t_0=20$ min，凝聚过程中散射光强的变化如图 5-2 所示。

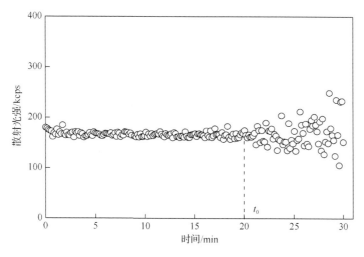

图 5-2　凝聚过程中散射光强的变化

## 2. 平均凝聚速率的离子特异性效应

蒙脱石胶体颗粒在 0.5 mmol/L 和 1 mmol/L Cu(NO$_3$)$_2$、Ca(NO$_3$)$_2$ 和 Mg(NO$_3$)$_2$ 溶液中的凝聚体有效水力直径随时间变化如图 5-3 所示。通过对比，相同浓度、不同种类的三种电解质条件下蒙脱石胶体凝聚体有效水力直径随时间的增长可以清晰地反映出几种离子的特异性效应的存在。例如，当电解质浓度为 0.5 mmol/L 时，在 Mg(NO$_3$)$_2$ 和 Ca(NO$_3$)$_2$ 溶液中蒙脱石胶体凝聚体有效水力直径随时间呈线性增长，即对应的凝聚机制为 RLCA 机制，而在 Cu(NO$_3$)$_2$ 溶液中凝聚体有效水力直径随时间呈幂函数增长，即对应 DLCA 机制。在凝聚的 20 min 内，Mg$^{2+}$、Ca$^{2+}$ 和 Cu$^{2+}$ 体系中凝聚体的最大有效水力直径分别达到 990 nm、1365 nm 和 4781 nm。在 0.5 mmol/L 的 Mg(NO$_3$)$_2$、Ca(NO$_3$)$_2$ 和 Cu(NO$_3$)$_2$ 溶液中颗粒在 20 min 内的 TAA 分别为 53.3 nm/min、79.3 nm/min 和 507 nm/min，可见蒙脱石胶体颗粒在 Cu(NO$_3$)$_2$ 中的 TAA 是在 Ca(NO$_3$)$_2$ 和 Mg(NO$_3$)$_2$ 中的 6.39 倍和 9.51 倍。当电解质浓度为 1 mmol/L 时，三种离子作用下凝聚均遵循 DLCA 机制（快速凝聚）。在 Mg$^{2+}$ 和 Ca$^{2+}$ 体系中，20 min 内凝聚体最大有效水力直径分别达到 1768 nm 和 3230 nm，而对于 Cu$^{2+}$ 体系，在 11 min 时凝聚体的有效水力直径就已经达到了 16.5 μm。这说明蒙脱石在 Cu(NO$_3$)$_2$ 体系中 TAA 远大于另外两种体系。1 mmol/L 的 Mg(NO$_3$)$_2$ 和 Ca(NO$_3$)$_2$ 溶液中蒙脱石胶体颗粒在 20 min 内的 TAA 分别为 131 nm/min 和 265 nm/min。而 Cu(NO$_3$)$_2$ 体系中，蒙脱石胶体颗粒在 11 min 内的 TAA 高达 2744 nm/min，可见 TAA 的大小不仅取决于离子种类和浓度，还与凝聚时间有关。

总之，实验结果清晰地反映出在蒙脱石胶体颗粒凝聚过程中存在着 Cu$^{2+}$、Ca$^{2+}$ 和 Mg$^{2+}$ 三种离子的特异性效应，且在给定电解质浓度条件下，它们的聚沉能力由强

到弱顺序为 $Cu^{2+}>Ca^{2+}>Mg^{2+}$。

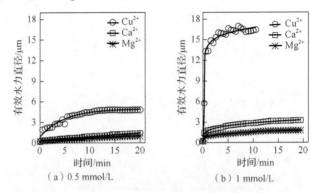

图 5-3　蒙脱石胶体颗粒在 0.5 mmol/L 和 1 mmol/L $Cu(NO_3)_2$、$Ca(NO_3)_2$ 和 $Mg(NO_3)_2$ 溶液中的凝聚体有效水力直径随时间的变化

另外，由于蒙脱石为恒电荷表面矿物，$Cu^{2+}$ 与其余两种离子之间的离子特异性效应并不来源于 $Cu^{2+}$ 与表面的络合作用。因为离子在恒电荷表面的络合作用是可以忽略的（李学垣，2001）。三种离子的特异性效应也不是来源于离子的水合作用，因为这三种离子的半径差异并不大，均处于 0.42～0.45 nm 范围内（Tansel, 2012）。

### 3. 临界聚沉浓度的离子特异性效应

不同电解质浓度条件下蒙脱石胶体颗粒的 TAA 如图 5-4 所示，可以看出 TAA 随电解质浓度的升高先呈线性增长，再趋于常数，其转折点对应的电解质浓度即 CCC。从图中可以看出，CCC 的数值反映了 $Cu^{2+}$、$Ca^{2+}$ 和 $Mg^{2+}$ 三种离子间显著的离子特异性效应，CCC 的离子特异性效应序列为 CCC（$Cu^{2+}$）<CCC（$Ca^{2+}$）<CCC（$Mg^{2+}$）。$Cu^{2+}$、$Ca^{2+}$ 和 $Mg^{2+}$ 三种离子的 CCC 分别为 0.65 mmol/L、2.38 mmol/L 和 7.99 mmol/L。

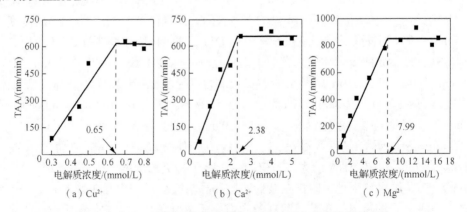

图 5-4　蒙脱石胶体颗粒凝聚过程中 TAA 随电解质浓度的变化

## 5.2.2　土壤矿物胶体间相互作用活化能的阳离子特异性效应

根据图 5-4 中 TAA 与电解质浓度的关系可以得到不同离子体系中蒙脱石胶体颗粒间相互作用活化能的表达式。

$Cu^{2+}$：当 $f_0 < CCC$ 时，$\tilde{v}_T(f_0) = 1548 f_0 - 392$，当 $f_0 = CCC$ 时，$\tilde{v}_T(f_0) = 609$ nm/min。

$Ca^{2+}$：当 $f_0 < CCC$ 时，$\tilde{v}_T(f_0) = 295 f_0 - 44.2$，当 $f_0 = CCC$ 时，$\tilde{v}_T(f_0) = 658$ nm/min。

$Mg^{2+}$：当 $f_0 < CCC$ 时，$\tilde{v}_T(f_0) = 102 f_0 + 44.9$，当 $f_0 = CCC$ 时，$\tilde{v}_T(f_0) = 859$ nm/min。

将上述各式代入方程（5-4），从而得到各体系中蒙脱石胶体颗粒间活化能 $\Delta E(f_0)$ 的计算式。

$Cu^{2+}$：　$\Delta E(f_0) = -kT\ln(2.52 f_0 - 0.638)$。

$Ca^{2+}$：　$\Delta E(f_0) = -kT\ln(0.448 f_0 - 0.0673)$。

$Mg^{2+}$：　$\Delta E(f_0) = -kT\ln(0.119 f_0 - 0.0523)$。

活化能的计算结果如图 5-5 所示。从图中可以看出，颗粒间活化能在 $Cu^{2+}$ 体系中最低，其次是 $Ca^{2+}$ 体系，$Mg^{2+}$ 体系最高。例如，当电解质浓度为 0.6 mmol/L 时，$Cu^{2+}$、$Ca^{2+}$ 和 $Mg^{2+}$ 三种离子体系中蒙脱石胶体颗粒间的活化能分别为 $0.135kT$、$1.60kT$ 和 $2.09kT$。

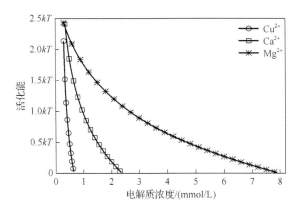

图 5-5　不同离子体系中蒙脱石胶体颗粒相互作用的活化能

## 5.2.3　土壤矿物胶体相互作用过程中的阳离子特异性效应来源分析

实验结果显示，在蒙脱石胶体颗粒凝聚过程中存在着强烈的 $Cu^{2+}$、$Ca^{2+}$ 和 $Mg^{2+}$ 三种离子的特异性效应，且遵循离子特异性效应序列 $Cu^{2+} > Ca^{2+} > Mg^{2+}$。正如前面所述，几种离子的特异性效应并非来源于水合作用；同时，$Cu^{2+}$ 与蒙脱石胶体颗粒表面的离子特异性效应也非来源于 $Cu^{2+}$ 在表面的络合作用。那么阳离子在颗粒表面的色散吸附或诱导作用是蒙脱石凝聚过程中阳离子特异性效应的来源吗？要回答这个问题，我们首先分析在不同的离子体系中蒙脱石胶体颗粒相互作用活化能的差异随电解质浓度的变化，如图 5-6 所示。

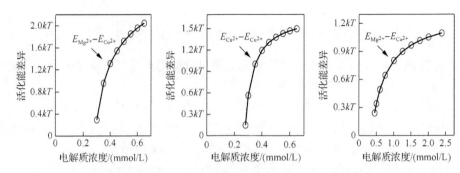

图 5-6　不同离子体系中蒙脱石胶体颗粒相互作用活化能的差异随电解质浓度的变化

从图 5-6 中可以看出,活化能的差异在任意两种离子体系中均随电解质浓度的降低而减小,这一结果表明离子特异性效应在很低的电解质浓度条件下将消失。这样的结果与 Tian 等（2014）对于同样材料蒙脱石一价离子的离子特异性效应的研究结果不相一致。他们的研究中活化能在两种离子体系中的差异随电解质浓度的升高而减小。

那么对于二价离子,色散力和诱导力哪个是离子特异性效应的决定因素呢? $Ca^{2+}$、$Mg^{2+}$离子交换平衡的实验结果显示两种离子吸附能的差异随电解质浓度的降低迅速增加。电解质浓度的降低会增强颗粒附近电场强度,因此对于阳离子吸附过程中的离子特异性效应,其来源可归结为离子的强极化作用。那么如何解释本实验结果和以往关于阳离子交换平衡的实验结果之间的明显矛盾呢?

**1. 阳离子色散力对离子特异性效应的影响**

色散力是一种短程作用力,如果阳离子依靠色散力吸附到表面,那么这将降低颗粒表面的负电荷数量和密度。阳离子通过色散力吸附降低表面电荷密度示意图如图 5-7 所示。

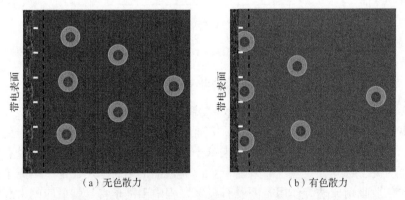

（a）无色散力　　　　　　　　　　（b）有色散力

图 5-7　阳离子通过色散力吸附降低表面电荷密度示意图

因此,如果离子特异性效应来源于阳离子与表面之间的色散力吸附,那么吸附后的表面电荷密度是可以测定的。下面我们通过 CCC 来计算 $Cu(NO_3)_2$、$Ca(NO_3)_2$ 和 $Mg(NO_3)_2$ 体系中阳离子通过色散力吸附后的蒙脱石胶体颗粒表面电荷密度。

颗粒间的静电斥力可以通过式（5-5）计算（Hou et al., 2009；Verwey et al., 1948）：

$$P_{EDL}(\lambda) = \frac{2}{101} RTa_0 \left\{ \cosh\left[\frac{ZF\varphi(\lambda/2)}{RT}\right] - 1 \right\} \qquad (5\text{-}5)$$

式中，$P_{EDL}(\lambda)$ 为静电斥力（atm）；$a_0$ 为离子活度(mol/L)；$\lambda$ 为相邻颗粒间的距离（dm）；$R$ 为气体常数 [J/(mol·K)]；$F$ 为法拉第常数（C/mol）；$Z$ 为阳离子的化合价；$\varphi(\lambda/2)$ 为相邻颗粒双电层重叠处的中点电位（V），中点电位和表面电位关系如下（Hou et al., 2009; Li et al., 2009）：

$$\frac{\pi}{2}\left[1 + \left(\frac{1}{2}\right)^2 e^{\frac{4ZF\varphi(\lambda/2)}{RT}}\right] - \arcsin e^{\frac{ZF\varphi_0 - ZF\varphi(\lambda/2)}{2RT}} = \frac{1}{4}\lambda\kappa e^{\frac{-ZF\varphi(\lambda/2)}{2RT}} \qquad (5\text{-}6)$$

式中，$\kappa$ 为 Debye-Hückel 常数（对于 2：1 型电解质：$\kappa = 24F^2a_0/(RT)^{1/2}$，单位为 $dm^{-1}$）；$\varphi_0$ 为表面电位。

在上面的方程中我们用离子活度 $a_0$ 来代替浓度 $f_0$，主要是因为离子在溶液中的作用能受到 Boltzmann 分布的影响（Liu et al., 2012; Li et al., 2011）。

因此，如果表面电位 $\varphi_0$ 已知，$\varphi(\lambda/2)$ 可以通过方程（5-6）得到，然后将其代入方程（5-5），可以获得静电斥力 $P_{EDL}(\lambda)$。

长程范德华引力的计算遵循式（5-7）（Li et al., 2009）：

$$P_{vdW}(\lambda) = -\frac{A}{0.6\pi}(10\lambda)^{-1} \qquad (5\text{-}7)$$

式中，$P_{vdW}(\lambda)$ 为范德华引力（atm）；$A$ 为物质在介质中的有效 Hamaker 常数（J）。

这样，净合力 $P_{ext}(\lambda)$ 的表达式为

$$P_{ext}(\lambda) = P_{EDL}(\lambda) + P_{vdW}(\lambda) \qquad (5\text{-}8)$$

同时，这一排斥势垒也可以表达为

$$\begin{aligned} \Delta P &= \frac{101s}{kT}\int_a^b P(\lambda)\mathrm{d}\lambda \approx \frac{101\times10^{-8}(b-a)}{298\times1.38\times10^{-23}}\int_a^b P(\lambda)\mathrm{d}\lambda \\ &= 2.456\times10^{14}(b-a)\int_a^b P(\lambda)\mathrm{d}\lambda \end{aligned} \qquad (5\text{-}9)$$

式中，$\Delta P$ 为排斥势垒；$\lambda = a$ 和 $\lambda = b$ 是 $P(\lambda)$-$\lambda$ 曲线中 $P(\lambda) = 0$ 的值（dm），分别作为积分的下限和上限；$s$ 为蒙脱石层的侧面平均面积，$s \approx 10^{-8}(b-a)$ （dm²），其中 $10^{-8}$ dm 约为水合蒙脱石层的厚度；$k$ 为 Boltzmann 常数，取 $1.38\times10^{-23}$；$T$ 为绝对温度，实验条件为 298 K。

由于供试蒙脱石胶体颗粒是粒径在几十到几百纳米尺度范围内的布朗颗粒，因此根据爱因斯坦（Einstein）方程（Li et al., 2010），有 $\overline{v} \equiv \sqrt{\langle[\Delta x(t)]^2\rangle}/t = \sqrt{2D}/\sqrt{t}$，其中 $\langle[\Delta x(t)]^2\rangle$ 是一个布朗颗粒的均方位移，$D$ 为扩散系数，可通过 $D=kT/\gamma$ 计算，

式中 $\gamma$ 为 Stokes 摩擦系数。当 $t \to 0$ 时，$\bar{v} \to \infty$，可见 $\bar{v}$ 并不能代表颗粒的真正准确的速率。只有在 $t \gg \tau$ 时，才有 $\bar{v} = \sqrt{\langle [\Delta x(t)]^2 \rangle} / t = \sqrt{2D} / \sqrt{t}$，其中 $\tau = m/\gamma$ 为质量为 $m$ 的粒子的动量弛豫时间。当时间范围很小（$t \ll \tau$）时，根据朗之万（Langiven）方程，有 $\bar{v} = \sqrt{\langle [\Delta x(t)]^2 \rangle} / t \xrightarrow{t \ll \tau} \Delta x(t) / t = v = \sqrt{kT/m}$。因此悬液中颗粒的真实速率可以表述为 $v^2 = kT/m$，这也就意味着颗粒的平均动能为 $0.5kT$。该数值在 Li 等（2010）的研究中得到了验证，这表明对于一个布朗颗粒在 $t \ll \tau$ 范围内，能量均分定理仍然是正确的。然而，由于黏滞阻力的存在，$\tau = m/\gamma$ 通常很小，所以颗粒的实际动能通常小于 $0.5kT$，假设其为 $\alpha kT$（$\alpha < 0.5$），实验中发现对于蒙脱石 $\alpha \approx 0.2$。因此当 $f_0 = CCC$ 时，有

$$\Delta P = 2.456 \times 10^{14} (b-a) \int_a^b P(\lambda) \mathrm{d}\lambda = 0.2kT \tag{5-10}$$

对于蒙脱石悬液，几种电解质的临界聚沉浓度分别为 $CCC[Cu(NO_3)_2] = 0.000650$ mol/L，$CCC[Ca(NO_3)_2] = 0.00238$ mol/L，$CCC[Mg(NO_3)_2] = 0.00799$ mol/L，对应的离子活度 $a_0$ 分别为 $a_0 = CCC \times$ 活度系数。$a_0(Cu^{2+}) \approx 0.000650 \times 0.820 = 0.000533$ mol/L，$a_0(Ca^{2+}) \approx 0.00238 \times 0.694 = 0.00165$ mol/L，$a_0(Mg^{2+}) \approx 0.00799 \times 0.533 = 0.00426$ mol/L。

以 $Cu(NO_3)_2$ 体系为例来计算 $P_{ext}(\lambda)$ 和 $\Delta P$。

当离子活度 $a_0 = 0.000533$ mol/L 时，任意给定一个表面电位 $\varphi_0$，可以通过式（5-5）～式（5-8）计算得到 $P_{ext}(\lambda)$。图 5-8 为 $P_{ext}(\lambda)$-$\lambda$ 曲线。再通过方程式（5-10）计算该表面电位条件下对应的排斥势垒 $\Delta P$，设置一系列的表面电位数值（−66～−62 mV），并获得不同表面电位对应的 $\Delta P$，二者关系如图 5-9 所示。从图中可以找出在 $0.000650$ mol/L 的 $Cu(NO_3)_2$ 溶液中，$\Delta P = 0.2kT$ 所对应的表面电位 $\varphi_0 = -55.9$ mV。这就意味着在 $0.000650$ mol/L 的 $Cu(NO_3)_2$ 溶液中，表面电位 $\varphi_0$ 为 $-55.9$ mV 时，此刻颗粒碰撞时排斥势垒 $\Delta P$ 恰好等于平均动能（$0.2kT$）。

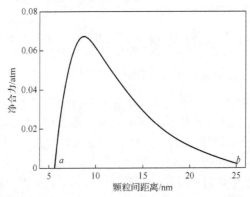

图 5-8　在 $f_0(Cu^{2+}) = CCC$ 的 $Cu(NO_3)_2$ 溶液中蒙脱石胶体颗粒间净合力 $P_{ext}(\lambda)$ 和颗粒间距离 $\lambda$ 之间的关系

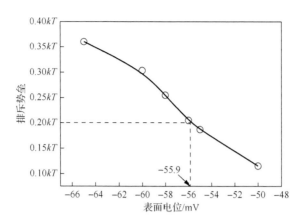

图 5-9　在 $a_0$=0.000533 mol/L（CCC = 0.000650 mol/L）Cu(NO$_3$)$_2$ 溶液中蒙脱石-胡敏酸混合胶
　　　　体颗粒间排斥势垒$\Delta P$ 和表面电位 $\varphi_0$ 之间的关系

同样地，也可以获得 Ca(NO$_3$)$_2$ 和 Mg(NO$_3$)$_2$ 溶液中颗粒间排斥势垒$\Delta P$ 和表面
电位 $\varphi_0$ 之间的关系。如图 5-10 和图 5-11 所示，当电解质浓度等于 CCC 时，表面
电位分别为：Ca(NO$_3$)$_2$ 体系中 $\varphi_0$=-63.1 mV，Mg(NO$_3$)$_2$ 体系中 $\varphi_0$=-80.0 mV。此
时蒙脱石胶体颗粒相互碰撞的瞬间排斥势垒与颗粒的平均动能相等。

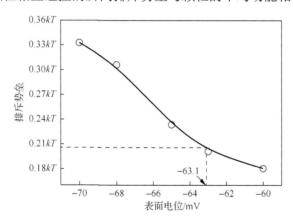

图 5-10　在 $a_0$ = 0.00165 mol/L（CCC = 0.00238 mol/L）Ca(NO$_3$)$_2$ 溶液中蒙脱石-胡敏酸混合胶
　　　　体颗粒间排斥势垒$\Delta P$ 和表面电位 $\varphi_0$ 之间的关系

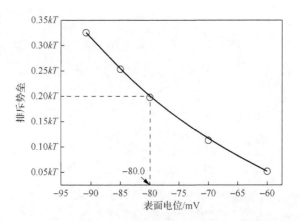

图 5-11　在 $a_0 = 0.00426$ mol/L（CCC = 0.00799 mol/L）Mg(NO₃)₂ 溶液中蒙脱石-胡敏酸混合胶体颗粒间排斥势垒 $\Delta P$ 和表面电位 $\varphi_0$ 之间的关系

　　根据得到的蒙脱石胶体颗粒在电解质浓度为 CCC 时的表面电位，计算蒙脱石胶体颗粒此时的表面电荷密度。

　　首先，将 Cu(NO₃)₂、Ca(NO₃)₂ 和 Mg(NO₃)₂ 几种溶液的电解质浓度为 CCC 时蒙脱石胶体颗粒的表面电位 $\varphi_0$ 和离子活度 $a_0$ 代入方程（5-11）、方程（5-12）中（Curtis et al., 2006），可以得到 Cu²⁺、Ca²⁺ 和 Mg²⁺ 几种离子在扩散层中的平均浓度：

$$\frac{\tilde{f}}{a_0} = 1 - \frac{11.196}{e^{2g+1} - 3.7321} + \frac{11.196}{e^{2g} - 3.7321} - \frac{0.8037}{e^{2g+1} - 0.2679} + \frac{0.8037}{e^{2g} - 0.2679} \quad (5\text{-}11)$$

式中，$\tilde{f}$ 为电解质浓度（mol/L）。

$$g = \tanh^{-1}\sqrt{\frac{1}{3}\left(1 + 2e^{\frac{F\varphi_0}{RT}}\right)} \quad (5\text{-}12)$$

　　根据电中性法则（Liu et al., 2013）有

$$C \approx 10^5 Z\tilde{f}\left(S \cdot \frac{1}{\kappa}\right) \quad (5\text{-}13)$$

式中，$C$ 为蒙脱石胶体颗粒的表面电荷数量（cmol/kg）；$Z$=2 为阳离子化合价；$1/\kappa = [\varepsilon RT/(24\pi F^2 a_0)]^{1/2}$（dm）；蒙脱石比表面积 $S = 71600$ dm²/g。

　　通过方程（5-11）和方程（5-12）计算得到的 $\tilde{f}$ (Cu²⁺)=0.00654 mol/L，$\tilde{f}$ (Ca²⁺)=0.0276 mol/L，$\tilde{f}$ (Mg²⁺)=0.146 mol/L。将这些数值代入方程（5-13），可以得到蒙脱石胶体颗粒在 Cu(NO₃)₂、Ca(NO₃)₂ 和 Mg(NO₃)₂ 几种溶液浓度为 CCC 时的表面电荷数量，分别为 $C$=7.03 cmol/kg、18.1 cmol/kg、55.6 cmol/kg。这一结果意味着由于 Cu²⁺、Ca²⁺ 和 Mg²⁺ 几种离子在蒙脱石胶体颗粒表面的色散力吸附使蒙脱石胶体颗粒表面电荷数量在 0.000650 mol/L 的 Cu(NO₃)₂、0.00238 mol/L 的 Ca(NO₃)₂ 和 0.00799 mol/L 的 Mg(NO₃)₂ 溶液中分别由 84.8 cmol/kg 降低至

7.03 cmol/kg、18.1 cmol/kg、55.6 cmol/kg。因此，如果依据这一结果则表明有 91.7%的表面负电荷被 $Cu^{2+}$ 的色散作用中和，78.7%的负电荷被 $Ca^{2+}$ 的色散作用中和，34.4%的负电荷被 $Mg^{2+}$ 的色散作用中和。显然，在如此低的电解质浓度条件下（0.00065～0.00799 mol/L），这么多的负电荷被离子的色散作用所中和是不可能发生的。

## 2. 阳离子极化作用对离子特异性效应的影响

已知表面电荷数量和比表面积，根据 Gauss（高斯）定理可以计算蒙脱石胶体颗粒表面附近的电场强度为 $1.61 \times 10^8$ V/m。在如此强的电场中，吸附在表面的反号离子很容易发生极化作用（Liu et al., 2014; 2013）。表面附近的阳离子发生极化作用会引起离子偶极矩的改变，从而使阳离子所表现出来的电荷数超过其本身化合价，因此离子受到表面的库仑力增加。考虑到静电场可以从颗粒表面延伸到几十纳米范围内，因此说离子在溶液中的极化效应将存在于一个较长范围内。另外，离子极化作用会引起离子与表面之间库仑吸引力的增加，因此该效应可以表征为化合价由 $Z$ 增加至 $\beta Z (\beta \geq 1, \beta$ 为有效电荷系数)。$\beta Z$ 表示极化后的有效电荷数。由于极化效应，颗粒表面附近的双电层的厚度和电场强度均会减小和降低，极化效应影响双电层厚度和电场强度的示意图如图 5-12 所示。

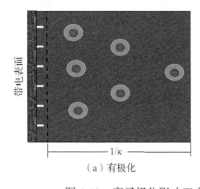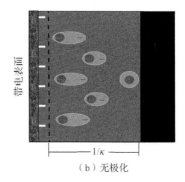

（a）有极化　　　　　　　　　　　　（b）无极化

图 5-12　离子极化影响双电层厚度和电场强度示意图

然而在经典理论中，离子极化效应是没有被考虑的，我们可以通过经典方法计算蒙脱石胶体颗粒在电解质浓度为 CCC 时的表面电位，并将这种不考虑极化效应得到的表面电位命名为 $\varphi_{0(\text{classic})}$，考虑离子极化效应后得到的表面电位被称为 $\varphi_{0(\text{polar})}$，显然，$\beta Z F \varphi_{0(\text{polar})} = Z F \varphi_{0(\text{classic})}$，或 $\beta = \varphi_{0(\text{classic})} / \varphi_{0(\text{polar})}$。

Liu 等（2013）在阳离子交换平衡实验中测得相对有效电荷系数 $\beta_{\text{Ca/Li}} = \beta_{\text{Ca}} / \beta_{\text{Li}}$，$\beta_{\text{Mg/Li}} = \beta_{\text{Mg}} / \beta_{\text{Li}}$，将其引入离子极化的实验结果中。众所周知，$Li^+$ 外层电子层为的 1s 结构，因此电子能力最低。$Li^+$ 的极化作用必定很弱，有效电荷系数 $\beta$ 将接近 1。非常有趣的是，我们假设有效电荷系数 $\beta_{\text{Li}} \approx 1.05$，那么本实验中获得的 $Ca^{2+}$ 和

Mg$^{2+}$的有效电荷数与 Liu 等（2013）的研究中通过离子交换平衡得到的有效电荷数基本一致。在离子交换实验中，$\beta_{i/Li} = \beta_{i/Na} \times \beta_{Na/Li}$（其中 $i$ 为 Ca$^{2+}$、Mg$^{2+}$和 Cu$^{2+}$），且 $\beta_i = \beta_{i/Li} \times \beta_{Li}$。研究结果列于表 5-1 中。

表 5-1　蒙脱石胶体颗粒凝聚过程中几种阳离子的有效电荷系数 $\beta$

| | 凝聚实验 | | | 离子交换实验 | |
| --- | --- | --- | --- | --- | --- |
| | $\varphi_{0(classic)}$/mV （CCC 时） | $\varphi_{0(polar)}$/mV （CCC 时） | $\beta_i$ （$\varphi_{0(classic)}$/ $\varphi_{0(polar)}$） | $\beta_{i/Li}$（$\beta_{i/Na} \times \beta_{Na/Li}$） | $\beta_i$ （$\beta_{i/Li} \times \beta_{Li}$） |
| Mg$^{2+}$ | −112 | −80 | 1.40 | 1.21×1.11=1.34 | 1.34×1.05=1.41 |
| Ca$^{2+}$ | −123 | −63.1 | 1.95 | 1.70×1.11=1.89 | 1.89×1.05=1.98 |
| Cu$^{2+}$ | −137 | −55.9 | 2.45 | — | — |

　　显然，将 Li$^+$的有效电荷系数假设为 1.05 是很合理的。根据 Liu 等（2013）的实验结果得到 Na$^+$和 K$^+$的有效电荷系数为 $\beta_{Na}$=1.16 和 $\beta_K$=1.92。因此，有效电荷系数的序列为 $\beta_{Cu}$(2.45) > $\beta_{Ca}$(1.95) > $\beta_K$(1.92) > $\beta_{Mg}$(1.40) > $\beta_{Na}$(1.16) > $\beta_{Li}$(1.05)，这一序列反映出离子在电场中极化程度的强弱。可以看出 $\beta$ 值随着离子外层电子层数的增加而增大。然而，对于电子层数相同的离子，二价离子的有效电荷明显高于一价离子。这可能归因于二价离子较一价离子更倾向分布于距离表面较近的区域，且在距离表面越近的区域电场强度越强，相应地，离子在该区域极化效应也越强。

　　综上所述，考虑到颗粒表面附近很长范围内均存在强电场，我们通过颗粒凝聚和离子交换两个完全独立的实验却得到几种阳离子近乎相同的有效电荷系数。

　　那么如何解释活化能的差异随电解质浓度的降低而降低呢（图 5-6）？这一结果可以通过电场强度、离子电荷数、离子极化和表面附近反号阳离子的分布情况综合在一起来解释。正如前面研究（Liu et al., 2014）中所讨论的，阳离子极化作用越强，对颗粒表面附近的电场屏蔽能力越强，因为对于多价离子体系中，极化作用强的离子对双电层的压缩能力越强即 Debye 长度越小。例如，在 0.0005 mol/L 的 Cu(NO$_3$)$_2$ 和 Ca(NO$_3$)$_2$ 溶液中，蒙脱石胶体颗粒的表面 Debye 长度分别为 3.72 nm 和 4.55 nm。考虑离子极化效应，在计算过程中用有效电荷 $\beta Z$ 代替 $Z$。在相同浓度 0.0005 mol/L 的 KNO$_3$ 和 NaNO$_3$ 溶液中，Debye 长度分别为 8.00 nm 和 10.4 nm。可见与 KNO$_3$ 和 NaNO$_3$ 溶液相比，Cu(NO$_3$)$_2$ 和 Ca(NO$_3$)$_2$ 溶液显著降低了颗粒表面附近的电场。

　　仍然以 Cu(NO$_3$)$_2$ 和 Ca(NO$_3$)$_2$ 溶液为例，在给定的电解质浓度条件下，在 Cu(NO$_3$)$_2$ 溶液中颗粒表面附近电场低于 Ca(NO$_3$)$_2$ 体系，这主要是因为 Cu$^{2+}$具有较强的极化作用。与 Ca$^{2+}$体系中颗粒表面附近较强的电场相比，在 Cu$^{2+}$体系中相对较弱的表面附近电场又将显著减弱离子的极化效应。同时，Cu$^{2+}$极化作用的减弱将增强颗粒表面电场，因此增强 $Cu(NO_3)_2$ 溶液中颗粒相互作用的活化能，这就使 $Cu(NO_3)_2$ 和 $Ca(NO_3)_2$ 溶液中蒙脱石胶体颗粒间相互作用的活化能差异减小。

另外，蒙脱石胶体颗粒表面附近电场强度通常$<10^9$ V/m，而极化离子的外层电子所在位置的电场强度通常$>10^{10}$ V/m。因此，界面附近的阳离子的极化是有一定限度的。考虑到二价离子较一价离子更容易接近颗粒表面，随着电解质浓度的降低（即电场强度的增强），二价离子的极化更容易接近其极化的最大程度。在这种情况下，两种离子体系中颗粒间相互作用活化能的差异将随电解质浓度的降低而减小。

综合上述分析，在很低的电解质浓度条件下，存在一个平衡的浓度，在该浓度条件下，由于离子极化、电场和反号离子的分布等综合效应，使二价阳离子体系中的颗粒相互作用活化能有 $E_{Ca}-E_{Cu}\to 0$。

## 5.3　土壤矿物胶体相互作用过程中的阴离子特异性效应

### 5.3.1　总体平均凝聚速率和临界聚沉浓度的阴离子特异性效应

#### 1. 实验条件选择

为了表征阴离子特异性效应，本章研究选取三种含有不同阴离子的电解质溶液（$K_2SO_4$、KCl 和 $KH_2PO_4$）来完成颗粒的凝聚实验。这些阴离子具有不同的价态或不同的原子。取待测蒙脱石悬液 200 μL 于散射瓶中，加超纯水和不同量电解质控制体系总体积恒定为 10 mL，此时颗粒密度为 0.0496 g/L。所设置的电解质浓度如下：$K_2SO_4$ 溶液浓度为 1.5 mmol/L、2 mmol/L、2.5 mmol/L、3 mmol/L、3.5 mmol/L、4 mmol/L；KCl 溶液浓度为 5 mmol/L、7.5 mmol/L、9 mmol/L、10 mmol/L、12 mmol/L、13 mmol/L；$KH_2PO_4$ 溶液浓度为 100 mmol/L、150 mmol/L、200 mmol/L、250 mmol/L、275 mmol/L。在 90° 散射角下，分别在以上各浓度条件下通过动态光散射连续监测其有效水力直径 60 min。

待凝聚完成，凝聚体沉降到底部，通过离心法集上清液。用美国戴安（Dionex）公司的 DX-120 离子色谱仪测定阴离子含量。样品制备方法依照美国环境保护署的方法（US EPA Method 300 Revision 2.1）。阴离子的加入量和测得的剩余阴离子含量的差值即吸附到颗粒表面的阴离子数量。

从图 5-13 中凝聚体有效水力直径增长情况可以看出凝聚过程中存在着强烈的阴离子特异性效应。例如，在离子强度为 7.5 mmol/L 的 KCl 和 $KH_2PO_4$ 溶液中，凝聚体有效水力直径随时间呈线性增长，即其凝聚机制为 RLCA 机制，即慢速凝聚。而在 $K_2SO_4$ 溶液中，凝聚体有效水力直径随时间呈幂函数增长，凝聚机制为 DLCA

机制,即快速凝聚。在凝聚的 30 min 内,$K_2SO_4$ 溶液中凝聚体有效水力直径从 393.8 nm 增长到 1875 nm,KCl 溶液中凝聚体有效水力直径从 323.8 nm 增长到 1405 nm,然而在 $KH_2PO_4$ 溶液中,蒙脱石凝聚体有效水力直径基本保持在 333.0 nm,即蒙脱石胶体颗粒处于分散稳定状态而没有发生凝聚。当离子强度增加到 12 mmol/L 时,颗粒在 $KH_2PO_4$ 溶液中发生慢速凝聚,在 KCl 和 $K_2SO_4$ 溶液中发生快速凝聚。同时,阴离子为 $SO_4^{2-}$ 时,凝聚体有效水力直径最大增长至 4035 nm;阴离子为 $Cl^-$ 时,凝聚体有效水力直径最大增长至 3085 nm;阴离子为 $H_2PO_4^-$ 时,蒙脱石凝聚体有效水力直径只有略微的增长,由 363.6 nm 至 479.8 nm。实验结果显示,蒙脱石胶体颗粒在 $SO_4^{2-}$ 体系中凝聚最强烈,表现为在离子强度($I$)7.5 mmol/L、9 mmol/L 和 12 mmol/L 条件下,30 min 内形成的凝聚体最大有效水力直径分别为 1875 nm、2716 nm 和 4035 nm;其次是 $Cl^-$,30 min 内凝聚体最大有效水力直径分别为 1405 nm、2157 nm 和 3085 nm;在阴离子为 $H_2PO_4^-$ 时,蒙脱石胶体颗粒凝聚现象最不显著。总之,几种阴离子对蒙脱石凝聚的影响从强到弱顺序为 $SO_4^{2-} > Cl^- > H_2PO_4^-$,可见凝聚过程中存在伴随离子特异性效应。

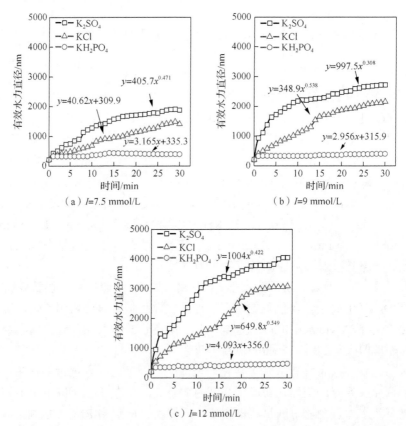

图 5-13　不同 $K_2SO_4$、KCl、$KH_2PO_4$ 溶液离子强度条件下凝聚体有效水力直径随时间变化图

蒙脱石胶体颗粒表面带大量负电荷，形成强烈的负电场，大部分伴随阴离子受到静电斥力而无法进入双电层。此外，三种阴离子的体积由大到小顺序为 $H_2PO_4^- > SO_4^{2-} > Cl^-$，这并不与凝聚过程中的离子特异性效应序列相吻合。可见该凝聚过程中的阴离子特异性效应不可以通过离子体积效应来解释。

### 2. 总体平均凝聚速率和临界聚沉浓度的影响

根据 Jia 等（2013）建立的方法获得各体系的 TAA 和 CCC，TAA 曲线上的转折点即该体系条件下的 CCC，在 CCC 之前，胶体颗粒的凝聚机制为 RLCA 机制，之后为 DLCA 机制。

从图 5-14 中可见，在蒙脱石胶体凝聚过程中三种电解质的 CCC 分别为 $CCC(K_2SO_4)=3.305$ mmol/L，$CCC(KCl)=11.38$ mmol/L，$CCC(KH_2PO_4)=180.68$ mmol/L。$KH_2PO_4$ 的 CCC 显著高于其他两种电解质，$CCC(KH_2PO_4)$ 是 $CCC(K_2SO_4)$ 的 54.67 倍，是 $CCC(KCl)$ 的 15.88 倍。由于几种电解质均为钾盐，所以 CCC 如此大的差异是阴离子的不同造成的，这也反映出阴离子特异性效应的存在。由于 $SO_4^{2-}$ 带两个负电荷，而 $Cl^-$ 只有一个负电荷，所以加入相同浓度的两种电解质时，$K_2SO_4$ 所引入的阳离子的数量是 KCl 的 2 倍，所以在屏蔽相同数量的表面负电荷的情况下，$K_2SO_4$ 的 CCC 要低一些，但 $CCC(KCl)$ 却是 $CCC(K_2SO_4)$ 的 3.44 倍，可见这样的差异并不完全来源于所引入的阳离子量的不同，还有阴离子特异性效应所带来的阴离子与颗粒间作用的不同。

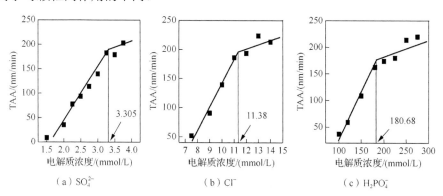

图 5-14　三种电解质作用下蒙脱石胶体颗粒凝聚的 TAA 和 CCC

由于阴离子化合价存在差异，我们又对比了 TAA 与离子强度的关系（图 5-15），发现相同离子强度下三种伴随阴离子作用下 TAA 由大到小的顺序为 $SO_4^{2-} > Cl^- > H_2PO_4^-$，且前面两种离子 TAA 的差异小，$H_2PO_4^-$ 与其余两种离子差别较大。当离子强度为 9 mmol/L 时，$SO_4^{2-}$、$Cl^-$、$H_2PO_4^-$ 三种伴随阴离子作用下 TAA 分别为 139.4 nm/min、90.67 nm/min 和 8.584 nm/min。$SO_4^{2-}$ 作用下 TAA 是 $Cl^-$ 的 1.537 倍，是 $H_2PO_4^-$ 的 16.24 倍。

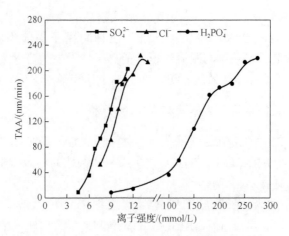

图 5-15　蒙脱石体系中 TAA 随离子强度的变化

### 5.3.2　土壤矿物胶体间相互作用活化能的阴离子特异性效应

　　颗粒间相互作用活化能的计算参见式（5-4），据此得到不同电解质体系中颗粒相互作用活化能的表达式：

K₂SO₄：$\Delta E(f_0)=-kT\ln(0.5969f_0-0.9736)$。

KCl：$\Delta E(f_0)=-kT\ln(0.1383f_0-0.7407)$。

KH₂PO₄：$\Delta E(f_0)=-kT\ln(0.0099f_0-0.7922)$。

　　计算得到在三种伴随阴离子影响下，颗粒间相互作用活化能。颗粒间相互作用活化能随离子强度的变化如图 5-16 所示。

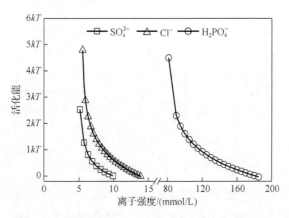

图 5-16　颗粒间相互作用活化能随离子强度的变化

从图 5-16 中可以看出，在相同离子强度条件下，颗粒间相互作用活化能由大到小的顺序为 $H_2PO_4^- > Cl^- > SO_4^{2-}$。当离子强度为 9 mmol/L 时，颗粒间活化能在 $K_2SO_4$ 溶液和 KCl 溶液中分别为 $0.1050kT$ 和 $0.4230kT$，而蒙脱石在 $H_2PO_4^-$ 体系中处于分散的稳定状态，因此认为活化能非常大以至于颗粒根本无法靠近而发生凝聚。当选取相同的活化能 $1.5kT$ 时，达到此活化能所需的三种电解质体系的离子强度分别为 $I(K_2SO_4)=5.517$ mmol/L、$I(KCl)=6.279$ mmol/L 和 $I(KH_2PO_4)=91.21$ mmol/L，即 $KH_2PO_4$ 溶液的离子强度要达到 $K_2SO_4$ 溶液的 16.53 倍、KCl 溶液的 14.53 倍时，才会和 $K_2SO_4$ 溶液及 KCl 溶液作用的情况产生相等的活化能。可见伴随阴离子特异性效应会对颗粒相互作用活化能产生巨大影响。蒙脱石胶体颗粒凝聚过程中不同体系中颗粒间活化能由大到小的顺序为 $H_2PO_4^- \gg Cl^- > SO_4^{2-}$。

不同阴离子体系中颗粒间活化能的序列与前面所述的 TAA 和 CCC 序列相一致。在这三种阴离子中，$H_2PO_4^-$ 体系中颗粒的 TAA 最低，对应的 CCC 最高，这归因于该体系中蒙脱石胶体颗粒间活化能最高。可见阴离子的选择对蒙脱石胶体颗粒的凝聚过程有显著的影响，恒电荷矿物蒙脱石凝聚不仅受到溶液中阳离子种类的影响，还与阴离子种类有关。

### 5.3.3　阴离子在矿物表面吸附的离子特异性效应

显然，阴离子一旦由于非经典极化作用吸附在颗粒表面，那么必定会增加颗粒表面的负电荷，提高颗粒间的静电斥力，最终增加颗粒间的相互作用能。为了更进一步分析几种阴离子的特异性效应，我们用离子色谱测定了几种阴离子在蒙脱石胶体颗粒表面的吸附量并计算了吸附后的表面电荷增加量。

从图 5-17 中可以看出，几种阴离子表面吸附量的顺序为 $H_2PO_4^- > Cl^- > SO_4^{2-}$。例如，当离子强度为 9 mmol/L 时，$H_2PO_4^-$、$Cl^-$ 和 $SO_4^{2-}$ 在蒙脱石胶体颗粒表面的吸附量分别为 15.57 cmol/kg、11.17 cmol/kg 和 5.940 cmol/kg。而当离子强度增加到 100 mmol/L 时，$H_2PO_4^-$、$Cl^-$ 和 $SO_4^{2-}$ 在蒙脱石胶体颗粒表面的吸附量分别为 165.1 cmol/kg、144.2 cmol/kg 和 64.35 cmol/kg，其中 $H_2PO_4^-$ 的吸附量分别是 $Cl^-$ 和 $SO_4^{2-}$ 的 1.145 倍和 2.566 倍。

由于几种阴离子化合价的差异，吸附相同量的 $SO_4^{2-}$ 所引起的表面负电荷数量的增加应是 $H_2PO_4^-$ 和 $Cl^-$ 的 2 倍。但是在离子强度小于 50 mmol/L 范围内，吸附 $SO_4^{2-}$ 所增加的负电荷数量只略微高于吸附 $Cl^-$ 的情况。那么为什么增加较多的负电荷却对应于较小的 CCC〔CCC($K_2SO_4$)<CCC(KCl)〕呢？这主要是因为 $K_2SO_4$ 溶液与 KCl 溶液相比，相同阴离子浓度条件下有较多的 $K^+$ 被引入，较多阳离子的存在会更强烈地压缩表面双电层，体系中电场被屏蔽的程度也更强烈。

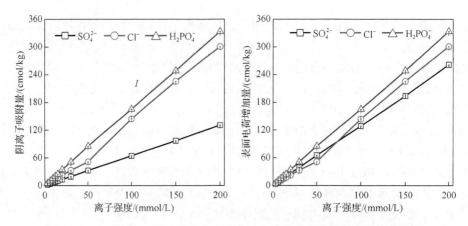

图 5-17　表面阴离子吸附量和表面电荷增加量随溶液离子强度的变化关系

### 5.3.4　土壤矿物胶体相互作用过程中的阴离子特异性效应来源分析

Zeta 电位是胶体滑动面上的电位，在给定条件下，其数值和正负符号取决于胶体颗粒的表面电荷状况，电位越高说明表面电荷数量越多。有研究表明表面电位远大于 Zeta 电位，其数值大小可达 Zeta 电位的 4～5 倍（Li et al., 2009）。由于随电解质浓度的升高，扩散双电层被压缩，表面电荷形成的电场更加强烈地被吸附的反号离子屏蔽，所以 Zeta 电位将随电解质浓度的升高而降低。从图 5-18 中可以看出，在相同电解质浓度下，Zeta 电位（绝对值）由大到小的顺序为 $KH_2PO_4$>KCl>$K_2SO_4$。电解质浓度为 200 (mmol/L) 时，蒙脱石在 $K_2SO_4$、KCl 和 $KH_2PO_4$ 溶液中的 Zeta 电位分别为 −8.98 mV、−18.99 mV 和 −21.73 mV。此时 $SO_4^{2-}$ 与 $H_2PO_4^-$ 作用下 Zeta 电位差值达 12.75 mV，因此与 $SO_4^{2-}$ 比较，$H_2PO_4^-$ 大大提高了胶体颗粒的 Zeta 电位，表明 $H_2PO_4^-$ 在颗粒表面的作用显著提高了颗粒表面的负电荷数量。

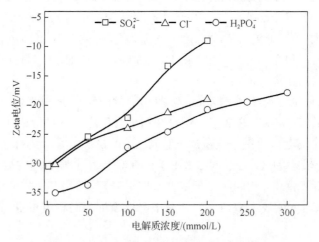

图 5-18　颗粒 Zeta 电位随电解质浓度的变化

如前所述，由于蒙脱石胶体颗粒表面带有大量净负电荷，阴离子是被排斥在外的。特别是在恒电荷矿物表面，不仅阴离子静电吸附难以发生，而且化学吸附也难以存在，但是不同阴离子却在蒙脱石胶体颗粒凝聚的过程中引起完全不同的巨大差异。这样的差异必然是由离子的特异性效应所引起的。几种阴离子核外电子云结构的差异导致极化效应的不同是造成离子特异性效应的主要原因；另外，一些研究者提出一价阴离子中水化作用弱的离子距离颗粒表面的距离一般小于水化作用强的离子（Flores et al., 2012），据此 $Cl^-$ 与表面的距离较 $H_2PO_4^-$ 远，这也是造成 $H_2PO_4^-$ 吸附量大于 $Cl^-$，以及 $H_2PO_4^-$ 具有较大 CCC 的原因之一；当阴离子由于热运动穿过颗粒表面双电层而到达颗粒表面后，离子的电子云在强电场的诱导作用下发生形变，而产生定向的极化效应。综上是造成凝聚过程中阴离子特异性效应和该效应随离子强度降低而增加的原因。

基于前面的分析，在恒电荷矿物蒙脱石胶体颗粒表面很难形成化学键或氢键，且溶液中的阴离子很难依靠静电力靠近颗粒表面。看来只有离子的色散力能够合理地解释实验结果。由于热运动的推动，阴离子得以穿过双电层而到达颗粒表面。阴离子一旦到达表面，就可以依靠色散力这种短程作用而吸附到颗粒表面。通常，在相同条件下，阴离子的半径和外层电子层越大越柔软，外层电子云形变能力越强，最终导致离子的色散力越强。例如，与 $Cl^-$ 和 $SO_4^{2-}$ 相比，$H_2PO_4^-$ 由于其较强的色散作用更容易吸附到蒙脱石胶体颗粒表面。而对于 $K_2SO_4$ 体系，$K^+$ 含量较多，对双电层的压缩作用较 KCl 体系强，同时 $SO_4^{2-}$ 的色散作用强于 $Cl^-$，因此颗粒间活化能在 $K_2SO_4$ 体系低于 KCl 体系。

如图 5-19 所示，颗粒间相互作用活化能差值在两不同阴离子体系中随离子强度的降低而迅速增加。即离子强度的降低导致表面附近电场强度增加，进而使离子特异性效应增强。这样的结果就不可以通过色散力来解释了，因为色散力通常在较高电解质条件下起到比较显著的作用（Ruiz-Agudo et al., 2011; Moreira et al., 2006; Borukhov et al., 1997）。Liu 等（2014）的研究已经证明，在较低电解质浓度条件下，吸附的离子会在表面附近电场中发生强烈的极化作用，并且这一极化作用强度是经典极化作用强度的 10000 倍，因此称其为非经典极化作用。考虑到蒙脱石胶体颗粒表面电荷密度约为 $0.1586\,C/m^2$，其表面附近电场强度约为 $2.2\times10^8\,V/m$（Liu et al., 2014; Li et al., 2011）。阴离子一旦靠近颗粒表面，在如此强的电场中阴离子必定被电场诱导而发生非经典极化作用。这一非经典极化作用随着离子强度的降低而增强，原因主要是离子强度的降低会带来颗粒表面附近电场强度的增强。因此，活化能的差值随离子强度的降低即电场强度的增强而增加。这也是三种离子的特异性效应随离子强度的降低而显著增强的原因。

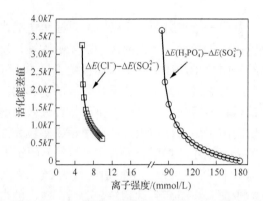

图 5-19　不同电解质体系中蒙脱石胶体颗粒间相互作用活化能差值（$\Delta E(i) - \Delta E(j)$）
随离子强度的变化

　　总之，在蒙脱石凝聚过程中阴离子特异性效应的发生过程可以描述为：首先，阴离子在热运动的作用下进入扩散双电层，而后，离子由于量子涨落而形成的瞬时偶极在电场的诱导作用下被放大，进而发生定向的极化作用。电场越强，阴离子特异性效应越强。这一非经典极化作用是本章实验结果中阴离子特异性效应的主要原因，它也对蒙脱石胶体颗粒凝聚过程中几种不同阴离子的钾盐聚沉能力的离子特异性效应序列和在不同体系中颗粒间活化能差异随离子强度减小而增加的现象作出了合理的解释。

# 5.4　本 章 小 结

　　通过本章研究，在黏土矿物蒙脱石胶体颗粒的凝聚过程中发现了强烈的二价阳离子特异性效应以及强烈的伴随阴离子特异性效应。我们得出结论，引起该凝聚过程中阳离子特异性效应的原因并非色散力和水合力而是离子的极化效应、表面电场、离子电荷数量和离子在双电层中的分布共同影响离子极化作用的强弱。而非经典极化作用是实验中观测到的蒙脱石胶体凝聚过程中阴离子特异性效应的主要原因，这一非经典极化作用为凝聚过程中的阴离子特异性效应序列和离子特异性效应随离子强度降低而增强作出了合理的解释。具体如下：由于 $Cu^{2+}$、$Ca^{2+}$ 和 $Mg^{2+}$ 三种离子水化半径差别不大，所以颗粒间相互作用活化能在不同离子体系中的巨大差异并不来源于离子的水化半径。因此阳离子的水化作用并不是产生离子特异性效应的原因。

　　通过光散射技术测定的 CCC，理论计算在强电场中吸附到颗粒表面的阳离子的总量。对比计算结果，进而得出在蒙脱石胶体颗粒凝聚过程中存在的离子特异性效应是由离子极化作用而不是色散作用引起的。

我们还获得了不同离子的有效电荷系数,用该系数表征离子极化效应的强度,即 $\beta_{Cu}(2.45) > \beta_{Ca}(1.95) > \beta_K(1.92) > \beta_{Mg}(1.40) > \beta_{Na}(1.16) > \beta_{Li}(1.05)$。因此离子的有效电荷数量为 $Z_{Cu} = 4.90$、$Z_{Ca} = 3.92$、$Z_{Mg} = 2.82$、$Z_K = 1.92$、$Z_{Na} = 1.16$、$Z_{Li} = 1.05$。离子的有效电荷系数随着离子核外电子层数的增加而增加。对于电子层数相同的离子,由于高价离子较低价离子更倾向于分布在更靠近颗粒表面的位置,因此有效电荷数大于低价离子。

几种伴随阴离子影响蒙脱石矿物胶体颗粒凝聚的 Hofmeister 序列为 $SO_4^{2-} > Cl^- > H_2PO_4^-$。凝聚过程中颗粒间相互作用活化能的差异随离子强度的降低而增加,即离子特异性效应在较低的电解质浓度条件强于高电解质浓度的条件。伴随阴离子特异性效应的强弱与电场有关,电场越强,离子特异性效应也越强烈。

## 参考文献

高晓丹, 李航, 朱华玲, 等, 2012. 特定 pH 条件下 $Ca^{2+}/Cu^{2+}$引发胡敏酸胶体凝聚的比较研究[J]. 土壤学报, 49(4): 698-707.

胡纪华, 杨兆禧, 郑忠, 1997. 胶体与界面化学[M]. 广州: 华南理工大学出版社.

贾明云, 朱华铃, 李航, 2010. 光散射技术在土壤胶体颗粒相互作用研究中的应用[J]. 土壤学报, 47(2): 253-261.

李学垣, 2001. 土壤化学[M]. 北京: 高等教育出版社.

吴广群, 任群, 陶悦, 等, 2007. 乳液临界聚沉浓度及其测定方法[J]. 胶体与聚合物, 25(2): 40-42.

熊毅, 等, 1985. 土壤胶体 (第二册): 土壤胶体研究法[M]. 北京: 科学出版社.

袁雷, 徐英德, 任凯璐, 等, 2024. 通过 zeta 电位快速评估土壤胶体的临界聚沉浓度[J]. 土壤学报, DOI: 10.11766/trxb202403140110.

朱华玲, 李航, 贾明云, 等, 2012. 土壤有机/无机胶体凝聚的光散射研究[J]. 土壤学报, 49(3): 409-416.

Bauduin P, Nohmie F, Touraud D, et al., 2006. Hofmeister specific-ion effects on enzyme activity and buffer pH: Horseradish peroxidase in citrate buffer[J]. Journal of Molecular Liquids, 123(1): 14-19.

Borah J M, Mahiuddin S, Sarma N, et al., 2011. Specific ion effects on adsorption at the solid/electrolyte interface: A probe into the concentration limit[J]. Langmuir, 27(14): 8710-8717.

Borukhov I, Andelman D, Orland H, 1997. Steric effects in electrolytes: A modified Poisson-Boltzmann equation[J]. Physical Review Letters, 79(3): 435-438.

Boström M, Williams D R M, Ninham B W, 2001a. Specific ion effects: Why DLVO theory fails for biology and colloid systems[J]. Physical Review Letters, 87(16): 168103.

Boström M, Williams D R M, Ninham B W, 2001b. Surface tension of electrolytes: Specific ion effects explained by dispersion forces[J]. Langmuir, 17(15): 4475-4478.

Broering J, Bommarius A, 2005. Evaluation of Hofmeister effects on the kinetic stability of proteins[J]. The Journal of Physical Chemistry B, 109(43): 20612-20619.

Butt H J, 1991. Measuring electrostatic, van der Waals, and hydration forces in electrolyte solutions with an atomic force microscope[J]. Biophysical Journal, 60(6): 1438-1444.

Butt H J, Cappella B, Kappl M, 2005. Force measurements with the atomic force microscope: Technique, interpretation and applications[J]. Surface Science Reports, 59(1-6): 1-152.

Chen X, Yang T, Kataoka S, et al., 2007. Specific ion effects on interfacial water structure near macromolecules[J]. Journal of the American Chemical Society, 129(40): 12272-12279.

Curtis R, Lue L, 2006. A molecular approach to bioseparations: Protein-protein and protein-salt interactions[J]. Chemical Engineering Science, 61(3): 907-923.

Eberl D, 1980. Alkali cation selectivity and fixation by clay minerals[J]. Clays and Clay Minerals, 28(3): 161-172.

Feng H, Zhou J, Lu X, et al., 2010. Communication: Molecular dynamics simulations of the interfacial structure of alkali metal fluoride solutions[J]. The Journal of Chemical Physics, 133(6): 061103.

Flores S C, Kherb J, Cremer P S, 2012. Direct and reverse Hofmeister effects on interfacial water structure[J]. The Journal of Physical Chemistry C, 116(27): 14408-14413.

Foster K, Plastridge R, Bottenheim J, et al., 2001. The role of $Br_2$ and BrCl in surface ozone destruction at polar sunrise[J]. Science, 291(5503): 471-474.

Gao X D, Ren K L, Zhu Z H, et al., 2022. The role of anions in the aggregation of permanently charged clay mineral particles[J]. Journal of Soils and Sediments, 23(1): 263-272.

Gokarn Y R, Fesinmeyer, Matthew R, Saluja A, et al., 2011. Effective charge measurements reveal selective and preferential accumulation of anions, but not cations, at the protein surface in dilute salt solutions[J]. Protein Science, 20(3): 580-587.

Gonzalez A E, 1993. Universality of colloid aggregation in the reaction limit: The computer simulations[J]. Physical Review Letters, 71(14): 2248-2251.

Hou J, Li H, Zhu H L, et al., 2009. Determination of clay surface potential: A more reliable approach[J]. Soil Science Society of America Journal, 73(5): 1658-1663.

Hribar B, Southall N, Vlachy V, et al., 2002. How ions affect the structure of water[J]. Journal of the American Chemical Society, 124(41): 12302-12311.

Izutsu K, Aoyagi N, 2005. Effect of inorganic salts on crystallization of poly (ethylene glycol) in frozen solutions[J]. International Journal of Pharmaceutics, 288(1): 101-108.

Jia M Y, Li H, Zhu H L, et al., 2013. An approach for the critical coagulation concentration estimation of polydisperse colloidal suspensions of soil and humus[J]. Journal of Soils and Sediments, 13(2): 325-335.

Jungwirth P, Tobias D, 2001. Molecular structure of salt solutions: A new view of the interface with implications for heterogeneous atmospheric chemistry[J]. The Journal of Physical Chemistry B, 105(43): 10468-10472.

Jungwirth P, Tobias D, 2006. Specific ion effects at the air/water interface[J]. Chemical Reviews, 106(4): 1259-1281.

Kanda Y, Yamamoto T, Higashitani K, 2002. Origin of the apparent long-range attractive force between surfaces in cyclohexane[J]. Advanced Powder Technology, 13(2): 149-156.

Kim H K, Tuite E, Norden B, et al., 2001. Co-ion dependence of DNA nuclease activity suggests hydrophobic cavitation as a potential source of activation energy[J]. The European Physical Journal E, 4(4): 411-417.

Kunz W, 2010. Specific ion effects in colloidal and biological systems[J]. Current Opinion in Colloid & Interface Science, 15(1-2): 34-39.

Li H, Wu L S, 2007. A new approach to estimate ion distribution between the exchanger and solution phases[J]. Soil Science Society of America Journal, 71(6): 1694-1698.

Li H, Hou J, Liu X M, et al., 2011. Combined determination of specific surface area and surface charge properties of charged particles from a single experiment[J].Soil Science Society of America Journal, 75(6): 2128-2135.

Li H, Peng X H, Wu L S, et al., 2009. Surface potential dependence of the Hamaker constant[J]. The Journal of Physical Chemistry C, 113(11): 4419-4425.

Li T, Kheifets S, Medellin D, et al., 2010. Measurement of the instantaneous velocity of a Brownian particle[J]. Science, 328(5986): 1673-1675.

Lin M Y, Lindsay H M, Weitz D A, et al., 1989. Universality in colloid aggregation[J]. Nature, 339: 360-362.

Liu X M, Li H, Li R, et al., 2012. Generalized Poisson-Boltzmann equation taking into account ionic interaction and steric effects[J]. Communications in Theoretical Physics, 58(9): 437-440.

Liu X M, Li H, Du W, et al., 2013. Hofmeister effects on cation exchange equilibrium: Quantification of ion exchange selectivity[J]. The Journal of Physical Chemistry C, 117(12): 6245-6251.

Liu X M, Li H, Li R, et al., 2014. Strong non-classical induction forces in ion-surface interactions: General origin of Hofmeister effects[J]. Scientific Reports, 4: 5047.

Lo Nostro P, Ninham B W, Lo Nostro A, et al., 2005. Specific ion effects on the growth rates of *Staphylococcus* aureus and *Pseudomonas* aeruginosa[J]. Physical Biology, 2(1): 1-7.

Lo Nostro P, Ninham B W, Lo Nostro A, et al., 2006. Hofmeister effects in supra molecular and biological systems[J]. Biophysical Chemistry, 124(3): 208-213.

López-León T, Santander-Ortega M, Ortega-Vinuesa J, et al., 2008. Hofmeister effects in colloidal systems: Influence of the surface nature[J]. The Journal of Physical Chemistry C, 112(41): 16060-16069.

Moreira L A, Boström M M, Ninham B W, et al., 2006. Hofmeister effects: Why protein charge, pH titration and protein precipitation depend on the choice of background salt solution[J]. Colloids and Surfaces A: Physicochemical and Engineering Aspects, 282: 457-463.

Morgan J D, Napper D, Warr G, 1995. Thermodynamics of ion exchange selectivity at interfaces[J]. Journal of Physical Chemistry, 99(23): 9458-9465.

Murgia S, Monduzzi M, Ninham B W, 2004. Hofmeister effects in cationic microemulsions[J]. Current Opinion in Colloid & Interface Science, 9(1-2): 102-106.

Ninham B W, Duignan T T, Parsons D F, 2011. Approaches to hydration, old and new: Insights through Hofmeister effects[J]. Current Opinion in Colloid & Interface Science, 16(6): 612-617.

Nucci N V, Vanderkooi J M, 2008. Effects of salts of the Hofmeister series on the hydrogen bond network of water[J]. Journal of Molecular Liquids, 143(2-3): 160-170.

Oum K, Lakin M, DeHaan D, et al., 1998. Formation of molecular chlorine from the photolysis of ozone and aqueous sea-salt particles[J]. Science, 279(5347): 74-77.

Padmanabhan V, Daillant J, Belloni L, et al., 2007. Specific ion adsorption and short-range interactions at the air aqueous solution interface[J]. Physical review letters, 99(8): 086105.

Parsons D F, Bostroem M, Lo Nostro P, et al., 2011. Hofmeister effects: Interplay of hydration, nonelectrostatic potentials, and ion size[J]. Physical Chemistry Chemical Physics, 13(27): 12352-12367.

Pashley R M, 1981. DLVO and hydration forces between mica surfaces in $Li^+$, $Na^+$, $K^+$, and $Cs^+$ electrolyte solutions: A correlation of double-layer and hydration forces with surface cation exchange properties[J]. Journal of Colloid and Interface Science, 83(2): 531-546.

Pashley R M, Israelachvili J N, 1984. DLVO and hydration forces between mica surfaces in $Mg^{2+}$, $Ca^{2+}$, $Sr^{2+}$, and $Ba^{2+}$ chloride solutions[J]. Journal of Colloid and Interface Science, 97(2): 446-455.

Perez-Jimenez R, Godoy-Ruiz R, Ibarra-Molero B, et al., 2004.The efficiency of different salts to screen charge interactions in proteins: A Hofmeister effect?[J]. Biophysical Journal, 2004, 86(4): 2414-2429.

Petersen P, Saykally R, Mucha M, et al., 2005. Enhanced concentration of polarizable anions at the liquid water surface: SHG spectroscopy and MD simulations of sodium thiocyanide[J]. The Journal of Physical Chemistry B, 109(21): 10915-10921.

Peula-García J M, Ortega-Vinuesa J L, Bastos-González D, 2010. Inversion of Hofmeister series by changing the surface of colloidal particles from hydrophobic to hydrophilic[J]. The Journal of Physical Chemistry C, 114(25): 11133-11139.

Pinna M, Bauduin P, Touraud D, et al., 2005. Hofmeister effects in biology: Effect of choline addition on the salt-induced super activity of horseradish peroxidase and its implication for salt resistance of plants[J]. The Journal of Physical Chemistry B, 109(34): 16511-16514.

Ruckenstein E, Manciu M, 2003. Specific ion effects via ion hydration: II. Double layer interaction[J]. Advances in Colloid and Interface Science, 105(1-3): 177-200.

Ruiz-Agudo E, Urosevic M, Putnis C V, et al., 2011. Ion-specific effects on the kinetics of mineral dissolution[J]. Chemical Geology, 281(3-4): 364-371.

Salvador P, Curtis J, Tobias D, et al., 2003. Polarizability of the nitrate anion and its solvation at the air/water interface[J]. Physical Chemistry Chemical Physics, 5(17): 3752-3757.

Smith J D, Saykally R J, Geissler P L, 2007. The effects of dissolved halide anions on hydrogen bonding in liquid water[J]. Journal of the American Chemical Society, 129(45): 13847-13856.

Tansel B, 2012. Significance of thermodynamic and physical characteristics on permeation of ions during membrane separation: Hydrated radius, hydration free energy and viscous effects[J]. Separation and Purification Technology, 86: 119-126.

Tertre E, Prêt D, Ferrage E, 2011. Influence of the ionic strength and solid/solution ratio on Ca(II)-for-Na$^+$ exchange on montmorillonite. Part 1: Chemical measurements, thermodynamic modeling and potential implications for trace elements geochemistry[J]. Journal of Colloid and Interface Science, 353(1): 248-256.

Tian R, Yang G, Li H, et al., 2014. Activation energies of colloidal particle aggregation: Towards a quantitative characterization of specific ion effects[J]. Physical Chemistry Chemical Physics, 16(19): 8828-8836.

Tielrooij K J, Garcia-Araez N, Bonn M, et al., 2010. Cooperativity in ion hydration[J]. Science, 328(5981): 1006-1009.

Tobias D J, Hemminger J C, 2008. Getting specific about specific ion effects[J]. Science, 319(5867): 1197-1198.

Verwey E J W, Overbeek J T G, Van Nes K, 1948. Theory of the stability of lyophobic colloids: The interaction of sol particles having an electric double layer[M]. New York: Elsevier.

Vrbka L, Jungwirth P, Bauduin P, et al., 2006. Specific ion effects at protein surfaces: A molecular dynamics study of bovine pancreatic trypsin inhibitor and horseradish peroxidase in selected salt solutions[J]. The Journal of Physical Chemistry B, 110(13): 7036-7043.

Weissenborn P K, Pugh R J, 1995. Surface tension and bubble coalescence phenomena of aqueous solutions of electrolytes[J]. Langmuir, 11(5): 1422-1426.

Weissenborn P K, Pugh R J, 1996. Surface tension of aqueous solutions of electrolytes: Relationship with ion hydration, oxygen solubility, and bubble coalescence[J]. Journal of Colloid and Interface Science, 184(2): 550-563.

# 第6章 土壤有机胶体相互作用的离子特异性效应

## 6.1 土壤有机胶体的特征

### 6.1.1 土壤有机胶体组分和凝聚特征

土壤有机胶体主要指腐殖质。腐殖质是土壤中结构复杂而且较为稳定的特殊的高分子有机化合物（林大仪，2002）。土壤腐殖质含有胡敏酸、富里酸和胡敏素三个主要部分，各部分由不同分子量的有机组分通过疏水、氢键等作用形成，腐殖质及其各组分是研究土壤有机质的重要标识物（窦森，2010；D'orazio et al., 2009；Conte et al., 1999）。研究发现，腐殖质实际为一超分子聚合物（Sutton et al., 2005），含有大量活性官能团的胶体，其主要官能团（—COOH、—OH 等）去质子化而使其带负电性。腐殖质因其较大的表面积和负电性而难以单独存在（Tan et al., 2018），在自然条件下会与金属离子及其氧化物或矿物质相互作用形成有机无机复合体，同时也会与其他有机质发生络合作用（黄玉芬等，2016；牛鹏举等，2016；刘小虎等，2015；王慧等，2012），形成具有不同的物理、化学和生物学稳定性的物质。这些相互作用对土壤结构形成与稳定、土壤养分保蓄、水土保持和农田面源污染防控等方面起着重要的作用。

早期研究发现，水体系中腐殖质实际是粒径在 $100\sim300$ nm 的颗粒状物质（吴奇虎，1979）。腐殖质胶体颗粒又因为扩散层电荷的电性相同而相互排斥。腐殖质颗粒的表面电位越高，颗粒周围的静电场强度越强，颗粒之间的相互排斥力也越强烈，此时腐殖质胶体可形成稳定的胶体悬液。根据 DLVO 理论（胡纪华等，1997），体系总位能是以引力位能和斥力位能来确定的，只有当引力位能大于斥力位能时，凝聚才会发生。斥力位能的大小由胶体颗粒周围的电场强度决定。而电场强度与胶体颗粒表面的电荷性质、电荷密度和双电层厚度有关。$Ca^{2+}$ 只能通过压缩双电层来降低颗粒周围的电场，从而降低静电斥力引发胶体凝聚。而对 $Cu^{2+}$ 而言，它可在腐殖质胶体上发生专性吸附，从而降低腐殖质颗粒的负电荷密度并可能导致腐殖质分子的电性发生改变，所以 $Cu^{2+}$ 可通过三个途径，即通过改变胶体颗粒表面的电荷性质、电荷密度和双电层厚度来引发其凝聚。更加重要的是，$Cu^{2+}$ 通过专性吸附所引发的凝聚有可能使腐殖质凝聚体借助于 $Cu^{2+}$ 的配位吸附而形成以配位键为主要键合力的更大分子量的腐殖质超分子聚合体。所以进行 $Ca^{2+}$、$Cu^{2+}$ 引发腐殖质凝聚的比较研究对于了解腐殖质物理凝聚的机制以及以氢键和配位键为主的腐殖质超分子聚合物的形成机制都有十分重要的意义。

尽管国内外大量研究均证实了不同离子类型及浓度对胡敏酸胶体的聚沉作用和机制的差异，但大多数研究均基于单一离子体系进行。而土壤是一个复杂、开放的多元素共存体系，因而十分必要在单一离子体系相关研究的基础上，探究多离子体系对胡敏酸凝聚过程影响的综合效应，不断丰富和发展固液界面理论。

通常，胡敏酸胶体的凝聚与分散受 DLVO 理论的支配，并高度依赖环境条件的变化（如溶液体系的温度、pH 和所含离子种类等）（李学垣，2001）。各环境因素通过介导胶体颗粒间的 DLVO 力影响胶体的相互作用和分散稳定性（Tan et al., 2018; Cheng et al., 2016; 高晓丹等，2012）。土壤溶液中存在大量的金属阳离子（Cheng et al., 2016），这些反号离子使得胡敏酸颗粒双电层被压缩，颗粒间的静电斥力减弱，从而促进胡敏酸的凝聚。以往研究表明，不同金属阳离子对胡敏酸的凝聚效力大小及作用过程是不同的。Tan 等（2018）发现铕离子（$Eu^{3+}$）以较锶离子（$Sr^{2+}$）和铯离子（$Cs^+$）低得多的浓度诱导胡敏酸胶体凝聚，其中高价的 $Eu^{3+}$ 和 $Sr^{2+}$ 可在胡敏酸分子之间形成分子内或分子间桥来促进凝聚过程，而 $Cs^+$ 不能形成分子间桥。有学者（Iskrenova-Tchoukova et al., 2010）通过分子模拟研究了不同金属离子与胡敏酸作用形成复合物的结构差异，发现 $Ca^{2+}$ 可与胡敏酸表面形成桥键从而形成结构复杂的凝聚体。我们了解到物理凝聚是超分子聚合体形成的前提。因为只有当物理凝聚完成后，两个腐殖质颗粒之间的配位键和氢键等短程作用力才能发生作用，超分子聚合体才能形成。

腐殖质作为一种超分子凝聚体与蛋白质凝聚类似，离子特异性效应在腐殖质超分子凝聚体的形成中必将扮演重要角色。采用目前的土壤腐殖质组成分析方法，人们将腐殖质分为胡敏酸和富里酸两个基本组成成分。其分离方法就是加 $H^+$（酸）后胡敏酸要发生凝聚而沉降，富里酸则不会凝聚而仍然分散在溶液中。这实际反映了两种组分对 $H^+$ 的不同反应。其实，同一土壤所提取的胡敏酸其粒径大小也没有一个确定值，分布在 50～500 nm，其中最大概率分布在 150～200 nm（Jia et al., 2013; 朱华玲等，2012）。然而，众所周知，提取的土壤腐殖质分子的分子量大小与土壤的离子构成之间存在明显的相关性，比如在富含 $Ca^{2+}$（如黑土）和富含 $K^+$（如紫色土）的土壤中所提取的腐殖质分子往往分子量较大；相反，在富含 $H^+$ 和 $Na^+$ 的土壤所提取的腐殖质的分子量往往较小。

在胶体化学、高分子材料和纳米科学等研究中，光散射技术已经被广泛应用，并成为胶体和纳米颗粒相互作用机制研究的基本工具（朱华玲，2009; HadjSadok et al., 2008; Ariyaprakai et al., 2007; Nam et al., 2007; Tomsic et al., 2007）。Derrendinger 等（2000）也成功地用激光散射技术研究了 NaCl 悬液中伊利石絮凝动力学及形成的凝聚体形态。Jia 等（2013）对动态/静态激光散射技术应用到土壤这一多分散体系中的应用条件做了研究，得出结论：在自相关曲线平滑地衰减至基线及散射光强保持不变的情况下，光散射技术可以应用于土壤胶体颗粒粒径分布测定和凝聚机制研究及凝聚体结构性质研究中。朱华玲等（2012）运用动态静态光散射技术研究了电解质对黄壤胶体凝聚机制的影响，随着电解质浓度的升高黄壤胶体凝聚表现为由 RLCA 机制向 DLCA 机制的转变。田锐等（2010）研究了 $Zn^{2+}$ 对土壤腐殖质胶体凝聚的影响。此外，$Na^+$ 和 $Ca^{2+}$ 作为土壤中最为常见的两种盐基离子，在土壤胶体表面的竞争吸附作用直接决定土壤的理化性质（周卫等，1996）。相关研究表明，棕壤中添加陪补离子后，随温度的增加，土壤对 $Ca^{2+}$ 的吸附受到抑制（姜维等，2011）。然而，$Na^+$ 作为陪补离子下的 $Na^+$-$Ca^{2+}$ 混合体系对胡敏酸凝聚及其稳定性的影响尚不明确。

本章采用动态/静态激光散射技术研究 $Ca(NO_3)_2$ 和 $Cu(NO_3)_2$ 两种不同电解质作用下土壤腐殖质胶体的凝聚动力学，以及 $Na^+$ 作为陪补离子条件下 $Na^+$-$Ca^{2+}$ 混合体系对胡敏酸凝聚及其稳定性的影响，通过观察凝聚体的有效水力直径及散射光强随时间的变化阐明腐殖质、胡敏酸胶体的凝聚机制，并通过质量分形维数的变化分析所形成的凝聚体的结构特征。该研究可为明晰土壤颗粒间的相互作用机制及土壤团聚体的稳定机制提供理论依据，对胡敏酸在土壤肥力及环境保护领域的合理应用具有重要的实践意义。因此，本章以阐明土壤胡敏酸相互作用中的离子特异性效应为研究目标，设置如下研究内容：供试胶体颗粒的制备和表面化学性质的测定；胡敏酸胶体凝聚过程中的离子特异性效应研究。其中，胡敏酸凝聚动力学的离子特异性效应通过不同条件下凝聚体有效水力直径、凝聚速率和临界聚沉浓度来定量表征；胡敏酸相互作用能的离子特异性效应则通过在不同条件下计算颗粒相互作用能来定量表征；胡敏酸凝聚体物理稳定性表征是将凝聚体置于不同浓度电解质溶液中，通过凝聚体的质量分形维数反映其结构稳定性。

## 6.1.2　实验方案

### 1. 阳离子特异性效应实验方案

胡敏酸样品的分离提纯参照国际腐殖酸协会（International Humic Substances Society，IHSS）的标准方法（Rosa et al., 2007; Kuwatsuka et al., 1992）和波洛（Pollo）法（申晋等，2003）相结合的方法。土样采自重庆市北碚区缙云山竹林植被下的山地土壤。风干后过 1 mm 筛孔，称取 500 g 风干土样于 5000 mL 烧杯中，按土水比 1∶5 加入超纯水，充分搅拌浮出细根，弃上清液。加入 0.1 mol/L NaOH 与 0.1 mol/L $Na_4P_2O_7$ 的混合溶液 2.5 L，强力电动搅拌机搅拌 4 h，静置 20 h，虹吸出上部黑棕色悬液置于烧杯中备用。再加入 NaOH-$Na_4P_2O_7$ 混合溶液 1 L，搅拌，静置，重复提取三次，虹吸出的黑棕色悬液收集于上述的大烧杯中。胡敏酸的提纯：将全部提取出的黑棕色悬液离心（2000 r/min，10 min）去除细小土粒等杂质后，加入 1∶1 盐酸调节溶液的 pH 在 1.0～1.5，60～70 ℃恒温培养箱保温 1～2 h，静置过夜。次日，出现胡敏酸凝胶层，弃去上清液，留胡敏酸凝胶继续提纯。具体步骤为：配制 0.1 mol/L KOH 和 0.3 mol/L KCl 混合溶液。将胡敏酸沉淀重新溶解于少量体积的该混合溶液中，并在氮气的保护下用离心机在 7000 r/min 的速度离心 20 min，以去除其中含有的杂质。用 HCl 和 KOH 酸碱反复溶解沉淀四次，收集所有的胡敏酸沉淀。超纯水洗三次后移入 1 L 的大容量瓶中定容。用烘干法测定其颗粒密度为 7.10 g/L。探针型超声波细胞破碎仪 20 kHz 振动分散 15 min，室温下平衡 24 h。稀释 5 倍备用。

　　为检测胡敏酸的元素组成，取一定量的悬液于专用蒸发皿中，采用真空冷冻干燥机（SCIENTZ-10N，新芝，宁波）在−61℃条件下干燥一周，取干燥后的粉末状样品利用 Elementar Vario ELIII 型元素分析仪进行元素分析，其中 C、H、N、S 元素含量为实测值，O 元素含量采用差减法计算获得（表 6-1）。

表 6-1　胡敏酸胶体的元素组成(无水无灰分)

| 样品 | C /% | H /% | O /% | N /% | S /% | 碳氮摩尔比 | 碳氢摩尔比 | 氧碳摩尔比 |
|---|---|---|---|---|---|---|---|---|
| 胡敏酸胶体 | 45.67 | 6.40 | 42.04 | 4.66 | 1.23 | 11.43 | 0.59 | 0.69 |

　　图 6-1 是 25 ℃下颗粒密度为 0.142 g/L 的腐殖质胶体悬液中腐殖质胶体的有效水力直径分布。从图中可以看出，制备的腐殖质胶体有效水力直径为 98.2±10 nm，有效水力直径分布范围为 40～250 nm，集中分布于 70～130 nm。

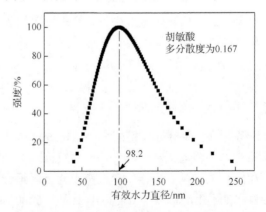

图 6-1　腐殖质胶体的有效水力直径分布

　　本章研究中供试的阳离子有 $Ca^{2+}$、$Cu^{2+}$，体系的电解质浓度分别设置为：$Ca(NO_3)_2$ 浓度为 0.5 mmol/L、1 mmol/L、3 mmol/L、5 mmol/L、7.5 mmol/L、

10 mmol/L、15 mmol/L、20 mmol/L、30 mmol/L；$Cu(NO_3)_2$ 浓度为 0.1 mmol/L、0.2 mmol/L、0.3 mmol/L、0.5 mmol/L、0.75 mmol/L、1 mmol/L、2 mmol/L、3 mmol/L、5 mmol/L。

**2. 伴随离子特异性效应实验方案**

供试胡敏酸胶体由胡敏酸粉末（上海巨枫化学科技有限公司）经纯化后获得。

1）胡敏酸的纯化

称取 10 g 胡敏酸粉末溶解于 1 L 0.1 mol/L 的 KOH 溶液，以 6000 r/min 的速度离心 20 min，以去除其中含有的杂质。经离心获得的胡敏酸悬液用 HCl 将 pH 调至 1～1.5，静置后离心，弃上清液，再用 KOH 溶解沉淀，如此酸碱反复处理三次，收集所有胡敏酸沉淀，超纯水洗三次后移入 1 L 大容量瓶中定容备用（高晓丹等，2012）。

2）胡敏酸胶体制备

取纯化后的胡敏酸悬液 300 mL 于烧杯中，用 KOH 调 pH 至 7.5，探针型超声波细胞破碎仪 20 kHz 振动分散 20 min，静置 24 h。图 6-2 是 25℃下胡敏酸（颗粒密度为 0.0157 g/L）胶体的有效水力直径分布。由图 6-2 可见，实验用胡敏酸胶体的有效水力直径为 123.6 nm，分布范围为 48.77～313.4 nm。

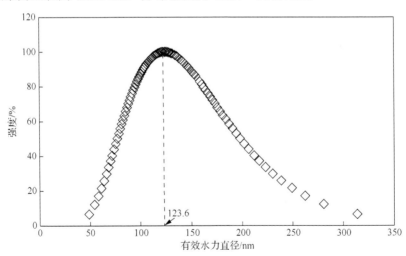

图 6-2　胡敏酸胶体的有效水力直径

3）凝聚实验

本章研究所设置的电解质浓度梯度如下：$Na^+$ 为 100 mmol/L、150 mmol/L、200 mmol/L、250 mmol/L、300 mmol/L、400 mmol/L 和 500 mmol/L；$Ca^{2+}$ 为 0.5 mmol/L、1 mmol/L、1.5 mmol/L、2 mmol/L、3 mmol/L、4 mmol/L 和 5 mmol/L；

Na$^+$-Ca$^{2+}$为 0.5 mmol/L、1 mmol/L、2 mmol/L、3 mmol/L、4 mmol/L、8 mmol/L 和 10 mmol/L。本实验中按照 Na$^+$与 Ca$^{2+}$的物质的量浓度比为 1∶1 的比例配置 1 mol/L Na$^+$-Ca$^{2+}$混合电解质溶液，将混合电解质溶液逐级稀释用于实验中。根据所设置的不同浓度，按照 1 mL 胡敏酸胶体悬液—超纯水—电解质溶液的顺序加样于散射瓶中，确保待测液总体积为 10 mL，轻摇均匀后放入样品池开始测定。监测仪器为广角度动态静态激光散射仪（BI-200SM，Brookhaven，美国），数字相关器为 BI-9000AT，设定激光器功率为 200 mW。具体步骤：打开激光器预热 30 min，并使用温控器将测量体系温度控制为 25 ℃。动态光散射实验设置狭缝 100 nm，散射角 90°，测定时间 40 min。

4）胡敏酸凝聚体的质量分形维数 $d_f$ 测定

通过静态光散射技术测定散射光强随散射矢量的变化，可测得散射指数，当散射指数不变时，即凝聚体的质量分形维数。在动态光散射测定后的 24 h 测定凝聚体的质量分形维数，表征凝聚完成时的凝聚体结构特征；放置 60 天后进行第二次质量分形维数的测定，表征老化后的凝聚体结构特征。静态光散射扫描范围为 15°～120°，每隔 15°扫描一次。

5）红外光谱分析

分别取单纯的胡敏酸、4 mmol/L Na$^+$-Ca$^{2+}$和 4 mmol/L Ca$^{2+}$作用 24 h 后的胡敏酸凝聚体悬液于蒸发皿中，经冷冻干燥后收集胡敏酸粉末。按照胡敏酸与 KBr 的质量比为 1∶200 的比例分别称取 KBr 粉末和胡敏酸粉末于玛瑙研钵中，在红外灯照射下研磨至颗粒小于 2 μm 后用手动压片机制片。制好片后用傅里叶变换红外光谱仪（IRAffinity-1S，岛津，日本）测定样品谱图。设置上机分析的分辨率为 4 cm$^{-1}$，波数范围为 400～4000 cm$^{-1}$。

# 6.2　土壤有机胶体凝聚动力学过程的离子特异性效应

## 6.2.1　不同浓度 Ca$^{2+}$/ Cu$^{2+}$条件下散射光强随时间变化

动态光散射的实质是液体中胶体颗粒的布朗运动引起的 Doppler（多普勒）效应使得散射光相对于入射光有一定的频率位移，这种频率位移在宏观上表现为散射光强分布随时间的波动（申晋等, 2003）。腐殖质凝聚过程中光强随时间的变化可以反映凝聚体受到的布朗力与重力的相对强度的动态变化。研究表明，小粒径颗粒的散射光强要小于大粒径颗粒的散射光强。因此，光强的这种变化反映了凝聚过程的重要信息：①如果光强维持一个较低的常数，说明整个时间段内无凝聚现象发生。②如果光强稳定但随着体系电解质浓度的提高而增大，说明腐殖质发生了凝聚现象，光强稳定地保持常数表明所形成的凝聚体还不是很大，重力相对于布朗力而言可以忽略不计。光强越大，说明形成的凝聚体越大。③如果光强变得不稳定，说明悬液中凝聚体受重力作用而剧烈下沉。光强迅速增加，说明有较大的凝聚体形成，并且该凝聚体就在激光检测区域内，使该区域原始颗粒总数迅速增加。光强值在某时间点开始出现持续下降，说明在该时间点及该时间点以后形成了很大的凝聚体，此时重力显著大于布朗力，凝聚体在重力作用下沉降而离开激光检测区域，检测区域包含的原始颗粒总数持续减少，最终导致光强持续下降。

图 6-3 为不同浓度 $Ca^{2+}$ 溶液中，腐殖质胶体凝聚过程中散射光强随时间的动

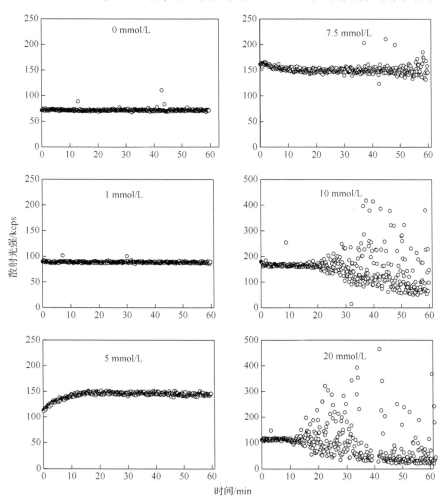

图 6-3　腐殖质胶体在不同浓度 $Ca^{2+}$ 作用下凝聚过程中散射光强随时间的变化

态变化。从图中可以直观地看出：未加入电解质条件下，在测定的 60 min 内体系的散射光强保持一个稳定的值，约为 75 kcps，表明此时无凝聚发生。当体系的电解质浓度为 1 mmol/L 时，散射光强提升至 90 kcps，但是同样保持稳定，说明在低的电解质浓度下，腐殖质胶体颗粒发生了较小程度的凝聚；直到体系电解质浓度达到 7.5 mmol/L 时，散射光强提升到 150 kcps 左右且稳定时间缩短为 45 min，说明在检测的前 45 min 胶体凝聚形成的凝聚体较小，布朗力仍然属于支配力。但是随着凝聚体的不断增大，重力作用越来越突出，最终克服了布朗力的作用并因重力沉降离开检测区域，导致散射光强持续衰减。同理，在电解质浓度分别为 10 mmol/L 和 20 mmol/L 时，散射光强的稳定时间分别为 20 min 和 15 min，可见随着电解质浓度的增加，胶体凝聚速度加快，凝聚过程中形成大凝聚体所需的时间缩短。

　　图 6-4 为不同浓度 $Cu^{2+}$ 溶液中，腐殖质胶体凝聚过程中散射光强随时间的动态变化。从图中可以看出，在 $Cu(NO_3)_2$ 溶液中腐殖质胶体发生凝聚的总体变化趋势与 $Ca(NO_3)_2$ 基本一致，但二者存在显著的不同：①能够保持散射光强稳定的 $Ca(NO_3)_2$ 的浓度范围比 $Cu(NO_3)_2$ 宽。②相同浓度下，这两种电解质所引起的散射光强变化情况完全不同，如 1 mmol/L 的 $Ca^{2+}$ 溶液中，散射光强始终保持稳定，但在 1 mmol/L 的 $Cu^{2+}$ 溶液中，散射光强仅仅稳定了 20 min。又比如，在 5 mmol/L 的 $Ca^{2+}$ 溶液中，散射光强仍能基本保持稳定，但在同样浓度的 $Cu^{2+}$ 溶液中，实验一开始散射光强就极不稳定，说明该体系中腐殖质胶体以惊人的速度发生了凝聚。产生这些差异的原因可能是 $Ca^{2+}$ 和 $Cu^{2+}$ 与腐殖质胶体表面相互作用的性质不同。$Ca^{2+}$ 只在腐殖质颗粒表面发生静电吸附，因此 $Ca^{2+}$ 仅通过压缩双电层来降低静电排斥势能而导致胶体凝聚。相反，$Cu^{2+}$ 可以在腐殖质颗粒上同时发生配位吸附和交换吸附，配位吸附的结果导致表面负电荷数量减少，而与此同时 $Cu^{2+}$ 的静电吸附又压缩了双电层，这两个作用可共同导致腐殖质颗粒间的排斥势能迅速下降，从而使 $Cu^{2+}$ 溶液中腐殖质发生快速的凝聚。另外，$Cu^{2+}$ 的配位吸附还可能导致部分腐殖质颗粒的电荷性质由负电变成正电，而使正电荷胶体和负电荷胶体颗粒同存于体系。于是，作为斥力的静电力在这样的情况下反而变成了引力，凝聚必以惊人的速度发生。

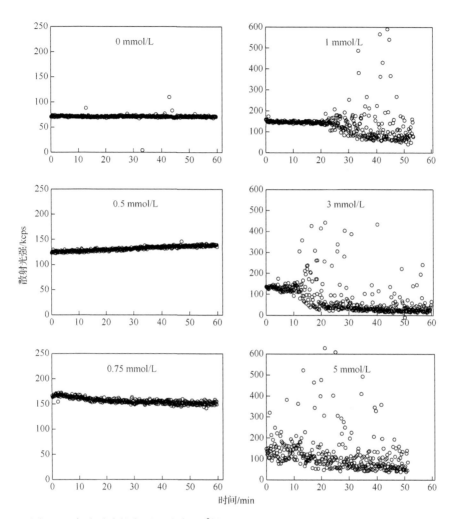

图 6-4　腐殖质胶体在不同浓度 $Cu^{2+}$ 作用下凝聚过程中散射光强随时间的变化

## 6.2.2　$Ca^{2+}/Cu^{2+}$ 吸附下凝聚体有效水力直径随时间变化

图 6-5 为在散射光强稳定的范围内不同浓度 $Ca^{2+}$ 作用下腐殖质胶体凝聚体有效水力直径随时间变化图。从图中可以看出：①加入电解质溶液后腐殖质胶体发生不同程度的凝聚，随凝聚时间的增加有效水力直径逐渐增大。电解质浓度越大，有效水力直径增长的速度越快，形成的凝聚粒径越大。②在相对较低的电解质浓度（7.5 mmol/L）时，凝聚体的有效水力直径随时间呈线性增长，其凝聚机制可能为 RLCA 机制；在相对较高电解质浓度（10～20 mmol/L）时，凝聚体的有效水力直径随时间大致呈幂函数增长，其凝聚机制可能为 DLCA 机制。

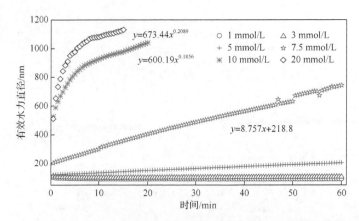

图 6-5　不同浓度 Ca²⁺作用下腐殖质胶体凝聚体有效水力直径随时间变化图

　　由于与 Ca²⁺相比 Cu²⁺作用下腐殖质胶体凝聚速度飞快，在 Cu²⁺浓度达到 5 mmol/L 时，胶体迅速凝聚成大颗粒而离开检测区域，在检测的开始阶段散射光强就开始离散，体系变得不稳定，因此只选取了 0～3 mmol/L Cu²⁺浓度范围的有效水力直径变化数据。图 6-6 是选取在散射光强稳定的范围内不同浓度 Cu²⁺作用下腐殖质胶体凝聚体有效水力直径随时间变化图。从图中可以看出，加入 Cu(NO₃)₂ 溶液后，胶体发生凝聚，形成凝聚体的有效水力直径随时间逐渐增大，电解质浓度越高增长的趋势越明显。并且在电解质浓度为 0.75 mmol/L 时，凝聚体的有效水力直径随时间呈线性增长。在电解质浓度为 1～3 mmol/L 时，凝聚体的有效水力直径随时间呈幂函数增长。

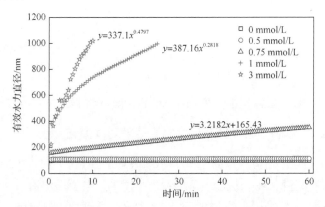

图 6-6　不同浓度 Cu²⁺作用下腐殖质胶体凝聚体有效水力直径随时间变化图

### 6.2.3　腐殖质胶体的凝聚速率

　　通过分析表 6-2 可以发现，在两种不同电解质的作用下，体系凝聚过程的总体平均凝聚速率都是随着电解质浓度的增加而升高。其原因是：随着电解质浓度增加，腐殖质胶体表面双电层逐步被压缩，表面电位和颗粒周围的电场强度随之降低，胶体颗粒间的斥力位能也随之减小，有效碰撞概率逐渐增大，最终导致总体平均凝聚速率随之升高。而不同之处在于 $Cu^{2+}$ 体系的总体平均凝聚速率高于 $Ca^{2+}$ 体系，如在 1 mmol/L 的 $Cu^{2+}$ 溶液中总体平均凝聚速率为 69.55 nm/min，已经远远高于了 7.5 mmol/L 的 $Ca^{2+}$ 溶液中总体平均凝聚速率 23.94 nm/min。3 mmol/L 的 $Cu^{2+}$ 溶液中的总体平均凝聚速率为 94.46 nm/min，接近于 10 mmol/L 的 $Ca^{2+}$ 溶液作用下腐殖质的总体平均凝聚速率 95.71 nm/min。总体平均凝聚速率的差异也是两种电解质吸附方式不同导致的：如前所述，与 $Ca^{2+}$ 不同，$Cu^{2+}$ 的专性吸附使得胶体颗粒表面的净负电荷量大量减少，排斥势垒降低明显，有效碰撞概率显著提高，因此凝聚更容易发生、速率更高。但是发生在有机胶体体系中的这种高速的凝聚机制是传统的 DLCA 机制还是 Tian 等（2013）发现的 ADLCA 机制，还有待进一步验证。

**表 6-2　不同 $Ca^{2+}/Cu^{2+}$ 浓度下腐殖质胶体的总体平均凝聚速率**

| 电解质类型 | 电解质浓度/(mmol/L) | 拟合方程 | $R^2$ | 总体平均凝聚速率/(nm/min) |
|---|---|---|---|---|
| Ca(NO₃)₂ | 5 | $v(t) = 20.628t - 0.5371$ | 0.9536 | 4.27 |
| | 7.5 | $v(t) = 107.32t - 0.5092$ | 0.9496 | 23.94 |
| | 10 | $v(t) = 860.66t - 0.7853$ | 0.9994 | 95.71 |
| | 20 | $v(t) = 973.11t - 0.7626$ | 0.9943 | 114.16 |
| Cu(NO₃)₂ | 0.5 | $v(t) = 15.993t - 0.8832$ | 0.9968 | 1.42 |
| | 0.75 | $v(t) = 65.747t - 0.5972$ | 0.9677 | 11.63 |
| | 1 | $v(t) = 466.7t - 0.6645$ | 0.9966 | 69.55 |
| | 3 | $v(t) = 309.42t - 0.3953$ | 0.9437 | 94.46 |

## 6.3　土壤有机胶体凝聚体结构的离子特异性效应

为了解腐殖质凝聚体的结构性质和凝聚体的稳定性，我们分别在凝聚完成时和凝聚完成 50 天后测定了所形成凝聚体的质量分形维数，结果见表 6-3。

**表 6-3　不同 $Ca^{2+}/Cu^{2+}$ 浓度下腐殖质凝聚体的质量分形维数**

| 电解质类型 | 电解质浓度/(mmol/L) | 凝聚完成时凝聚体质量分形维数 | 50 天后凝聚体质量分形维数 |
|---|---|---|---|
| Ca(NO₃)₂ | 5 | 2.38 | 1.57 |
| | 7.5 | 2.13 | 1.91 |
| | 10 | 1.96 | 1.85 |
| | 20 | 1.88 | 1.81 |
| Cu(NO₃)₂ | 0.75 | 1.76 | 1.79 |
| | 1 | 1.73 | 1.86 |
| | 3 | 1.79 | 1.83 |
| | 5 | 1.74 | 1.75 |

从表 6-3 中可以看出，在不同浓度的 $Ca(NO_3)_2$ 溶液中，腐殖质凝聚体形成初期，随电解质浓度的增加，凝聚体的质量分形维数逐渐降低。这表明随电解质浓度的增加，形成的腐殖质凝聚体结构的自相似程度增加，而且结构也随电解质浓度增加而变得更加开放。这也与前面关于较低电解质浓度下的 RLCA 机制形成的凝聚体孔隙度小、较高电解质浓度下的 DLCA 机制形成的凝聚体孔隙度大的理论相一致。但是在放置了 50 天后检测上述凝聚体的质量分形维数，发现在 $Ca^{2+}$ 作用下形成的凝聚体质量分形维数出现了明显的降低。出现这种情况的可能原因是：①低浓度下形成的凝聚体较小，且在放置过程中这些凝聚体受到布朗力作用进一步发生了分形凝聚，从而形成质量分形维数更低的凝聚体。②在低浓度下，由于有较大的排斥势能存在，凝聚过程有一定的可逆性。所以这些凝聚体可能在放置过程中反复经历凝聚和分散的过程，并在物理凝聚过程中伴随氢键的短程作用力的作用，借助于氢键的短程作用力而重新调整结构状态形成自相似特征更加显著的凝聚体。③在低浓度下，质量分形维数低，说明凝聚体结构紧密。凝聚体结构紧密则有利于氢键等短程作用力发生作用，所以低浓度的凝聚体易于导致氢键对凝聚体结构进行重组，而形成自相似特征更明显的凝聚体。如果这种过程发生，则新的分子量更大的腐殖质超分子聚合体形成了。为此，我们将在下一步研究中对这些可能原因进行更深入的研究。而在 $Cu^{2+}$ 作用下的情况却截然相反，放置 50 天后质量分形维数普遍提高，说明凝聚体的结构变得更加紧密，开放程度降低。这样的结果反映出 $Cu^{2+}$ 作用下发生的凝聚过程具有不可逆性。这种不可逆性存在的可能原因是，在凝聚发生之时，$Cu^{2+}$ 的配位吸附导致了依赖于配位键的键合力作用的新的腐殖质超分子聚合物已经形成。由于配位键的作用力比范德华引力强，所以当这种聚合发生之后，该凝聚体比 $Ca^{2+}$ 引发凝聚形成的凝聚体稳定。因此大的结构调整在聚合完成之后就不会像 $Ca^{2+}$ 体系那样易于发生。但是随放置时间增加，凝聚体内部在一些局部位置可能有氢键形成，所以氢键可以使结构发生一定程度的"微调"。但由于配位键已经使凝聚体具有比分子力作用更坚硬的骨架，所以这时氢键的作用不可能膨胀整个凝聚体，反而只能在局部空间内把结构体"拉"得更加紧实。显然，进一步研究这些问题对于阐明腐殖质超分子凝聚体的形成机制是十分重要的。

## 6.4　土壤有机胶体凝聚过程中伴随离子的特异性效应

### 6.4.1　胡敏酸胶体凝聚动力学过程的伴随离子特异性效应

#### 1. 凝聚有效水力直径

胡敏酸胶体悬液中加入不同类型和不同浓度的电解质后，其凝聚体的有效水力直径随时间变化如图 6-7 所示。从图中可以看出，$Na^+$、$Ca^{2+}$ 和 $Na^+$-$Ca^{2+}$ 三种类型的电解质均可引发胡敏酸胶体不同程度的凝聚。电解质的浓度越大，有效水力直径增加的速度越快。在监测时间内，当 $Na^+$ 浓度为 100 mmol/L 时，胡敏酸凝聚体有效水力直径从 183.1 nm 增长至 397.0 nm，有效水力直径随时间呈线性增长，说明在低电解质浓度下的胶体双电层重叠所产生的静电斥力较强，使胶体颗粒间有效碰撞概率小于 1，其凝聚机制为 RLCA 机制（Hui et al., 2008）。当 $Na^+$ 浓度为 500 mmol/L 时，胡敏酸凝聚体有效水力直径从 896.4 nm 增长至 2886.9 nm，有效水力直径随时间呈幂函数增长，说明在较高电解质浓度条件下，胶体颗粒间的静电斥力逐渐减小，颗粒间的有效碰撞概率逐渐增大，近乎等于 1，此时凝聚机制为 DLCA 机制（高晓丹等，2012）。同样，随着 $Ca^{2+}$ 和 $Na^+$-$Ca^{2+}$ 体系中电解质浓度的增加，胡敏酸凝聚体有效水力直径也由线性增长转化为幂函数增长，分别对应着 RLCA 和 DLCA 两种凝聚机制。

此外，$Ca^{2+}$ 对胡敏酸胶体的聚沉能力远大于 $Na^+$。$Na^+$ 引发胡敏酸胶体由慢速凝聚到快速凝聚所包含的浓度梯度为 100～500 mmol/L，而 $Ca^{2+}$ 所需的浓度梯度仅为 0.5～2 mmol/L。当 $Na^+$ 浓度为 100 mmol/L 时，胡敏酸凝聚体有效水力直径随时间呈线性增长，最大有效水力直径为 397.0 nm；当 $Ca^{2+}$ 浓度为 5 mmol/L 时，胡敏酸凝聚体有效水力直径随时间则呈幂函数增长，且最大有效水力直径可达 2790.8 nm。可见，虽然 $Na^+$ 浓度为 $Ca^{2+}$ 浓度的 20 倍，但其引发凝聚所形成的胡敏酸凝聚体的有效水力直径却远小于 $Ca^{2+}$，说明 $Ca^{2+}$ 引发胡敏酸胶体的聚沉能力远大于 $Na^+$。

在 $Na^+$-$Ca^{2+}$ 混合体系中，仍然是 $Ca^{2+}$ 对胡敏酸的凝聚过程发挥主导作用。对比 $Ca^{2+}$ 和 $Na^+$-$Ca^{2+}$ 两种体系可见，电解质浓度为 0.5 mmol/L、1 mmol/L 和 2 mmol/L 时，$Ca^{2+}$ 和 $Na^+$-$Ca^{2+}$ 体系中对应的凝聚体有效水力直径分别增长至 848.7 nm、1655.8 nm、2143.9 nm 和 1091.7 nm、1736.7 nm、2206.4 nm，此时 $Na^+$-$Ca^{2+}$ 体系中的胡敏酸凝聚体有效水力直径大于 $Ca^{2+}$ 体系。而当电解质浓度为 3 mmol/L、4 mmol/L 时，$Ca^{2+}$ 和 $Na^+$-$Ca^{2+}$ 体系对应的凝聚体有效水力直径分别增加至 2446.5 nm、2617.2 nm 和 2442.2 nm、2640.8 nm，这时 $Na^+$-$Ca^{2+}$ 体系中凝聚体有效水力直径接近 $Ca^{2+}$ 体系。可见，$Na^+$-$Ca^{2+}$ 和 $Ca^{2+}$ 体系对胡敏酸胶体聚沉作用的差异在较低的电解质浓度下更显著。

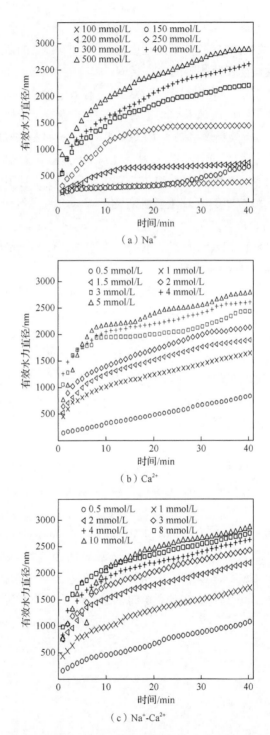

图 6-7　不同类型电解质体系中胡敏酸凝聚体的有效水力直径随时间的变化

## 2. 总体平均凝聚速率和临界聚沉浓度

不同类型电解质体系中胡敏酸胶体的 TAA 随电解质浓度的变化如图 6-8 所示。当电解质浓度为 0.5 mmol/L、1 mmol/L 和 2 mmol/L 时，$Ca^{2+}$ 和 $Na^+$-$Ca^{2+}$ 体系中的 TAA 分别为 18.60 nm/min、61.66 nm/min、88.76 nm/min 和 28.14 nm/min、62.57 nm/min、92.79 nm/min，此时 $Na^+$-$Ca^{2+}$ 体系 TAA 稍快于 $Ca^{2+}$ 体系。随着电解质浓度的升高，在 3 mmol/L、4 mmol/L 时，$Ca^{2+}$ 体系中的 TAA 分别为 116.8 nm/min、127.2 nm/min，$Na^+$-$Ca^{2+}$ 体系中分别为 105.7 nm/min、117.5 nm/min。此时 $Na^+$-$Ca^{2+}$ 体系 TAA 稍慢于 $Ca^{2+}$ 体系。

此外，随着各离子体系中电解质浓度的升高，胡敏酸胶体凝聚速率呈现出不同变化模式，即先直线升高而后趋于平缓。两种模式分别对应着 RLCA 和 DLCA 机制，用线性关系拟合后的交点为临界聚沉浓度，即 CCC（Jia et al., 2013）。经计算，$Na^+$、$Ca^{2+}$、$Na^+$-$Ca^{2+}$ 三种类型离子体系中的 CCC 分别是 331.1 mmol/L、2.48 mmol/L、2.82 mmol/L。$Na^+$ 体系的 CCC 最大，说明其对胡敏酸胶体的聚沉能力远远小于 $Ca^{2+}$ 体系和 $Na^+$-$Ca^{2+}$ 体系。

DLVO 理论一直是胶体稳定性研究的基础理论，胶体颗粒的分散与聚沉由范德华引力和双电层斥力共同主导（李学垣，2001）。大量研究表明，同一体系中电解质浓度越高，胶体颗粒越易凝聚（Gao et al., 2022, 2021; 田锐等, 2010; Verrall et al., 1999）。本章研究结果也表明，低电解质浓度条件下，胶体的扩散双电层较厚，颗粒间排斥力高，有利于胶体体系保持分散的稳定状态，而随着电解质浓度的增加，胶体扩散双电层被反号离子压缩厚度变小，颗粒间排斥力降低，颗粒间引力占优势，从而利于胶体的凝聚（姜军等, 2015; 程程, 2009; 侯涛等, 2008）。相似地，本章研究中胡敏酸胶体的凝聚对 $Ca^{2+}$ 的敏感程度远大于 $Na^+$，这主要是高价离子对胶体表面附近的双电层压缩能力较强，导致其在胶体表面的吸附能力和对胶体的聚沉能力强于低价离子。$Na^+$-$Ca^{2+}$ 混合体系的 CCC 介于单独的 $Na^+$ 和 $Ca^{2+}$之间，更靠近 $Ca^{2+}$ 的 CCC，即由于化合价的差异，$Na^+$-$Ca^{2+}$ 对胡敏酸胶体的聚沉作用仍由高价离子 $Ca^{2+}$ 主导。向 $Ca^{2+}$ 体系中添加 $Na^+$，增加的 $Na^+$ 并未导致双电层的进一步压缩和对胡敏酸聚沉作用的显著增强，而仅表现为 CCC($Na^+$-$Ca^{2+}$)略大于 CCC($Ca^{2+}$)。这可能的原因是当 $Ca^{2+}$ 主导胡敏酸的聚沉时，$Na^+$ 作为其陪补离子，发挥一定的陪补离子特异性效应抑制了 $Ca^{2+}$ 的聚沉作用。例如，当电解质浓度大于 2 mmol/L 时，随着阳离子浓度的增大，扩散层的厚度变小，原胡敏酸胶体所吸附的部分交换性 $Ca^{2+}$ 可为 $Na^+$ 所取代，使得 $Ca^{2+}$ 对胶体的聚沉作用削弱，从而提高了胶体的稳定性，导致 CCC 的增大。根据 Schulze-Hardy 规则（Verrall et al., 1999）：在带电胶体体系中，近似认为反号离子的聚沉能力与离子的电荷数的六次方成正比，即一价 $Na^+$ 的聚沉能力是二价 $Ca^{2+}$ 的 $1/2^6$=1/64。然而，本章结果表明：

CCC(Na$^+$)/CCC(Ca$^{2+}$)≈1/134，此差异远远大于理论值。

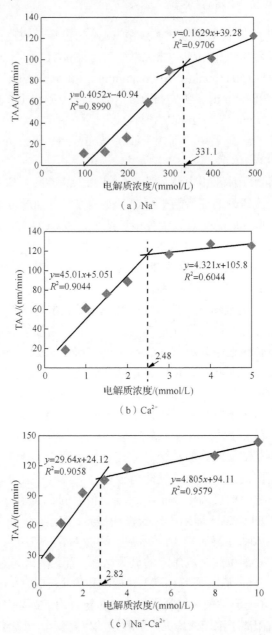

（a）Na$^+$

（b）Ca$^{2+}$

（c）Na$^+$-Ca$^{2+}$

图 6-8　不同类型电解质体系中胡敏酸胶体的 TAA 随电解质浓度的变化

### 6.4.2　胡敏酸胶体相互作用活化能的伴随离子特异性效应

胡敏酸胶体带有大量负电荷，它的分散与凝聚由胶体颗粒之间的排斥作用能和吸引作用能的净能量大小来决定，即排斥势垒的强弱（Tan et al., 2018）。活化能越高，颗粒间排斥势垒越强，体系中的离子通过压缩双电层而引发凝聚越困难。

将第 5 章中 TAA 的拟合方程及 CCC 的值代入方程（5-4），从而得到各体系中胡敏酸胶体颗粒间活化能$\Delta E(f_0)$的计算式如下。

$Na^+$：$\Delta E(f_0)=-kT\ln(0.0044f_0-0.4392)$。

$Ca^{2+}$：$\Delta E(f_0)=-kT\ln(0.3858f_0+0.0433)$。

$Na^+$-$Ca^{2+}$：$\Delta E(f_0)=-kT\ln(0.2752f_0+0.2240)$。

不同类型电解质体系中胡敏酸胶体相互作用的活化能如图 6-9 所示，随着电解质浓度的升高，各体系的活化能均下降。当 $Na^+$ 浓度为 200 mmol/L、$Ca^{2+}$ 浓度为 2 mmol/L 时，两种体系中活化能分别为 $0.82kT$、$0.20kT$。可见，尽管 $Na^+$ 浓度远高于 $Ca^{2+}$ 浓度，但其作用下胡敏酸胶体颗粒间的排斥势垒却远远高于 $Ca^{2+}$ 体系。

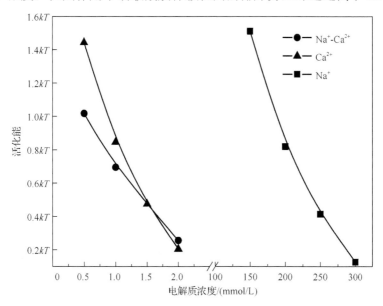

图 6-9　不同类型电解质体系中胡敏酸胶体相互作用的活化能

### 6.4.3　胡敏酸凝聚体结构的伴随离子特异性效应

通过静态光散射技术测定不同条件下形成的胡敏酸凝聚体在凝聚完成时（24 h）及 60 天后的质量分形维数，以反映凝聚体结构的自相似特征和凝聚体的疏松和开放程度（傅强, 2016）。从图 6-10 可以看出，随着电解质浓度的增加，三种体系中凝聚体的质量分形维数均呈下降趋势，$Na^+$体系中胡敏酸凝聚体的质量分形维数普遍较大，Na$^+$-Ca$^{2+}$次之，Ca$^{2+}$最小。相同浓度条件下，Na$^+$-Ca$^{2+}$混合体系中胡敏酸凝聚体的质量分形维数均大于单独 Ca$^{2+}$体系。同一体系下，质量分形维数随着电解质浓度增加，即总体平均凝聚速率的增大而减小，这表明胶体在 DLCA 机制下易形成结构疏松、孔隙多、较开放的结构；相反，在低浓度的 RLCA 机制下易形成结构紧实致密的凝聚体。这是由于慢速凝聚过程有效碰撞概率小于 1，使颗粒有更充裕的时间和机会寻找更为契合的吸附位点，从而颗粒间排列更为整齐紧密，结构也更紧实。放置 60 天后，各体系中的分形维数出现了明显的减小。

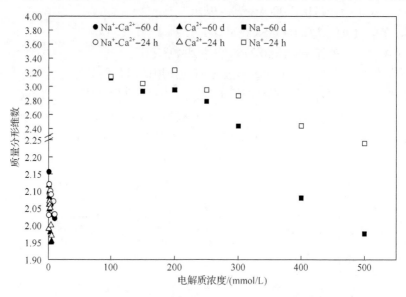

图 6-10　不同类型电解质体系中胡敏酸凝聚体的质量分形维数

为进一步探究胡敏酸凝聚体官能团的变化，将制备好的胡敏酸胶体悬液冷冻干燥后以红外光谱扫描，得到红外光谱图如图 6-11 所示。胡敏酸的—OH 官能团的 $v_{O-H}$ 伸缩振动出现在波数 1130 cm$^{-1}$ 和 3277 cm$^{-1}$ 处，羧基—COOH 官能团 $v_{C-O}$ 伸缩振动位于波数 1263 cm$^{-1}$ 处，羧基—COOH 官能团的对称伸缩振动 $v_{C-O}$ 和反对称的伸缩振动 $v_{C-O}$ (—COO—)分别出现在波数 1384 cm$^{-1}$ 和 1589 cm$^{-1}$ 处。如 C 线（4 mmol/L Ca$^{2+}$）所示，Ca$^{2+}$加入之后，1263 cm$^{-1}$、1384 cm$^{-1}$、1589 cm$^{-1}$ 和 3277 cm$^{-1}$ 吸收峰强度明显降低，同时 1130 cm$^{-1}$ 处吸收峰被 1120 cm$^{-1}$ 和 1288 cm$^{-1}$ 所代替，1384 cm$^{-1}$ 和 1589 cm$^{-1}$ 吸收峰发生蓝移，这说明胡敏酸表面的羟基和羧基是与 Ca$^{2+}$发生作用的主要位点。Ca$^{2+}$在羟基与羧基上的吸附及桥键作用使 O—H 键和 C—O 键伸缩振动强度发生变化。对比 B 线（4 mmol/L Na$^+$-Ca$^{2+}$）和 C 线（4 mmol/L Ca$^{2+}$），Ca$^{2+}$和 Ca$^{2+}$-Na$^+$凝聚体的谱图相似，说明 Na$^+$的加入并未引起 Ca$^{2+}$与胡敏酸表面作用位点的变化，只是作用强度的变化引起了胡敏酸凝聚过程和凝聚体结构的差异。

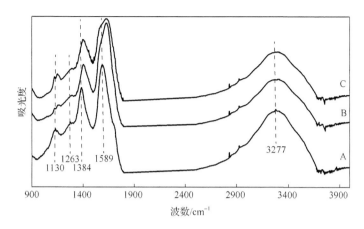

图 6-11　胡敏酸及其凝聚体的红外光谱图

A 代表单纯的胡敏酸；B、C 分别代表 4 mmol/L Na$^+$-Ca$^{2+}$和 4 mmol/L Ca$^{2+}$作用下的胡敏酸凝聚体

有报道指出，不同电子层结构的离子由于受到强电场的诱导，会发生强烈的极化作用，此极化作用通过影响离子的界面行为而对胶体颗粒的凝聚和分散产生影响（刘汉燚等，2018；高晓丹等，2014）。红外光谱结果表明胡敏酸表面含有大量羧基（—COOH）、羟基（—OH）等官能团（图 6-11）。官能团上的 H 发生电离致使它带有大量电荷，电荷在其周围产生强大的电场，影响到胶体周围反号离子与界面相互作用（高晓丹等，2018; Huang et al., 2016）。研究发现，Ca$^{2+}$与氧化铁的—OH 表面官能团反应受到外电场的影响，形成可能由极化诱导的—OCa$^+$共价键（Zhu et al., 2018）。另有研究（田锐等，2010）表明，胡敏酸表面电位为−0.082 V，电场强度可达到 $7.3\times10^8$ V/m，胡敏酸表面附近强电场界面上的 Ca$^{2+}$诱导，使其发生强烈的极化作用，从而更有利于靠近胡敏酸表面官能团而产生共价键和离子桥键。通过图 6-11 红外光谱图中盐基离子加入后 C—O 键振动峰的蓝移，推测正是由于阳离子在羧基间形成离子桥键和共价键的作用。因此，Ca$^{2+}$对胡敏酸的聚沉不仅单纯依赖于反号离子对表面双电层的压缩从而降低静电斥力，还有 Ca$^{2+}$在强电场中的极化诱导，使其与胡敏酸表面含氧官能团之间发生的共价键和桥键的贡献。对比 Ca$^{2+}$和 Na$^+$-Ca$^{2+}$两种体系，低电解质浓度下的活化能差异较大（图 6-9），这是由于电解质浓度的降低，胡敏酸胶体颗粒表面周围的电场强度反而增大。这也很好地解释了 6.4.1 节中 Ca$^{2+}$和 Na$^+$-Ca$^{2+}$两种体系在较低的电解质浓度下引发胡敏酸胶体聚沉差异较大的现象。

不同离子体系中形成的胡敏酸凝聚体结构存在很大的差异，根据前面讨论的几种离子的聚沉能力差异，Ca$^{2+}$强烈的聚沉作用使得胶体颗粒之间结合迅速，易形成疏松开放的凝聚体；Na$^+$作为陪补离子抑制了 Ca$^{2+}$对胡敏酸胶体凝聚，胶体之间凝聚速率放缓，得以形成较紧凑致密的凝聚体。60 天后，各体系中的质量分形维数出现了明显减小（图 6-10），这可能是较大的排斥势能的影响，在放置期间，凝聚过程伴随着可逆性，一些短程作用力反复作用于凝聚体，导致其重新调整结构。此外，$Na^+$ 作为 $Ca^{2+}$ 的陪补离子存在时，虽然对胡敏酸胶体的 TAA 和 CCC 无显著影响，但是对所形成的胡敏酸凝聚体结构却产生了很大影响。究其原因可能是 $Na^+$ 作为陪补离子，在双电层中与 $Ca^{2+}$ 竞争胡敏酸表面有限的吸附位点（周卫等，1996），使得部分吸附位点被聚沉能力弱的 $Na^+$ 占据，降低了胡敏酸颗粒在凝聚过程中的有效碰撞（即能够引发凝聚的碰撞）概率，有利于胡敏酸颗粒的规则排列，从而形成结构紧实的凝聚体。因此在相同浓度条件下，$Na^+$-$Ca^{2+}$ 混合体系中胡敏酸凝聚体的质量分形维数均大于单独 $Ca^{2+}$ 体系。但在 $Na^+$-$Ca^{2+}$ 混合体系中两种离子浓度相等，由于 $Ca^{2+}$ 的化合价优势，凝聚过程仍受到 $Ca^{2+}$ 的支配。小于等于 2 mmol/L 的 $Na^+$-$Ca^{2+}$ 混合体系中 $Na^+$ 根本不会引起胡敏酸胶体的凝聚，但是当把它作为陪补离子加入 $Ca^{2+}$ 体系中后其对所形成凝聚体结构的影响却不容忽略，可见溶液中离子种类的微小改变会对所形成的凝聚体结构有显著的影响。

# 6.5　本章小结

研究发现，$Ca^{2+}$ 和 $Cu^{2+}$ 两种阳离子所引发的腐殖质凝聚动力学过程和所形成的凝聚体的结构性质都存在显著不同。而 $Na^+$、$Ca^{2+}$ 和 $Na^+$-$Ca^{2+}$ 引发胡敏酸胶体的凝聚特征类似，均是在低浓度下胡敏酸凝聚体有效水力直径随时间呈线性增长，高浓度下呈幂函数增长。具体表现在：相同的颗粒密度条件下，$Ca^{2+}$ 和 $Cu^{2+}$ 两种离子不同浓度作用时，散射光强的稳定范围都是从 75 kcps 到 170 kcps。但是引起上述变化的 $Ca^{2+}$ 的浓度范围（0～20 mmol/L）远远超过 $Cu^{2+}$ 的浓度范围（0～3 mmol/L）。根据凝聚过程中光强的稳定与否，可以判整个体系的稳定性和凝聚体受到布朗力和重力的支配情况。

$Ca(NO_3)_2$ 和 $Cu(NO_3)_2$ 两种电解质作用下腐殖质胶体凝聚特征相似，均表现为低浓度下的线性增长和高浓度下的幂函数增长。胶体凝聚过程对 $Cu(NO_3)_2$ 体系浓度变化的敏感性远远大于 $Ca(NO_3)_2$ 体系，且 $Cu^{2+}$ 作用下腐殖质胶体颗粒的总体平均凝聚速率远远高于 $Ca^{2+}$ 作用的情况，1 mmol/L $Cu^{2+}$ 吸附下腐殖质胶体的总体平均凝聚速率近乎是 7.5 mmol/L $Ca^{2+}$ 吸附下的 3 倍。

$Ca^{2+}$ 作用下形成的凝聚体初期结构较致密在放置 50 天后分形维数变小，结构变得相对开放疏松；$Cu^{2+}$ 作用下形成的凝聚体初期结构开放度较高，在放置 50 天后质量分形维数变大，结构更加致密紧实。

胡敏酸胶体的凝聚对 $Ca^{2+}$ 的敏感性远大于 $Na^+$，因此 $Na^+$-$Ca^{2+}$ 混合体系中 $Ca^{2+}$ 主导凝聚过程。$Ca^{2+}$ 对胡敏酸的聚沉不仅依赖于静电作用，还与其在强电场中发生极化作用以及胡敏酸表面含氧官能团之间发生的共价键和桥键有关。

Na$^+$作为陪补离子，与 Ca$^{2+}$在胡敏酸胶体表面的竞争吸附抑制了 Ca$^{2+}$对胡敏酸的聚沉作用，且这种陪补离子特异性效应对凝聚体的结构特征影响显著。对比 Na$^+$和 Na$^+$-Ca$^{2+}$两种体系中胡敏酸凝聚体差异表明，可通过改变溶液中离子种类而调控所形成凝聚体的结构特征。

## 参考文献

程程, 2009. 土壤胶体的双电层结构及其影响因素[D]. 南京: 南京农业大学.

窦森, 2010. 土壤有机质[M]. 北京: 科学出版社.

傅强, 2016. 胡敏酸/蒙脱石胶体凝聚动力学的 Hofmeister 效应: 非静电作用机制初探[D]. 重庆: 西南大学.

高晓丹, 李航, 朱华玲, 等, 2012. 特定 pH 条件下 Ca$^{2+}$/Cu$^{2+}$引发胡敏酸胶体凝聚的比较研究[J]. 土壤学报, 49(4): 698-707.

高晓丹, 李航, 田锐, 等, 2014. 利用基于 Gouy-Chapman 模型的离子有效电荷定量表征离子特异性效应[J]. 物理化学学报, 30(12): 2272-2282.

高晓丹, 徐英德, 张广才, 等, 2018. Cu$^{2+}$和 Zn$^{2+}$在土壤电场中的极化对黑土胶体凝聚的影响[J]. 农业环境科学学报, 37(3): 440-447.

姜军, 徐仁扣, 2015. 离子强度对三种可变电荷土壤表面电荷和 Zeta 电位的影响[J]. 土壤, 47(2): 422-426.

侯涛, 徐仁扣, 2008. 胶体颗粒表面双电层之间的相互作用研究进展[J]. 土壤, 40(3): 377-381.

胡纪华, 杨兆禧, 郑忠, 1997. 胶体与界面化学[M]. 广州: 华南理工大学出版社.

黄玉芬, 刘忠珍, 李衍亮, 等, 2016. 土壤矿物和胡敏酸对阿特拉津的吸附-解吸作用研究[J]. 土壤学报, 53(1): 155-165.

姜维, 依艳丽, 张大庚, 2011. 不同浓度陪补离子对棕壤钙吸附的影响[J]. 西南农业学报, 24(5): 1828-1832.

李学垣, 2001. 土壤化学[M]. 北京: 高等教育出版社.

林大仪, 2002. 土壤学[M]. 北京: 中国林业出版社.

刘汉燊, 刘新敏, 田锐, 等, 2018. 蒙脱石纳米颗粒聚集中的离子特异性效应[J]. 土壤学报, 55(3): 673-682.

刘小虎, 张俊文, 刘侯俊, 等, 2015. 土壤胡敏酸与锰离子的络合特征及生物有效性研究[J]. 土壤通报, 46(4): 972-976.

牛鹏举, 魏世勇, 方敦, 等, 2016. 高岭石、针铁矿及其二元体对胡敏酸的吸附特性[J]. 环境科学, 37(6): 2220-2228.

申晋, 郑刚, 李孟超, 等, 2003. 用光子相关光谱法测量多分散颗系的颗粒粒度分布[J]. 光学仪器, 25(4): 3-6.

田锐, 刘艳丽, 李航, 等, 2010. Zn$^{2+}$吸附引发腐殖质分子凝聚的激光散射研究[J]. 西南大学学报(自然科学版), 32(11): 118-123.

王慧, 易珊, 付庆灵, 等, 2012. 铁氧化物-胡敏酸复合物对磷的吸附[J]. 植物营养与肥料学报, 2012, 18(5): 1144-1152.

吴奇虎, 1979. 环境中的腐殖物质[M]. 北京: 化学工业出版社.

周卫, 林葆, 1996. 土壤中钙的化学行为与生物有效性研究进展[J]. 土壤肥料(5): 20-23, 45.

朱华玲, 2009. 土壤有机/无机胶体颗粒凝聚的激光散射研究[D]. 重庆: 西南大学.

朱华玲, 李航, 贾明云, 等, 2012. 土壤有机/无机胶体凝聚的光散射研究[J]. 土壤学报, 49(3): 409-416.

Ariyaprakai S, Dungan S, 2007. Solubilization in monodisperse emulsions[J]. Journal of Colloid and Interface Science, 314(2): 673-682.

Cheng D, Liao P, Yuan S H, 2016. Effects of ionic strength and cationic type on humic acid facilitated transport of tetracycline in porous media[J]. Chemical Engineering Journal, 284: 389-394.

Conte P, Piccolo A, 1999. High pressure size exclusion chromatography (HPSEC) of humic substances: Molecular sizes, analytical parameters, and column performance[J]. Chemosphere, 38(3): 517-528.

Derrendinger L, Sposito G, 2000. Flocculation kinetics and cluster morphology in illite/NaCl suspensions[J]. Journal of

Colloid and Interface Science, 222(1): 1-11.

D'orazio V, Senesi N, 2009. Spectroscopic properties of humic acids isolated from the rhizosphere and bulk soil compartments and fractionated by size-exclusion chromatography[J]. Soil Biology & Biochemistry, 41(9): 1775-1781.

Gao X D, Xu Y D, Li Z Y, et al., 2021. Heteroaggregation of humic acid with montmorillonite in divalent electrolytes: Effects of humic acid content and ionic concentration[J]. Journal of Soils and Sediments, 21: 1317-1328.

Gao X D, Ren K L, Zhu Z H, et al., 2022. Specific ion effects: The role of anions in the aggregation of permanently charged clay mineral particles[J]. Journal of Soils and Sediments, 23(1): 263-272.

HadjSadok A, Pitkowski A, Nicolai T, et al., 2008. Characterisation of sodium caseinate as a function of ionic strength, pH and temperature using static and dynamic light scattering[J]. Food Hydrocolloids, 22(8): 1460-1466.

Huang X R, Li H, Li S, et al., 2016. Role of cationic polarization in humus-increased soil aggregate stability[J]. European Journal of Soil Science, 67(3): 341-350.

Hui D, Nawaz M, Morris D P, et al., 2008. Study of pH-triggered heteroaggregation and gel formation within mixed dispersions[J]. Journal of Colloid & Interface Science, 324(1-2): 110-117.

Iskrenova-Tchoukova E, Kalinichev A G, Kirkpatrick R J, 2010. Metal cation complexation with natural organic matter in aqueous solutions: Molecular dynamics simulations and potentials of mean force[J]. Langmuir, 26(20): 15909-15919.

Jia M Y, Li H, Zhu H L, et al., 2013. An approach for the critical coagulation concentration estimation of polydisperse colloidal suspensions of soil and humus[J]. Journal of Soils and Sediments, 13(2): 325-335.

Kuwatsuka S, Watanabe A, Itoh K, et al., 1992. Comparison of two methods of preparation of humic and fulvic acids, IHSS method and NAGOYA method[J]. Soil Science and Plant Nutrition, 38(1): 23-30.

Nam J Y, Fukuoka M, Saito H, et al., 2007. Light scattering studies on the crystalline morphology of stretched poly (ethylene 2, 6-naphthalate) film[J]. Polymer, 48(8): 2395-2403.

Rosa A H, Goveia D, Bellin I C, et al., 2007. Estudo da labilidade de Cu(II), Cd(II), Mn(II), e Ni(II) em substâncias húmicas aquáticas utilizando-se membranas celulósicas organomodificadas[J]. Quimica Nova, 30(1): 59-65.

Sutton R, Sposito G, 2005. Molecular structure in soil humic substances: The new view[J]. Environmental Science & Technology, 39(23): 9009-9015.

Tan L, Tan X, Mei H, 2018. Coagulation behavior of humic acid in aqueous solutions containing $Cs^+$, $Sr^{2+}$ and $Eu^{3+}$: DLS, EEM and MD simulations[J]. Environmental Pollution, 236: 835-843.

Tian R, Li H, Zhu H L, et al., 2013. $Ca^{2+}$ and $Cu^{2+}$ induced aggregation of variably charged soil particles: A comparative study[J]. Soil Science Society of America Journal, 77(3): 774-781.

Tomsic M, Jamnik A, Fritz-Popovski G, et al., 2007. Structural properties of pure simple alcohols from ethanol, propanol, butanol, pentanol, to hexanol: Comparing Monte Carlo simulations with experimental SAXS data[J]. The Journal of Physical Chemistry B, 111(7): 1738-1751.

Verrall K E, Warwick P, Fairhurst A J, 1999. Application of the Schulze-Hardy rule to haematite and haematite/humate colloid stability[J]. Colloids and Surfaces A: Physicochemical and Engineering Aspects, 150(1-3): 261-273.

Zhu L H, Li Z Y, Tian R, et al., 2018. Specific ion effects of divalent cations on the aggregation of positively charged goethite nanoparticles in aqueous suspension[J]. Colloids and Surfaces A: Physicochemical and Engineering Aspects, 565: 78-85.

# 第7章 土壤有机无机复合过程中的离子特异性效应

## 7.1 土壤有机无机复合过程

### 7.1.1 土壤胶体和土壤有机无机复合作用

土壤中的腐殖质与矿物质相互作用形成的有机-矿物复合体是土壤存在的主要结构单元，它们在土壤的物理、化学和生物学性质的形成及土壤肥力与生态功能的发挥上扮演重要角色。人们已经知道腐殖质与土壤矿物质相互作用能够促进土壤团粒结构的形成与稳定，从而在根本上改善土壤的水、热、气和养分状况，并显著提高土壤的抗侵蚀能力。只要腐殖质的质量分数达到 1%～5%，这种作用就将变得非常显著（黄学茹等, 2013）。但对于这些现象的表征，特别是胶体的凝聚动力学和这些现象的微观机制却一直缺乏系统性理论描述（Huang et al., 1995）。在自然土壤中，土壤的有机胶体和无机矿物胶体均存在于包含 $Ca^{2+}$、$Mg^{2+}$、$Na^+$、$K^+$等多种离子的土壤溶液中，这些阳离子有利于土壤的有机组分和无机组分的聚合和缠绕而形成有机无机复合体（Hertkorn et al., 2006）。

土壤胶体是土壤的肥力和生态功能实现的基础（唐嘉等, 2020; Colombo et al., 2015），其凝聚过程能够保蓄养分、降低土壤颗粒随水迁移，控制土壤侵蚀和农业面源污染的发生，具有深刻的环境学意义（高晓丹等, 2018; 周琴等, 2018; 丁武泉等, 2017; 唐颖等, 2014; 杨炜春等, 2003）。胡敏酸（HA）是土壤有机胶体的主要组成部分，是一种结构复杂、包含多种表面官能团的有机物（Šolc et al., 2014），其实际是粒径在 50～500 nm 的范围内（Jia et al., 2013; 高晓丹等, 2012）。已有研究（Yang et al., 2009; Logan et al., 1997）表明胡敏酸表面的羧基和羟基在金属离子与胡敏酸的络合反应中发挥关键性作用。Lishtvan 等（2012）指出金属离子（$Cu^{2+}$ 和 $Ni^{2+}$）在 HA 表面的交换能力取决于 HA 表面的羧酸官能团的数量。羧基与金属离子的紧密结合作用可以通过红外光谱的测定结果得到表征，另外，该技术对于金属阳离子或其他组分与羧基相互作用而引起羧基结构的变化非常敏感，因此是有效表征有机物表面结构变化的技术手段（González Pérez et al., 2004; Gossart et al., 2003; Dupuy et al., 2001; Piccolo et al., 1982）。

与 HA 相比，仍有很多关于金属离子与土壤的无机矿物质组分相互作用的研究，尤其集中于蒙脱石和高岭石组分（de Pablo et al., 2011; Abollino et al., 2008; Bhattacharyya et al., 2008; Fletcher et al., 1989; Benjamin et al., 1981）。通常，金属离

子吸附到黏土矿物表面主要通过离子交换和离子与表面官能团的作用（de Pablo et al., 2011）。另有学者指出，单位质量的黏土矿物含有较多的氨基可以加强金属离子如 $Cu^{2+}$ 和 $Pb^{2+}$ 等与矿物表面的相互作用，并且通过理论模型也验证了上面结果的正确性（Balomenou et al., 2008; Bhattacharyya et al., 2008）。还有研究提出，$As^{3+}$ 与蒙脱石胶体颗粒表面相互作用的可能机制是存在于黏土矿物颗粒边缘的 Si—O 和 Al—O 与通过物理吸附作用存在于表面附近的离子进行离子交换（Gupta et al., 2012）。此外，$Cr^{3+}$ 和 $Pb^{2+}$ 与高岭石的硅氧表面间存在强烈的外球络合作用（Vasconcelos et al., 2007）。黏土矿物的红外光谱测定结果表明，$Cu^{2+}$ 的吸附影响 OH 基团与 Si—O 键的振动位置和形状（Bhattacharyya et al., 2008）。

　　总之，在土壤中研究金属离子与黏土矿物或腐殖质相互作用，和金属离子-黏土矿物-腐殖质三者综合作用影响有机无机复合体的形成有很重要的意义。它不仅影响土壤中营养元素的活性（Zhang et al., 2013; Jenkinson, 1988），而且涉及污染元素在环境中的迁移和转化（Wang et al., 2013; de Pablo et al., 2011; Dupuy et al., 2001）。特别是有机质在影响金属离子与黏土矿物相互作用中发挥重要作用（Arias et al., 2002; Dupuy et al., 2001; Dumat et al., 2000）。但目前尚不清楚黏土矿物-金属离子-有机质三者相互作用机制。因此，本章利用动态光散射技术研究胡敏酸和蒙脱石在 $Ca(NO_3)_2$、$Mg(NO_3)_2$ 和 $Cu(NO_3)_2$ 几种电解质溶液中的凝聚动力学过程；同时利用红外光谱观测单纯胡敏酸、与金属离子作用后的胡敏酸以及金属离子-胡敏酸-蒙脱石三者作用后的凝聚体的表面结构特征，以更好地表征金属离子在凝聚过程中的作用；进一步提出金属离子-胡敏酸-蒙脱石复杂体系中三者相互作用模型，明确作用机制。

　　此外，磷是植物生长必需的养分元素，但磷肥的过量投入造成了磷的入渗、迁移和水体富营养化等环境问题（康智明等，2018；何振立等，1992）。据报道，磷酸盐在被土壤胶体颗粒吸附后可使土壤组分的表面性质发生变化，从而影响磷素的可利用性、污染物的迁移和毒性（朱骏等，2008）。因此，从介观尺度明确土壤中不同磷酸根离子对土壤胶体凝聚动力学的影响对提高磷肥的有效性、防止水土流失和减少磷肥的环境风险意义重大。

　　土壤胶体带有净负电荷，通常认为阴离子会受到土壤胶体较大的排斥作用，无法依靠静电作用而吸附到土壤胶体表面。但事实证明，即使是带负电的土壤胶体，表面也具有一定的阴离子吸附位点（Li et al., 2018; 申晋等，2003）。对于带有强烈肥力和环境属性的 $HPO_4^{2-}$ 和 $H_2PO_4^-$，二者离子半径较大，外层电子存在强烈的量子涨落效应（傅强等，2016）。那么，在具有强大电场的土壤矿物（蒙脱石）和有机质（胡敏酸）体系中，阴离子是否能借助热运动等外力穿过双电层到达胶体颗粒表面从而影响土壤胶体的凝聚过程？不同阴离子对凝聚过程影响的差异及产生的原因是什么？这些问题均亟待解决。

　　基于以上考虑，本章研究还以蒙脱石和不同胡敏酸添加量的蒙脱石-胡敏酸混合胶体为研究对象，采用动态光散射技术，动态监测不同离子强度的 $K_2HPO_4$ 和

KH$_2$PO$_4$ 电解质添加后胶体颗粒的凝聚动力学过程,明晰两种伴随阴离子界面行为对蒙脱石-胡敏酸混合胶体颗粒凝聚过程的影响机制,为土壤改良、培肥地力和防治面源污染提供理论依据。

### 7.1.2　实验方案

采用上述方法提取得到蒙脱石胶体颗粒和分离提纯后的胡敏酸胶体定容于固定体积的容量瓶中,用烘干法测其颗粒密度,用物质表面参数联合测定法测定供试样品的表面性质参数(Liu et al., 2013a;Li et al., 2011;Hou et al., 2009)。用一定浓度的 HNO$_3$ 和 KOH 调节体系 pH。实验对象包括 100%蒙脱石体系以及质量比为 99∶1、96∶4 和 90∶10 的 99%蒙脱石+1%胡敏酸、96%蒙脱石+4%胡敏酸和 90%蒙脱石+10%胡敏酸混合胶体体系。

本部分研究按照蒙脱石和胡敏酸质量比为 99∶1、96∶4 和 90∶10 的比例配置胡敏酸含量不同的混合胶体悬液,取 200 μL 胶体悬液于散射瓶中,加超纯水使得体系总体积为 10 mL。设置的 Ca(NO$_3$)$_2$、Mg(NO$_3$)$_2$ 和 Cu(NO$_3$)$_2$ 的电解质浓度如下。

Cu(NO$_3$)$_2$:0.1 mmol/L、0.2 mmol/L、0.3 mmol/L、0.4 mmol/L、0.5 mmol/L、0.75 mmol/L 和 1 mmol/L。

Ca(NO$_3$)$_2$:0.5 mmol/L、0.75 mmol/L、1 mmol/L、2 mmol/L、3 mmol/L、5 mmol/L、10 mmol/L 和 15 mmol/L。

Mg(NO$_3$)$_2$:0.5 mmol/L、1 mmol/L、2 mmol/L、3 mmol/L、5 mmol/L、10 mmol/L、15 mmol/L 和 20 mmol/L。

分别取不同配比的混合胶体悬液 200 μL 于散射瓶中,加超纯水和不同体积的 K$_2$HPO$_4$、KH$_2$PO$_4$ 溶液使得体系总体积为 10 mL。供试的蒙脱石-胡敏酸混合胶体经过 K$^+$ 纯化表面处理,并选取两种磷酸根的钾盐可确保体系中的阳离子均为 K$^+$,以便研究不同的阴离子对胶体凝聚过程的影响。由于 HPO$_4^{2-}$ 和 H$_2$PO$_4^-$ 两种离子的电离、水解程度不同,通常 K$_2$HPO$_4$ 溶液呈碱性,KH$_2$PO$_4$ 溶液呈酸性。设置的 K$_2$HPO$_4$ 离子强度为 30~600 mmol/L 范围内不同梯度;设置的 KH$_2$PO$_4$ 离子强度为 50~275 mmol/L。离子强度 $I$(mmol/L)计算公式如下:

$$I = \frac{1}{2}\sum_{i=1}^{n} C_i Z_i^2 \tag{7-1}$$

式中,$C_i$ 是离子 $i$ 的摩尔浓度(mmol/L);$Z_i$ 是离子所带的电荷数。具体所设置的浓度梯度及对应的 pH 见表 7-1。

表 7-1　凝聚实验所设置的不同电解质的浓度梯度及对应的 pH

| K$_2$HPO$_4$ | | | KH$_2$PO$_4$ | | |
|---|---|---|---|---|---|
| 浓度/(mmol/L) | 离子强度/(mmol/L) | pH | 浓度/(mmol/L) | 离子强度/(mmol/L) | pH |
| 10 | 30 | 9.56 | 50 | 50 | 4.44 |
| 50 | 150 | 9.63 | 70 | 70 | 4.40 |
| 80 | 240 | 9.62 | 100 | 100 | 4.36 |

续表

| K$_2$HPO$_4$ | | | KH$_2$PO$_4$ | | |
|---|---|---|---|---|---|
| 浓度/(mmol/L) | 离子强度/(mmol/L) | pH | 浓度/(mmol/L) | 离子强度/(mmol/L) | pH |
| 100 | 300 | 9.60 | 120 | 120 | 4.34 |
| 130 | 390 | 9.60 | 150 | 150 | 4.33 |
| 150 | 450 | 9.55 | 180 | 180 | 4.31 |
| 180 | 540 | 9.55 | 200 | 200 | 4.30 |
| 200 | 600 | 9.60 | 250 | 250 | 4.27 |
| — | — | — | 270 | 270 | 4.25 |

## 7.2　土壤有机无机复合过程中的阳离子特异性效应

### 7.2.1　土壤有机无机复合凝聚动力学过程的阳离子特异性效应

#### 1. 胡敏酸和蒙脱石混合胶体悬液的初始有效水力直径分布

100%蒙脱石和不同质量比的胡敏酸-蒙脱石混合胶体在悬液中的有效水力直径用动态光散射技术测得。可见其有效水力直径分布范围均为80~600 nm，集中分布于205±10 nm（图7-1）。图7-1为100%蒙脱石、99%蒙脱石+1%胡敏酸、96%蒙脱石+4%胡敏酸和90%蒙脱石+10%胡敏酸四种样品的初始有效水力直径，对比发现含有胡敏酸的混合样品有效水力直径均小于100%蒙脱石悬浮中的颗粒有效水力直径，表明胡敏酸并不是絮凝剂而是有效的分散剂。

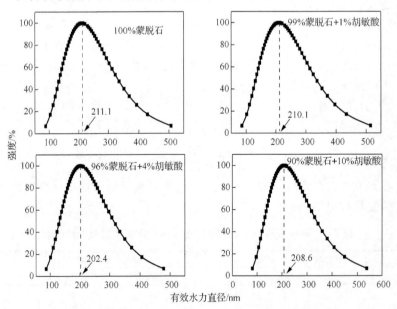

图 7-1　不同胶体颗粒的初始有效水力直径分布

## 2. 胡敏酸含量对凝聚速率的影响

蒙脱石胶体和不同质量比的蒙脱石-胡敏酸混合胶体悬液在不同浓度 $Ca(NO_3)_2$ 溶液中的凝聚体有效水力直径随时间的增长曲线如图 7-2 所示。

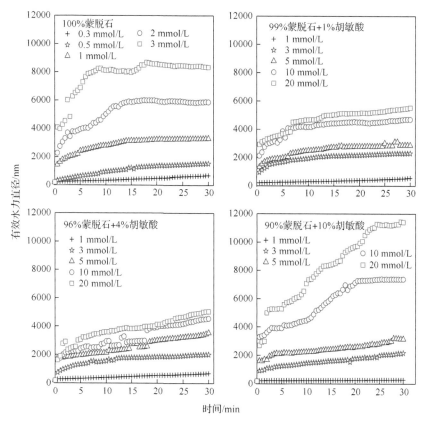

图 7-2 不同浓度 $Ca(NO_3)_2$ 溶液中，蒙脱石胶体和蒙脱石-胡敏酸混合胶体凝聚过程中有效水力直径随时间的增长曲线

从各体系中有效水力直径增长曲线可以明显看出不同量的胡敏酸对矿物质蒙脱石凝聚过程的影响。例如，当 $Ca(NO_3)_2$ 溶液电解质浓度为 3 mmol/L 时，在 100% 蒙脱石、99%蒙脱石+1%胡敏酸和 96%蒙脱石+4%胡敏酸体系中有效水力直径随时间呈幂函数形式增长，即凝聚遵循 DLCA 机制（Lin et al., 1990a）；而在 90%蒙脱石+10%胡敏酸体系中凝聚体有效水力直径随时间呈线性增长，即凝聚遵循 RLCA 机制（Lin et al., 1990b）。而在图 7-2 所示的 30 min 内蒙脱石和蒙脱石-胡敏酸凝聚体（分别对应于质量分数为 1%、4%和 10%的胡敏酸）的最大有效水力直径分别达到了 8347 nm、2319 nm、2018 nm 和 2175 nm。当 $Ca^{2+}$ 的浓度增加至 20 mmol/L 时，蒙脱石-胡敏酸混合胶体体系的凝聚遵循 DLCA 机制，凝聚体的有效水力直径在 30 min 内达到 5525 nm、5058 nm 和 11406 nm，分别对应于质量分

数为 1%、4%和 10%的胡敏酸。对于如此高的电解质浓度，单纯的蒙脱石胶体迅速凝聚形成较大的凝聚体而在重力作用下迅速离开检测区域。可见，少量胡敏酸的加入（1%和 4%）也会迅速地提高矿物颗粒蒙脱石的稳定性，表现在相同电解质浓度条件下，100%蒙脱石胶体所形成的凝聚体有效水力直径显著大于 99%蒙脱石+1%胡敏酸混合胶体所形成的凝聚体的有效水力直径。当胡敏酸的加入量进一步增加，由 1%增加至 4%，所形成的凝聚体的有效水力直径也有小幅度的增加。可见矿物颗粒蒙脱石的稳定性对胡敏酸非常敏感，而对胡敏酸加入量的敏感程度并不强烈。

3. 胡敏酸含量对临界聚沉浓度的影响

随着电解质浓度的增加（即阳离子浓度的增加），各体系中 30 min 内的总体平均凝聚速率（TAA）呈增加的趋势，直到达到一个最大值范围。在达到快速凝聚的转折点处对应的电解质浓度即临界聚沉浓度（CCC）（Jia et al., 2013）。

应用上述凝聚体有效水力直径随时间的增长曲线计算蒙脱石胶体和蒙脱石-胡敏酸混合胶体在不同浓度 Ca(NO$_3$)$_2$ 溶液中的 TAA，如图 7-3 所示。

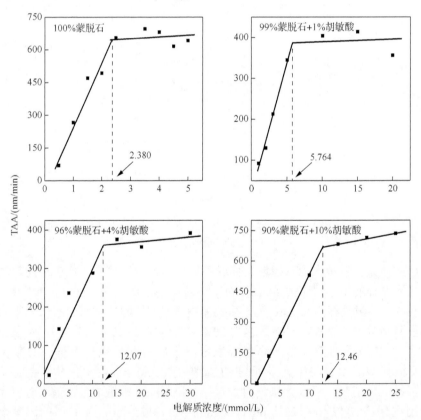

图 7-3 蒙脱石胶体和蒙脱石-胡敏酸混合胶体在 Ca(NO$_3$)$_2$ 溶液中的 TAA 随电解质浓度的变化
（转折点处对应的电解质浓度即 CCC，单位是 mmol/L）

如图 7-3 所示，在相对较低的电解质浓度条件下，随电解质浓度的增加 TAA
显著增加，而在较高的电解质浓度条件下 TAA 则增加缓慢。这就使 TAA 随电解
质浓度的变化在较低电解质浓度和较高电解质浓度下分别可以拟合成两条直线。
这两条直线的交点处对应的电解质浓度即 CCC。从图中可以看出，100%蒙脱石、
99%蒙脱石+1%胡敏酸、96%蒙脱石+4%胡敏酸和 90%蒙脱石+10%胡敏酸四种体
系中的 CCC 分别为 2.380 mmol/L（10.08）、5.764 mmol/L（6.696）、12.07 mmol/L
（0.3900）和 12.46 mmol/L Ca(NO$_3$)$_2$，括号内的数值表示 Ca(NO$_3$)$_2$ 在 90%蒙脱石+10%
胡敏酸体系中的 CCC 与其余体系的差值。可以看出，随着胡敏酸加入量的增加，
体系的稳定性增强表现在 CCC 的增加。

通过 CCC 的结果仍然可以看出，即使很少量的胡敏酸也可以大大提高蒙脱石
体系的稳定性。与蒙脱石-胡敏酸混合胶体体系相比，100%蒙脱石体系的稳定性
最差，表现为相同浓度条件下最大的 TAA 和相同电解质体系中最小的 CCC。通
过 CCC 的变化可以看出，体系稳定性对胡敏酸的加入非常敏感，即使是很少量的
胡敏酸加入（1%和 4%），也会相应地带来 CCC 显著增加。然而，进一步增加胡
敏酸的加入量，出现了非常有趣的情况：在 Ca$^{2+}$浓度较低时（1 mmol/L、3 mmol/L、
5 mmol/L），蒙脱石-胡敏酸凝聚体的有效水力直径和 TAA 均小于 4%胡敏酸加入
量的情况，但是当 Ca$^{2+}$浓度提高至 10 mmol/L 和 20 mmol/L 时，与 96%蒙脱石+4%
胡敏酸体系相比，90%蒙脱石+10%胡敏酸体系的凝聚体的有效水力直径和 TAA
均大于前者。我们推测，这样的现象可能来源于胡敏酸与二价金属离子 Ca$^{2+}$的络
合作用（Bergström, 1997）。只有当胡敏酸的含量和金属离子的含量同时达到一定
的水平，络合作用才会显著发挥作用。

根据 DLVO 理论，胶体颗粒相互作用受到长程范德华引力和静电斥力的支配。
静电斥力大小取决于颗粒附近电场强度的大小，而供试的胶体颗粒表面负电场强
度在给定温度条件下由颗粒表面电荷密度决定。由于胡敏酸表面电荷密度为
0.651 C/m$^2$，显著高于蒙脱石胶体颗粒表面电荷密度 0.114 C/m$^2$，因此，随着胡敏
酸含量的增加，颗粒间静电场增强，导致颗粒间的静电斥力增加从而不同程度地
增加体系的稳定性。

悬液中胶体颗粒的凝聚不仅受到阳离子浓度的显著影响也会受到所处环境中
电解质类型（即不同离子类型）的影响。

电解质类型对蒙脱石胶体和蒙脱石-胡敏酸混合胶体凝聚有不同程度的影响。
从图 7-4 中可以看出：在相同电解质浓度条件下，Cu$^{2+}$的聚沉能力远远大于 Mg$^{2+}$，
表现为无论是 100%蒙脱石体系还是不同质量比的蒙脱石-胡敏酸混合胶体体系在
1 mmol/L 的 Cu(NO$_3$)$_2$ 溶液中凝聚现象均显著强于 Mg(NO$_3$)$_2$ 溶液的情况，表现为
相同浓度条件下 Cu$^{2+}$体系中胶体凝聚的 TAA 均高于 Mg$^{2+}$和 Ca$^{2+}$体系，而 CCC 小
于 Mg$^{2+}$和 Ca$^{2+}$体系。还可以看到，在任何一种电解质溶液中，TAA 和 30 min 内

所形成的凝聚体最大有效水力直径均随胡敏酸加入量的增加而减小，这进一步说明胡敏酸对凝聚过程的影响。另外，值得注意的是在 0.5 mmol/L 和 1 mmol/L 的 $Cu^{2+}$ 体系中，100%蒙脱石胶体凝聚过程显著不同于蒙脱石-胡敏酸混合胶体体系；而 99%蒙脱石+1%胡敏酸、96%蒙脱石+4%胡敏酸和 90%蒙脱石+10%胡敏酸几种混合胶体的凝聚过程中有效水力直径随时间的增长曲线差异不显著，即凝聚过程变化对于胡敏酸含量不敏感。

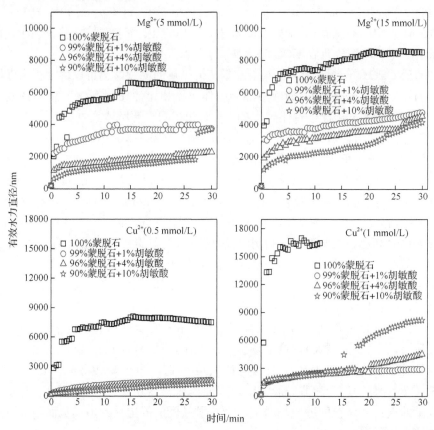

图 7-4 不同浓度 $Mg(NO_3)_2$ 和 $Cu(NO_3)_2$ 溶液中，蒙脱石胶体和蒙脱石-胡敏酸混合胶体凝聚过程中有效水力直径随时间的增长曲线

由图 7-5 可知，无论是 100%蒙脱石体系还是不同质量比的蒙脱石-胡敏酸混合胶体体系中 $Mg^{2+}$ 的 CCC 均大于 $Cu^{2+}$ 的 CCC。通过对比图 7-3 和图 7-5 可知，$Cu^{2+}$、$Ca^{2+}$ 和 $Mg^{2+}$ 在各胶体体系凝聚过程中的 CCC 遵循 $CCC(Cu^{2+}) \ll CCC(Ca^{2+}) < CCC(Mg^{2+})$ 的序列。在 99%蒙脱石+1%胡敏酸体系中，三种离子的临界聚沉浓度分别为 $CCC(Cu^{2+})$=1.998 mmol/L，$CCC(Ca^{2+})$=5.764 mmol/L，$CCC(Mg^{2+})$=10.48 mmol/L，$Cu^{2+}$ 的 CCC 仅仅是 $Ca^{2+}$ 和 $Mg^{2+}$ 的 CCC 的 0.347 倍和 0.191 倍。

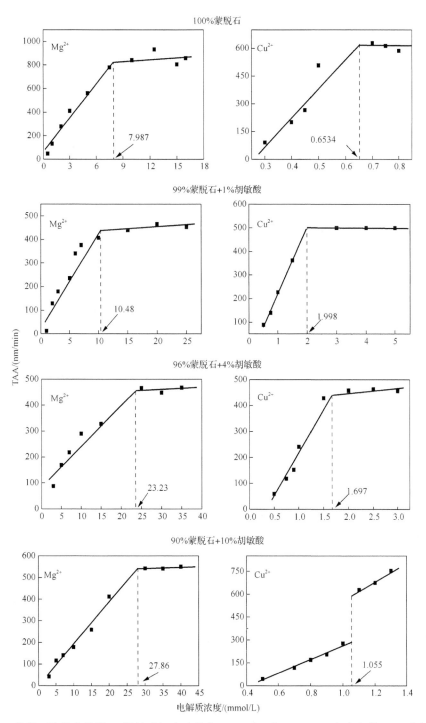

图 7-5　蒙脱石胶体和蒙脱石-胡敏酸混合胶体在 $Mg(NO_3)_2$ 和 $Cu(NO_3)_2$ 溶液中的 TAA 随电解质浓度的变化（转折点处对应的电解质浓度即 CCC，单位是 mmol/L）

## 7.2.2　土壤有机无机复合凝聚体物理稳定性的阳离子特异性效应

土壤团聚体的形成归结为两个重要过程：分散颗粒经物理化学胶结作用形成凝聚体；凝聚体在生物等作用下进一步定性定位构成土壤各层次所需的结构体。本章前面的研究内容多针对上述提到的第一个过程而展开，即土壤团聚体形成初级阶段。目前，人们普遍认为矿物与腐殖质相互作用主要受如下一些力的作用：分子力、静电力与高价离子桥键作用、氢键与化学键作用、疏水/亲水力作用等。也有研究提出土壤黏粒（黄壤胶体）和腐殖质（胡敏酸胶体）都是介观尺度的胶体分散体系，二者的复合仅仅是多价电解质（$CaCl_2$）作用下多分散胶体颗粒相互作用而发生凝聚的结果（Visser et al., 1985）。静电力、范德华力等分子间作用力的作用范围可达几十纳米，属于长程力；而氢键、共价键、离子键等则是原子或分子间的短程作用力，其中氢键的作用范围约为 0.26～0.31 nm，共价键和离子键的作用范围更小（小于 0.1 nm）。因此，正确的有机无机复合过程应该描述为：有机胶体（胡敏酸）和矿物胶体（蒙脱石）在长程作用力的支配下相互靠近，当颗粒间距离足够小时在离子与界面上短程作用力发挥作用，使颗粒的凝聚更加稳固。同时，不同的离子如金属阳离子，在界面反应中由于离子特异性效应的支配发挥不同强度的作用，使得短程作用力的作用不同，进而影响长程作用力的发挥和颗粒的相互作用。通常认为静电斥力和范德华引力受到体系中电解质浓度的影响，不同浓度的电解质对扩散双电层的压缩程度不同，造成不同强度的静电斥力，那么改变电解质浓度，双电层的压缩被恢复，在静电斥力的作用下凝聚体会被重新分散。因此，单纯依靠长程作用力而凝聚的过程是具有可逆性的凝聚过程，而离子与界面间短程作用力的发挥所带来的凝聚具有不可逆性。

通过将凝聚体置于不同浓度电解质体系中观察其有效水力直径变化可以判断凝聚体的稳定程度，用凝聚体有效水力直径定量表征凝聚过程可逆程度，定性地说明凝聚过程的支配力是长程作用力或是短程作用力。另外，本章研究中试图通过对凝聚体有效水力直径的比较判断离子特异性效应是否对凝聚体稳定性有影响。

从图 7-6 可以看出，将蒙脱石-胡敏酸凝聚体置于电解质浓度逐步降低的阳离子溶液中，凝聚体的有效水力直径逐步减小。最终凝聚体的有效水力直径仍然远远大于蒙脱石胶体单粒的有效水力直径，可见，凝聚过程具有部分可逆性，但是不完全可逆。二价金属离子引发蒙脱石和胡敏酸胶体的复合凝聚过程不仅仅是高价阳离子压缩双电层而降低静电斥力，使颗粒间依靠范德华引力凝聚在一起，在凝聚体的形成过程中还可能存在金属离子与有机质表面基团之间的短程不可逆作用。另外，由于胡敏酸是比较柔软的物质，具有较大的表面积，在凝聚过程中可以发挥一定的黏性作用，使颗粒胶结在一起不易分开，因此形成的凝聚体稳定性应该更高些。实验结果也说明了这个问题：如在 0.5 mmol/L 的 $Cu^{2+}$ 溶液中，蒙脱石凝聚体有效水力直径为 5395.3 nm，蒙脱石-胡敏酸凝聚体有效水力直径为 5165.7 nm，小于单纯蒙脱石胶体，但当将凝聚体置于 0.25 mmol/L 的 $Cu^{2+}$ 溶液中时，单纯蒙脱石凝聚体有效水力直径迅速减小为 2626.7 nm，而蒙脱石-胡敏酸凝聚体有效水力直径为 4293.9 nm，可见复合凝聚体稳定性较强。

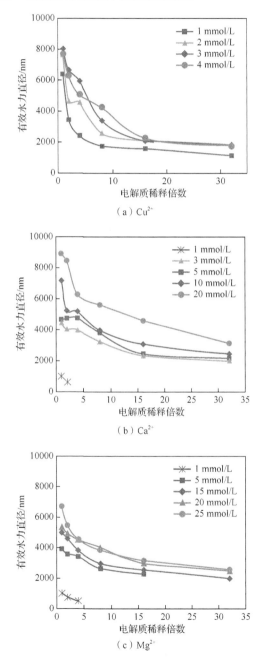

图 7-6 蒙脱石-胡敏酸凝聚体有效水力直径随电解质稀释倍数的变化

　　5 mmol/L 的三种阳离子作用下形成的凝聚体有效水力直径变化如图 7-7 所示。从图中可以看出，阳离子作用下形成的凝聚体稳定性同样受到离子特异性效应的影响。5 mmol/L 的 $Cu^{2+}$ 作用形成的凝聚体初始有效水力直径为 9384.3 nm，将其置于 2.5 mmol/L 的 $Cu^{2+}$ 溶液中，有效水力直径减小为 5093.4 nm，是初始有效水力直径的 0.543 倍；置于 1.25 mmol/L 的 $Cu^{2+}$ 溶液中，有效水力直径减小为 4796.3 nm，是初始有效水力直径的 0.511 倍；置于 0.625 mmol/L 的 $Cu^{2+}$ 溶液中，有效水力直径减小为 4413.4 nm，是初始有效水力直径的 0.470 倍；置于 0.313 mmol/L 的 $Cu^{2+}$ 溶液中，有效水力直径减小为 2884.1 nm，是初始有效水力直径的 0.307 倍。5 mmol/L 的 $Ca^{2+}$ 作用形成的凝聚体初始有效水力直径为 4431 nm，将其置于 2.5 mmol/L 的 $Ca^{2+}$ 溶液中，有效水力直径减小为 4024.2 nm，是初始有效水力直径的 0.908 倍；置于 1.25 mmol/L 的 $Ca^{2+}$ 溶液中，有效水力直径减小为 3979.9 nm，是初始有效水力直径的 0.898 倍；置于 0.625 mmol/L 的 $Ca^{2+}$ 溶液中，有效水力直径减小为 3235.5 nm，是初始有效水力直径的 0.730 倍；置于 0.313 mmol/L 的 $Ca^{2+}$ 溶液中，有效水力直径减小为 2348.1 nm，是初始有效水力直径的 0.530 倍。5mmol/L 的 $Mg^{2+}$ 作用形成的凝聚体初始有效水力直径为 3909.1 nm，将其置于 2.5 mmol/L 的 $Mg^{2+}$ 溶液中，有效水力直径减小为 3566.3 nm，是初始有效水力直径的 0.912 倍；置于 1.25 mmol/L 的 $Mg^{2+}$ 溶液中，有效水力直径减小为 3424.3 nm，是初始有效水力直径的 0.876 倍；置于 0.625 mmol/L 的 $Mg^{2+}$ 溶液中，有效水力直径减小为 2645.4 nm，是初始有效水力直径的 0.677 倍；置于 0.313 mmol/L 的 $Mg^{2+}$ 溶液中，有效水力直径减小为 2271.8 nm，是初始有效水力直径的 0.581 倍。相同浓度下，凝聚体稳定性从大到小的顺序始终是 $Mg^{2+} > Ca^{2+} > Cu^{2+}$。

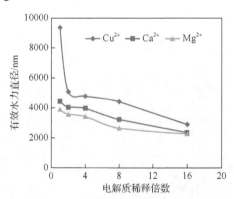

图 7-7　5 mmol/L 三种阳离子作用下形成的蒙脱石-胡敏酸凝聚体有效水力直径随电解质稀释倍数的变化

### 7.2.3　利用离子有效电荷数定量表征离子特异性效应的方法

　　蒙脱石-胡敏酸混合胶体：吸取 10 mL 蒙脱石胶体和 20 mL 胡敏酸胶体于 200 mL

容量瓶中定容，制成颗粒密度约为 0.25 g/L 的混合胶体体系，测得其 pH=7.36。用动态光散射技术测得其有效水力直径分布范围为 100~400 nm，集中分布在 193 nm。取待测蒙脱石悬液 200 μL 于散射瓶中，加超纯水和不同量电解质［NaNO₃、KNO₃、Ca(NO₃)₂ 和 Cu(NO₃)₂］，控制体系总体积恒定为 10 mL，此时颗粒密度为 0.05 g/L。所设置的电解质浓度范围分别为：NaNO₃，100~1500 mmol/L；KNO₃，100~1000 mmol/L；Ca(NO₃)₂，1~20 mmol/L；Cu(NO₃)₂，0.5~1.5 mmol/L。

### 1. 蒙脱石-胡敏酸凝聚体有效水力直径增长的离子特异性效应

蒙脱石-胡敏酸凝聚体在不同浓度的 NaNO₃、KNO₃、Ca(NO₃)₂ 和 Cu(NO₃)₂ 溶液中有效水力直径随时间的变化情况如图 7-8 所示。从有效水力直径的变化情况可以看出几种离子聚沉能力的差异，这一差异反映出离子特异性效应的存在。图 7-8 中有效水力直径增长范围从初始有效水力直径到大约 1100 nm 所需的一价离子 Na⁺ 浓度高达 1100 mmol/L，所需 K⁺ 浓度为 500 mmol/L；而有效水力直径增长范围从初始有效水力直径到大约 1200 nm 所需的二价离子 Ca²⁺ 浓度为 10 mmol/L，Cu²⁺ 仅为 0.9 mmol/L。

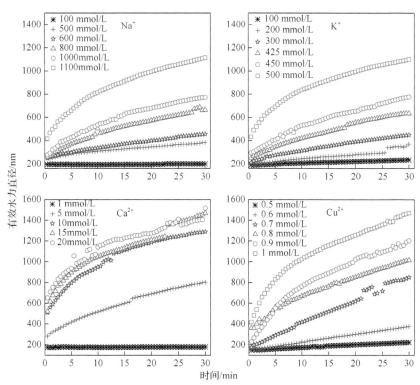

图 7-8　不同离子作用下蒙脱石-胡敏酸凝聚体有效水力直径随时间的变化

对比 500 mmol/L 的 NaNO₃、KNO₃ 和 1 mmol/L Ca(NO₃)₂、Cu(NO₃)₂ 溶液作

用下有效水力直径的增长曲线：在 500 mmol/L 的 NaNO$_3$ 溶液中，凝聚体有效水力直径随时间呈线性增长，30 min 内凝聚体最大有效水力直径达 384.6 nm。而在 500 mmol/L 的 KNO$_3$ 溶液中，凝聚体有效水力直径随时间呈幂函数增长，30 min 内凝聚体最大有效水力直径达 1102 nm；1 mmol/L 的 Ca(NO$_3$)$_2$ 溶液不会引起蒙脱石-胡敏酸混合悬液的凝聚，颗粒有效水力直径保持在 170～200 nm 范围内。但相同浓度的 Cu(NO$_3$)$_2$ 作用下却可以引发凝聚体有效水力直径随时间呈显著的幂函数增长，30 min 内凝聚体的最大有效水力直径达 1472 nm。通过对凝聚体有效水力直径的对比分析得出几种离子的聚沉能力遵循 Cu$^{2+}$>Ca$^{2+}$>K$^+$>Na$^+$的序列，且离子间存在显著的离子特异性效应。

**2. 几种离子临界聚沉浓度的离子特异性效应**

图 7-9 为 30 min 内的 TAA 和电解质浓度 $f_0$ 的关系。从图中可以看出，四种电解质的 CCC 分别为 CCC(NaNO$_3$)=1630 mmol/L，CCC(KNO$_3$)=762 mmol/L，CCC(Ca(NO$_3$)$_2$)=11.1 mmol/L，CCC(Cu(NO$_3$)$_2$)=1.04 mmol/L。其中 CCC(NaNO$_3$) 是 CCC(KNO$_3$) 的 2.14 倍，CCC(Ca(NO$_3$)$_2$) 是 CCC(Cu(NO$_3$)$_2$) 的 10.67 倍，同价离子间 CCC 的巨大差异也表现出了离子间强烈的离子特异性效应，且 CCC 遵循 Cu$^{2+}$<Ca$^{2+}$ ≪ K$^+$<Na$^+$的序列。

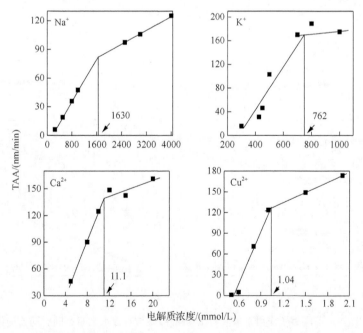

图 7-9　蒙脱石-胡敏酸凝聚体形成过程中 TAA 随电解质浓度的变化图

通过实验结果可以看出，四种离子在影响蒙脱石-胡敏酸混合胶体凝聚的过程中存在强烈的离子特异性效应，聚沉能力的离子特异性效应序列为 $Cu^{2+}>Ca^{2+}>K^+>Na^+$。诚然，离子的化合价是影响离子的聚沉能力的关键因素，根据 Schulze-Hardy 规则（Verrall et al.,1999），一价阳离子与二价阳离子临界聚沉浓度的比值应为 62.5∶1，而实验结果显示，CCC($Na^+$)∶CCC($Ca^{2+}$)=147∶1，CCC($Na^+$)∶CCC($Cu^{2+}$)=1567∶1，由此可见，单凭离子间化合价的差异并不能带来聚沉能力如此大的差异。如前所述，得益于离子特异性效应的研究进展，我们在蒙脱石-胡敏酸凝聚过程中所观测到的离子影响聚沉的差异即来源于离子特异性效应。

3. 颗粒间相互作用活化能的离子特异性效应

根据图7-9，将 TAA 与电解质浓度 $f_0$ 的变化进行拟合，可以表示为

$Na^+$：当 $f_0 < CCC$ 时，$\tilde{v}_T(f_0) = 0.05727f_0 - 10.32$，当 $f_0 = CCC$ 时，$\tilde{v}_T(f_0) = 83$ nm/min。

$K^+$：当 $f_0 < CCC$ 时，$\tilde{v}_T(f_0) = 0.374f_0 - 107.7$，当 $f_0 = CCC$ 时，$\tilde{v}_T(f_0) = 177$ nm/min。

$Ca^{2+}$：当 $f_0 < CCC$ 时，$\tilde{v}_T(f_0) = 15.72f_0 - 32.43$，当 $f_0 = CCC$ 时，$\tilde{v}_T(f_0) = 142.1$ nm/min。

$Cu^{2+}$：当 $f_0 < CCC$ 时，$\tilde{v}_T(f_0) = 232.2f_0 - 114.8$，当 $f_0 = CCC$ 时，$\tilde{v}_T(f_0) = 126.7$ nm/min。

将上述各表达式代入活化能计算方程式，可计算各体系中蒙脱石-胡敏酸混合胶体间相互作用所反应的平均活化能$\Delta E(f_0)$，具体计算式如下。

$Na^+$：$\Delta E(f_0) = -kT\ln(0.0006859f_0 - 0.1236)$。

$K^+$：$\Delta E(f_0) = -kT\ln(0.002113f_0 - 0.6085)$。

$Ca^{2+}$：$\Delta E(f_0) = -kT\ln(0.1106f_0 - 0.2282)$。

$Cu^{2+}$：$\Delta E(f_0) = -kT\ln(1.833f_0 - 0.9061)$。

蒙脱石-胡敏酸混合胶体颗粒间相互作用活化能随电解质浓度的变化如图7-10所示。可见相同电解质浓度下，$Cu^{2+}$体系中$\Delta E$最低，因此凝聚现象最强烈，对应的 CCC 最小，其次是 $Ca^{2+}$体系、$K^+$体系，$Na^+$体系活化能最高，因此其 CCC 最大。例如，1 mmol/L 的 $Ca(NO_3)_2$体系中，蒙脱石-胡敏酸混合胶体不发生凝聚，即认为$\Delta E$为无限大的数值，而同浓度的 $Cu(NO_3)_2$体系中，$\Delta E$仅为 0.0759$kT$。再对比 500 mmol/L 的 $NaNO_3$ 和 $KNO_3$ 体系中颗粒间的活化能，$Na^+$体系中$\Delta E$=1.52$kT$，$K^+$体系中$\Delta E$=0.803$kT$。

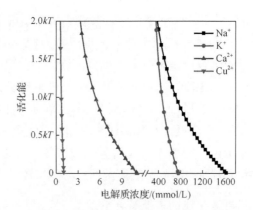

图 7-10　蒙脱石-胡敏酸混合胶体颗粒间相互作用活化能随电解质浓度的变化

### 4. 离子有效电荷数测定理论和方法

Noah-Vanhoucke 等（2009）的研究指出，液-气界面附近的连续电场会影响溶液中离子极化的敏感性，且电场往往是影响离子极化和离子分布密度的关键因素。当然，极化后离子的分布也会反过来影响电场的强度。因此，在界面处，离子的增强极化、离子分布和电场几方面共同发挥作用影响颗粒相互作用。而在固液界面处，通常电场强度在 $10^8$ V/m 以上，可想而知，此处的强电场中所发生的上述效应一定会更强烈更复杂。在经典理论中，诱导力（极化作用）与色散力（色散作用）相比要弱得多，因此在解释离子特异性效应时并未考虑诱导力。然而在 $10^8$～$10^9$ V/m 的强电场中，我们有理由质疑经典诱导力理论的有效性，原因主要是：①如果一个离子或原子发生了强烈极化，其原子核对核外电子的束缚力变弱，同时，外部强电场会增加电子所具有的能量；②带电表面所产生的静电力的力程应比单独一个离子所产生的静电力的力程长（Boroudjerdi et al., 2005），这就意味着表面上的离子或原子所受到的外电场所赋予的力的作用力程较长；③在颗粒表面附近分布着大量的反号离子，如果它们均在外界强电场中发生极化（Stellwagen et al., 2003），将反过来强烈地影响外电场的分布情况。

Liu 等（2014）从离子交换实验证实了颗粒界面附近普遍存在着强电场和离子核外电子量子涨落效应之间对的耦合作用，这种作用导致离子发生强烈的非经典极化，它所产生的非经典诱导力强度可以高达经典诱导力的 $10^4$ 倍，且可与库仑力相当。根据 Liu 等（2014）的理论，造成离子特异性效应的最重要的力并不是那些经典力：库仑力、色散力、离子大小和水合作用等。但库仑力、色散力、离子大小和水合作用等经典作用力可以通过复杂纠缠决定不同离子在界面附近的分布，从而影响不同离子的诱导力强度。

　　根据 Gauss 定理，已知蒙脱石的表面电荷数量和比表面积可以计算得到其表面附近电场可高达 $1.61 \times 10^8$ V/m（Liu et al., 2014; Tian et al., 2014; Li et al., 2013），而通过前面介绍可知胡敏酸具有更大数量的表面负电荷和电荷密度，因此蒙脱石-胡敏酸混合胶体的表面附近存在很强的负电场。根据 Liu 等（2014）的理论，在如此强的电场中，被吸附的反号离子定会发生极化作用。

　　非经典极化的结果将导致离子在界面附近受到的库仑力远远超过离子电荷所能产生的库仑力，这体现在离子的有效电荷将远大于离子的实际电荷。因此我们用 $\beta$ 表示极化后的阳离子的有效电荷系数，用有效电荷系数与离子原本电荷数的乘积 $Z_{\text{effective}} = \beta Z (\beta \geqslant 1)$ 表示有效电荷数。用 $Z_{\text{effective}}$ 代替原本的电荷数 $Z$ 来表示阳离子由于受到非经典极化作用的影响所表现出来的有效电荷的改变。由于离子的非经典极化，颗粒表面的双电层的厚度$(1/\kappa)$和表面附近的电场强度都将降低。离子的极化作用屏蔽电场降低双电层厚度示意图如图 7-11 所示。外层电子层壳厚的离子一般电子云构造较柔软，极化能力强，极化效应在电场中被显著放大，即非经典极化作用强。如图中下方所示核外电子排布柔软的离子，在电场中发生非经典极化作用后，离子发生强烈形变，正电荷端更加靠近颗粒表面，因此对表面负电荷的中和能力强，屏蔽表面电场的作用强，进而使双电层厚度被显著压缩，因此对颗粒的聚沉能力强。供试几种离子的电子层构造分别为 $Na^+$—$1s^22s^22p^6$，$K^+$—$1s^22s^22p^63s^23p^6$，$Ca^{2+}$—$1s^22s^22p^63s^23p^6$，$Cu^{2+}$—$1s^22s^22p^63s^23p^63d^9$。由此推断离子在电场中极化作用由强到弱的顺序应为 $Cu^{2+} > Ca^{2+} > K^+ > Na^+$。

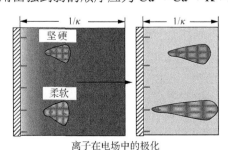

离子在电场中的极化

图 7-11　离子的极化作用屏蔽电场降低双电层厚度示意图

　　对于络合作用强烈的 $Cu^{2+}$，它与胡敏酸之间强烈的络合作用也是造成 $Cu^{2+}$ 的离子特异性效应的原因，络合和离子在电场中的极化共同作用（Logan et al., 1997）使 $Cu^{2+}$ 表现出非常强烈的聚沉能力和强的离子特异性效应，这两种作用均通过有效电荷来体现。

　　离子有效电荷系数 $\beta$ 的获得：我们根据已有的经典理论（即不考虑离子极化作用）可以测定并计算得到颗粒的表面电位，用 $\varphi_{0(\text{classic})}$ 表示。同时，基于光散射技术所获得的 CCC 可以间接计算得到考虑了离子非经典极化后的颗粒表面电位, 用 $\varphi_{0(polar)}$ 表示。因此在 CCC 条件下, 有 $\beta ZF\varphi_{0(polar)} = ZF\varphi_{0(classic)}$, 即 $\beta = \varphi_{0(classic)}/\varphi_{0(polar)}$。

测定并计算 $\varphi_{0(polar)}$: 根据 DLVO 理论 (胡纪华等, 1997), 胶体颗粒的分散与凝聚所受到的支配力为范德华引力和双电层重叠所产生的静电斥力, 当静电斥力大于范德华引力时, 胶体悬液处于分散的稳定状态, 在这种情况下, 只有施加一个外部压力在颗粒上, 才会拉近颗粒间的距离使其变得更近。假设所施加的外部压力为 $P_{ext}$, 其大小等于颗粒所受到的净合力, 同时, 假设两个相邻颗粒间的距离为 $\lambda$, 则有

$$P_{ext}(\lambda) = P_{EDL}(\lambda) - P_{vdW}(\lambda) \tag{7-2}$$

式中, $P_{EDL}$ 为静电斥力; $P_{vdW}$ 为范德华引力。该方程适用于两个颗粒的表面之间的距离为大于 1.5 nm 的情况, 因为水合斥力的存在使得稳定的悬液中颗粒间始终保持 1.5 nm 的距离 (Ducker et al., 1992)。静电斥力和范德华引力的计算方法参见式 (5-5) ~式 (5-7)。

计算中蒙脱石的有效 Hamaker 常数约为 $2.55 \times 10^{-20}$ J (Li et al., 2009), 胡敏酸的有效 Hamaker 常数约为 $10 \times 10^{-20}$ J (Amal et al., 1990)。因此本章计算中近似取 50%蒙脱石-50%胡敏酸混合颗粒的平均有效 Hamaker 常数为 $(0.5 \times 2.55 \times 10^{-20}) + (0.5 \times 10 \times 10^{-20}) = 6.28 \times 10^{-20}$ J。

根据 $P_{ext}(\lambda) = P_{EDL}(\lambda) - P_{vdW}(\lambda)$, 可以得到 $P_{ext}(\lambda)$-$\lambda$ 曲线, 如图 7-12 所示, 于是颗粒相互作用中对应的排斥势垒可以表示为式 (5-9) 的形式。

根据 5.2.3 节中有关 Einstein 方程的分析, 当 $f_0 = $ CCC 时, 有下式:

$$\Delta P = 2.456 \times 10^{14} (b-a) \int_a^b P(\lambda) \mathrm{d}\lambda = 0.5kT \tag{7-3}$$

对于蒙脱石-胡敏酸混合悬液, 几种电解质的 CCC 分别为 CCC(NaNO$_3$)= 1.63 mol/L、CCC(KNO$_3$)=0.762 mol/L、CCC(Ca(NO$_3$)$_2$)=0.0111 mol/L、CCC(Cu(NO$_3$)$_2$)= 0.00104 mol/L, 对应的离子活度 $a_0$ 分别为 1.50 mol/L、0.576 mol/L、0.00563 mol/L、0.000815 mol/L。

以 NaNO$_3$ 体系为例来计算 $P_{ext}(\lambda)$ 和 $\Delta P$。

当离子活度 $a_0$=1.50 mol/L 时, 任意给定一个表面电位 $\varphi_0$ 计算得到 $P_{ext}(\lambda)$, 图 7-12 为 $P_{ext}(\lambda)$-$\lambda$ 曲线。再通过方程式 (7-3) 计算该表面电位条件下对应的排斥势垒 $\Delta P$, 再设置一系列的表面电位数值 (−66~−62 mV), 并获得不同表面电位对应的 $\Delta P$, 二者关系如图 7-13 所示。从图中可以找出在 1.63 mol/L 的 NaNO$_3$ 溶液中, $\Delta P$=0.5$kT$ 所对应的表面电位 $\varphi_0$=−63.8 mV。

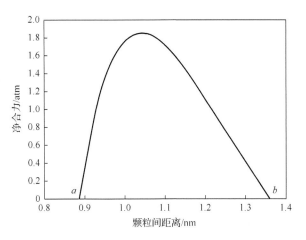

图 7-12　在 $f_0(Na^+)$ = CCC 的　NaNO₃ 溶液中蒙脱石-胡敏酸混合胶体颗粒间净合力 $P_{ext}(\lambda)$ 和颗粒间距离 $\lambda$ 之间的关系

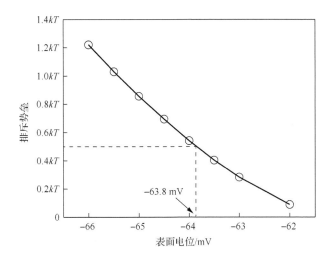

图 7-13　在 $a_0$ = 1.50 mol/L（CCC = 1.63 mol/L）NaNO₃ 溶液中蒙脱石-胡敏酸混合胶体颗粒间排斥势垒 $\Delta P$ 和表面电位 $\varphi_0$ 之间的关系

　　同样地，KNO₃、Ca(NO₃)₂ 和 Cu(NO₃)₂ 溶液中颗粒间排斥势垒 $\Delta P$ 和表面电位 $\varphi_0$ 之间的关系也可以获得。如图 7-14～图 7-16 所示，当电解质浓度等于 CCC 时，$\Delta P$=0.5$kT$ 所对应的表面电位分别为：KNO₃ 体系中，$\varphi_0$=-56.5 mV；Ca(NO₃)₂ 体系中，$\varphi_0$=-50.8 mV；Cu(NO₃)₂ 体系中，$\varphi_0$=-42.0 mV。此时蒙脱石-胡敏酸颗粒相互碰撞的瞬间净排斥势垒与颗粒的平均动能相等。

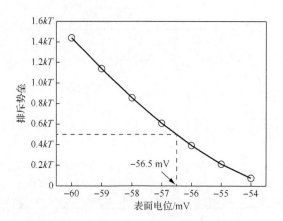

图 7-14　在 $a_0 = 0.576$ mol/L（CCC $= 0.762$ mol/L）KNO$_3$ 溶液中蒙脱石-胡敏酸混合胶体颗粒间排斥势垒$\Delta P$ 和表面电位 $\varphi_0$ 之间的关系

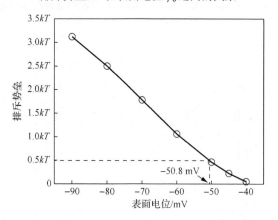

图 7-15　在 $a_0 = 0.00563$ mol/L（CCC $= 0.0111$ mol/L）Ca(NO$_3$)$_2$ 溶液中蒙脱石-胡敏酸混合胶体颗粒间排斥势垒$\Delta P$ 和表面电位 $\varphi_0$ 之间的关系

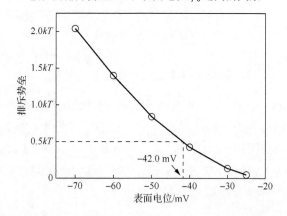

图 7-16　在 $a_0 = 0.000815$ mol/L（CCC $= 0.00104$ mol/L）Cu(NO$_3$)$_2$ 溶液中蒙脱石-胡敏酸混合胶体颗粒间排斥势垒$\Delta P$ 和表面电位 $\varphi_0$ 之间的关系

测定并计算 $\varphi_{0(classic)}$：根据 Li 等（2004）的研究，对于 1：1 对称电解质体系，可以通过下面的公式得到表面电位：

$$\varphi_0 = -\frac{2RT}{ZF}\ln\left(\frac{1-a}{1+a}\right) \tag{7-4}$$

式中，$Z$ 是吸附在表面的阳离子的化合价。

$$\frac{\overline{f}}{a_0} = 1 + \frac{4}{1+a} - \frac{4}{1+e^{-1}a} \tag{7-5}$$

式中，$\overline{f}$ 为达到吸附平衡后离子在双电层中的平均浓度，可通过下式获得：

$$\overline{f} = \frac{N_\infty}{V} = \frac{CEC}{s \cdot \frac{1}{\kappa}} = \frac{\kappa \cdot CEC}{s} \tag{7-6}$$

其中，$\kappa$ 为 Debye-Hückel 常数（$dm^{-1}$），计算公式为

$$\kappa = \sqrt{\frac{8\pi F^2\left(\frac{1}{2}\sum Z^2 a_0\right)}{\varepsilon RT}} \tag{7-7}$$

$\varepsilon$ 为介电常数，在水溶液中 $\varepsilon = 8.9\times10^{-10}\ C^2/(J\cdot dm)$；$a_0$ 为溶液中的离子活度。

通过上面的一系列计算得到在 $a_0=1.50\ mol/L$（CCC=1.63 mol/L）的 $NaNO_3$ 溶液中蒙脱石-胡敏酸混合胶体颗粒表面电位 $\varphi_{0(classic)}=-93.2\ mV$；在 $a_0=0.576\ mol/L$（CCC=0.762 mol/L）的 $KNO_3$ 溶液中蒙脱石-胡敏酸混合胶体颗粒表面电位 $\varphi_{0(classic)}=-105\ mV$。

对于 2：1 型 $Ca(NO_3)_2$ 和 $Cu(NO_3)_2$ 电解质体系，表面电位计算公式为（Li et al.,2004）

$$\frac{\overline{c}}{a_0} = 1 - \frac{3(2+\sqrt{3})}{e^{2g+1}-(2+\sqrt{3})} + \frac{3(2+\sqrt{3})}{e^{2g}-(2+\sqrt{3})} - \frac{3(2-\sqrt{3})}{e^{2g+1}-(2-\sqrt{3})} + \frac{3(2-\sqrt{3})}{e^{2g+1}-(2-\sqrt{3})} \tag{7-8}$$

其中

$$g = \tanh^{-1}\sqrt{\frac{1}{3}\left[1+2\exp\left(\frac{F\varphi_0}{RT}\right)\right]} \tag{7-9}$$

化简后得

$$\varphi_0 \approx \frac{RT}{2F}\ln\left[3\left(\frac{a_0}{c}\right)^2\right] \tag{7-10}$$

由此得到在 $a_0 = 0.00563\ mol/L$（CCC = 0.0111 mol/L）$Ca(NO_3)_2$ 溶液中蒙脱石-胡敏酸混合胶体颗粒表面电位 $\varphi_{0(classic)}=-99.7\ mV$；在 $a_0=0.000815\ mol/L$（CCC = 0.00104 mol/L）$Cu(NO_3)_2$ 溶液中蒙脱石-胡敏酸混合胶体颗粒表面电位 $\varphi_{0(classic)}=-136\ mV$。

几种阳离子在蒙脱石-胡敏酸混合胶体颗粒的凝聚过程中所表现出的有效电荷系数和有效电荷数的结果列于表 7-2 中：有效电荷数 $Z_{Na(effective)}$=1.46<$Z_{K(effective)}$=1.86<$Z_{Ca(effective)}$=3.92<$Z_{Cu(effective)}$=6.48。可见有效电荷数随着阳离子外层电子层数的增加而增加，即有效电荷系数也随着电子层数的增加而增加。这主要是因为离子的电子层数多，原子核对核外电子的静电束缚力下降，离子的量子涨落效应增强，当离子分布于强电场中时，就会最终使"电场-量子涨落"耦合效应增强，使离子极化作用加剧，这种非经典极化作用强的离子在界面附近受到的库仑力超过极化作用稍弱的离子，因此体现在离子的有效电荷数量上的差异就是电子层数越多的离子，其有效电荷增加越多。对于电子层数相同的离子，二价阳离子的有效电荷数大于一价离子。原因是：二价离子较一价离子在电场中的极化作用显著，更容易靠近颗粒的表面以屏蔽电场，因此聚沉能力强，表现出较大的有效电荷数，因此离子特异性效应强。综上，电场强度、离子电荷数、离子极化等因素交织在一起，共同决定哪些离子更易于接近颗粒表面，进而引起界面上的离子特异性效应。

表 7-2　蒙脱石-胡敏酸混合胶体颗粒凝聚过程中几种阳离子的有效电荷系数 $\beta$ 与有效电荷数

| 离子种类 | $\varphi_{0(classic)}$/mV （CCC 时） | $\varphi_{0(polar)}$/mV （CCC 时） | $\beta_i$ （$\varphi_{0(classic)}/\varphi_{0(polar)}$） | 有效电荷数 （$Z_{effective}=\beta_i \times Z_i$） |
|---|---|---|---|---|
| $Na^+$ | −93.2 | −63.8 | 1.46 | 1.46 |
| $K^+$ | −105 | −56.5 | 1.86 | 1.86 |
| $Ca^{2+}$ | −99.7 | −50.8 | 1.96 | 3.92 |
| $Cu^{2+}$ | −136 | −42.0 | 3.24 | 6.48 |

另外，我们还发现，在胶体颗粒凝聚研究中计算得到的 $Ca^{2+}$ 的有效电荷数与在离子交换平衡研究中获得的 $Ca^{2+}$ 有效电荷数基本一致。Liu 等（2013b）进一步验证了离子在强电场中的极化效应是离子特异性效应的来源。

离子有效电荷系数和绝对有效电荷准确地定量表达了颗粒凝聚过程中的离子特异性效应的强度。这一计算方法为进一步准确定量表达其他领域中的离子特异性效应强度、探索离子特异性效应的本质来源提供了基础。

## 7.3　土壤有机无机复合过程中的阴离子特异性效应

### 7.3.1　土壤有机无机复合体凝聚前后体系 pH 的变化

由于磷酸盐在溶液中的形态有着强烈的 pH 依存性。为明确不同磷酸根离子在凝聚实验过程中的存在形态，测定了三种胶体悬液在不同电解质离子强度下的体系 pH（表 7-3、表 7-4）。

表 7-3　蒙脱石及蒙脱石-胡敏酸混合胶体体系在不同 $K_2HPO_4$ 浓度条件下的 pH

| 离子强度/(mmol/L) | 99%蒙脱石+1%胡敏酸 | | 96%蒙脱石+4%胡敏酸 | | 100%蒙脱石 | |
|---|---|---|---|---|---|---|
| | 凝聚初期 | 1 h 后 | 凝聚初期 | 1 h 后 | 凝聚初期 | 1 h 后 |
| 30 | 9.50 | 9.31 | 9.47 | 9.29 | 9.57 | 9.40 |
| 150 | 9.61 | 9.53 | 9.64 | 9.53 | 9.64 | 9.49 |
| 240 | 9.57 | 9.55 | 9.61 | 9.50 | 9.62 | 9.55 |
| 300 | 9.60 | 9.55 | 9.59 | 9.57 | 9.59 | 9.55 |
| 390 | 9.60 | 9.54 | 9.57 | 9.57 | 9.58 | 9.56 |
| 450 | 9.61 | 9.53 | 9.54 | 9.55 | 9.56 | 9.52 |
| 540 | 9.58 | 9.50 | 9.50 | 9.54 | 9.55 | 9.52 |
| 600 | 9.56 | 9.50 | 9.50 | 9.52 | 9.57 | 9.54 |

表 7-4　蒙脱石及蒙脱石-胡敏酸混合胶体体系在不同 $KH_2PO_4$ 浓度条件下的 pH

| 离子强度/(mmol/L) | 99%蒙脱石+1%胡敏酸 | | 96%蒙脱石+4%胡敏酸 | | 100%蒙脱石 | |
|---|---|---|---|---|---|---|
| | 凝聚初期 | 1 h 后 | 凝聚初期 | 1 h 后 | 凝聚初期 | 1 h 后 |
| 50 | 4.42 | 4.46 | 4.44 | 4.46 | 4.45 | 4.48 |
| 70 | 4.39 | 4.41 | 4.44 | 4.42 | 4.41 | 4.43 |
| 100 | 4.36 | 4.36 | 4.36 | 4.38 | 4.36 | 4.38 |
| 120 | 4.34 | 4.34 | 4.34 | 4.35 | 4.34 | 4.36 |
| 150 | 4.32 | 4.32 | 4.33 | 4.33 | 4.33 | 4.34 |
| 180 | 4.30 | 4.30 | 4.30 | 4.31 | 4.30 | 4.31 |
| 200 | 4.29 | 4.29 | 4.30 | 4.30 | 4.30 | 4.30 |
| 250 | 4.26 | 4.26 | 4.27 | 4.27 | 4.27 | 4.27 |
| 270 | 4.25 | 4.25 | 4.25 | 4.26 | 4.25 | 4.26 |

可以看出，在 $K_2HPO_4$ 各体系中（表 7-3），无论是在不同胶体样品中还是在不同的离子强度条件下，体系的 pH 变化幅度较小，变化范围为 9.29~9.64，凝聚发生 1 h 后体系的 pH 较凝聚初期略降低；在 $KH_2PO_4$ 各体系中（表 7-4），不同条件下 pH 变化范围为 4.25~4.48，凝聚发生 1 h 后与凝聚初始阶段的 pH 相差很小。通常情况下，土壤溶液中 $HPO_4^{2-}$，$H_2PO_4^-$ 两者是共存的，只有在特定 pH 条件下才有可能以 $HPO_4^{2-}$（pH=4.7）或 $H_2PO_4^-$（pH=9.7）某一种形式的最高含量比例而存在。在本章中，凝聚实验进行的 pH 范围与该特定 pH 相近，因此认为 $HPO_4^{2-}$ 和 $H_2PO_4^-$ 在凝聚实验中均可保持其加入时的形态且以优势的含量比例存在，从而对凝聚过程产生影响。

## 7.3.2　土壤有机无机复合体凝聚动力学过程的阴离子特异性效应

动态光散射技术测定有效水力直径的过程中只有散射光强维持在一个稳定常数，测定结果才可反映出体系的真实情况，因此根据散射过程中散射光强的稳定时间选择监测时间为 60 min。如图 7-17 所示，未添加磷酸盐的对照处理在监测

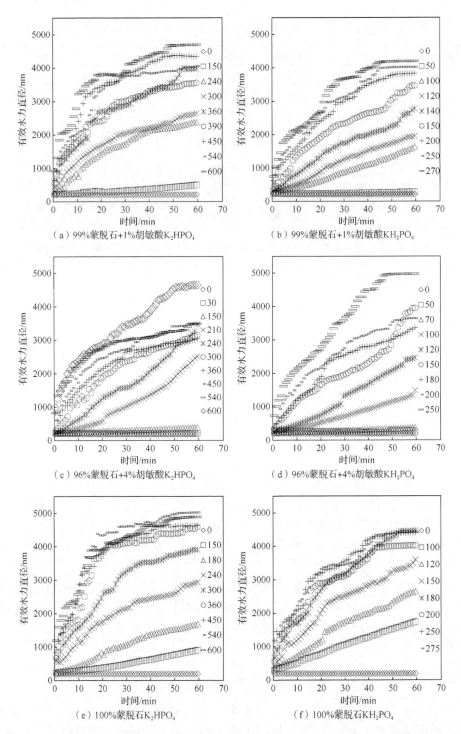

图 7-17 不同离子强度 $HPO_4^{2-}$ 和 $H_2PO_4^{-}$ 引发胶体凝聚过程中有效水力直径随时间的变化

的 60 min 内有效水力直径保持稳定，均未发生凝聚现象。加入两种电解质溶液后，蒙脱石-胡敏酸混合胶体发生了不同程度的凝聚，且随凝聚时间的延长凝聚体有效水力直径逐渐增大。随着离子强度的升高，蒙脱石-胡敏酸混合胶体的凝聚模式均表现出相似的规律，即在离子强度较低时，凝聚体的有效水力直径随时间呈线性增长；而当离子强度梯度达到某一阈值时，凝聚体的有效水力直径随时间呈幂函数增长，凝聚体有效水力直径在前期快速增长而后增速缓慢或保持稳定。

### 1. 凝聚体有效水力直径

$HPO_4^{2-}$ 和 $H_2PO_4^-$ 对凝聚体有效水力直径的影响具有很大差异。例如，在离子强度为 150 mmol/L 时，在 99%蒙脱石+1%胡敏酸体系中，$K_2HPO_4$ 溶液中凝聚体有效水力直径随时间呈线性增长，而 $KH_2PO_4$ 溶液中凝聚体已达到幂函数增长阶段；$KH_2PO_4$ 体系中凝聚体有效水力直径是 $K_2HPO_4$ 体系的 6.83 倍。在 96%蒙脱石+4%胡敏酸和 100%蒙脱石体系中也表现出相似的规律。这说明在相同电解质离子强度下，$H_2PO_4^-$ 对蒙脱石-胡敏酸混合胶体颗粒凝聚的作用强度要高于 $HPO_4^{2-}$。此外，胡敏酸的加入也能明显改变了胶体颗粒的凝聚动态。在相同的电解质离子强度下，100%蒙脱石胶体颗粒所形成的凝聚体有效水力直径显著大于有胡敏酸加入的混合胶体颗粒所形成的凝聚体的有效水力直径。

### 2. 总体平均凝聚速率和临界聚沉离子强度

为进一步将 $HPO_4^{2-}$ 和 $H_2PO_4^-$ 对蒙脱石-胡敏酸混合胶体凝聚的影响定量化，计算了监测 60 min 内的蒙脱石-胡敏酸混合胶体的 TAA 随电解质离子强度变化的关系，如图 7-18 所示。可以看出，TAA 在较低离子强度背景下随离子强度增加呈线性增长，而当离子强度达到某一阈值后，TAA 的增长速度明显变缓。在较低离子强度时，$HPO_4^{2-}$ 和 $H_2PO_4^-$ 两种体系中，胶体凝聚拟合直线的斜率分别为 0.58 和 1.06，即 TAA 随电解质离子强度增长的敏感性均表现为 $H_2PO_4^- > HPO_4^{2-}$。此外，在相同离子强度条件下，两种伴随阴离子作用下 TAA 表现为 $H_2PO_4^- > HPO_4^{2-}$（图 7-18），说明两种伴随阴离子对胶体颗粒的聚沉能力为 $H_2PO_4^- > HPO_4^{2-}$。

在 $HPO_4^{2-}$ 和 $H_2PO_4^-$ 电解质中，不同比例蒙脱石-胡敏酸混合胶体颗粒的 TAA 呈现出不同的响应模式。在相同离子强度的 $HPO_4^{2-}$ 电解质中，以 100%蒙脱石 TAA 最大，99%蒙脱石+1%胡敏酸次之，96%蒙脱石+4%胡敏酸最小，也就是随着胡敏酸比例的增加，胶体颗粒的 TAA 逐渐降低。而在相同离子强度的 $H_2PO_4^-$ 电解质中，胶体颗粒的 TAA 受胡敏酸加入比例的影响不明显。可见，随着胡敏酸加入量的增加，会不断降低 $HPO_4^{2-}$ 体系中胶体颗粒的凝聚能力；而 $H_2PO_4^-$ 体系中，蒙脱石-胡敏酸混合胶体颗粒的凝聚则对胡敏酸加入与否并不敏感。

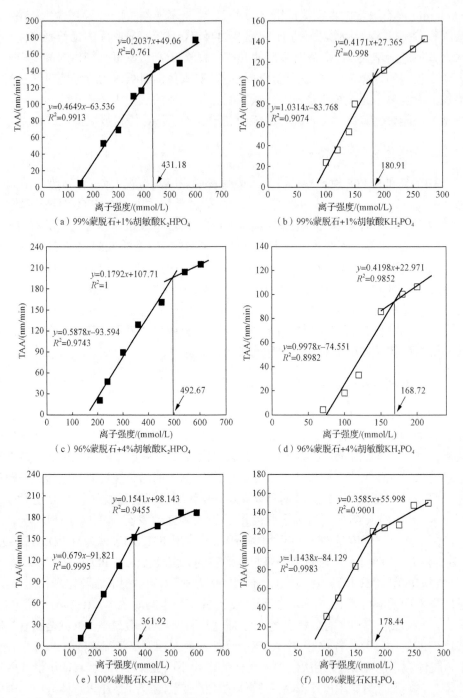

图 7-18　蒙脱石-胡敏酸混合胶体的 TAA 随电解质离子强度变化的关系

胶体快速凝聚与慢速凝聚之间的转折点所对应的电解质离子强度即该体系的

临界聚沉离子强度（critical coagulation ionic strength，CCIS）（唐嘉等，2020）。由图 7-18 可知，$HPO_4^{2-}$ 的 CCIS 显著高于 $H_2PO_4^-$，$CCIS(HPO_4^{2-})$ 平均为 $CCIS(H_2PO_4^-)$ 的 2.43 倍。此外，不同比例的蒙脱石-胡敏酸组合也会对胶体颗粒凝聚过程的 CCIS 产生影响，且影响的程度视不同阴离子而异。在 $HPO_4^{2-}$ 电解质中，胶体颗粒凝聚过程的 CCIS 遵循 96%蒙脱石+4%胡敏酸>99%蒙脱石+1%胡敏酸>100%蒙脱石的序列，其中 CCIS（96%蒙脱石+4%胡敏酸）分别为 CCIS（99%蒙脱石+1%胡敏酸）和 CCIS（100%蒙脱石）的 1.14 倍和 1.36 倍；在 $H_2PO_4^-$ 电解质中，不同胡敏酸加入比例未对 CCIS 产生明显影响，均分布在 168~181 mmol/L。通过 CCIS 可以看出，即使很少量的胡敏酸加入也可以显著降低 $HPO_4^{2-}$ 体系中胶体颗粒的凝聚能力，这与 $H_2PO_4^-$ 体系中的结果截然不同。

### 7.3.3　土壤有机无机复合体相互作用活化能的阴离子特异性效应

#### 1. 蒙脱石-胡敏酸混合胶体相互作用活化能

活化能被认为是表征离子与胶体颗粒作用引发胶体悬液稳定性改变的重要参数（Rowe，2001），因此可以用活化能定量表征蒙脱石-胡敏酸颗粒相互作用中的离子特异性效应的强度。

如图 7-18 所示，可以得到蒙脱石-胡敏酸混合胶体的 TAA 与电解质离子强度 $I$ 的关系式。

在 99%蒙脱石+1%胡敏酸体系中，有

$HPO_4^{2-}$：当 $I < CCIS$ 时，$\tilde{v}_T(I) = 0.4649I - 63.536$；当 $I = CCIS$ 时，$\tilde{v}_T(I) = 136.92$ nm/min。

$H_2PO_4^-$：当 $I < CCIS$ 时，$\tilde{v}_T(I) = 1.0314I - 83.768$；当 $I = CCIS$ 时，$\tilde{v}_T(I) = 102.82$ nm/min。

在 96%蒙脱石+4%胡敏酸体系中，有

$HPO_4^{2-}$：当 $I < CCIS$ 时，$\tilde{v}_T(I) = 0.5878I - 93.594$；当 $I = CCIS$ 时，$\tilde{v}_T(I) = 196.00$ nm/min。

$H_2PO_4^-$：当 $I < CCIS$ 时，$\tilde{v}_T(I) = 0.9978I - 74.551$；当 $I = CCIS$ 时，$\tilde{v}_T(I) = 93.80$ nm/min。

在 100%蒙脱石体系中，有

$HPO_4^{2-}$：当 $I < CCIS$ 时，$\tilde{v}_T(I) = 0.679I - 91.821$；当 $I = CCIS$ 时，$\tilde{v}_T(I) = 153.92$ nm/min。

$H_2PO_4^-$：当 $I < CCIS$ 时，$\tilde{v}_T(I) = 1.1438I - 84.129$；当 $I = CCIS$ 时，$\tilde{v}_T(I) = 119.97$ nm/min。

将上述各表达式代入活化能方程式，可计算在两种伴随阴离子影响下，各体系中蒙脱石-胡敏酸混合胶体间相互作用所反应的平均活化能 $\Delta E(I)$。

在 99%蒙脱石+1%胡敏酸体系中，有

$\mathrm{HPO_4^{2-}}$：$\Delta E(I)=-kT\ln(0.0034I-0.4640)$。$\mathrm{H_2PO_4^-}$：$\Delta E(I)=-kT\ln(0.0100I-0.8147)$。

在 96%蒙脱石+4%胡敏酸体系中，有

$\mathrm{HPO_4^{2-}}$：$\Delta E(I)=-kT\ln(0.0030I-0.4775)$。$\mathrm{H_2PO_4^-}$：$\Delta E(I)=-kT\ln(0.0106I-0.7948)$。

在 100%蒙脱石体系中，有

$\mathrm{HPO_4^{2-}}$：$\Delta E(I)=-kT\ln(0.0044I-0.5966)$。$\mathrm{H_2PO_4^-}$：$\Delta E(I)=-kT\ln(0.0095I-0.7013)$。

$\mathrm{HPO_4^{2-}}$ 和 $\mathrm{H_2PO_4^-}$ 离子体系中胶体相互作用的活化能如图 7-19（a）所示。可以看出，所有处理中胶体颗粒间相互作用活化能均随离子强度的增加而不断降低。在较低离子强度范围内，活化能下降趋势尤为明显。不同种类的伴随阴离子会对颗粒相互作用活化能产生很大影响：在相同离子强度条件下，$\mathrm{H_2PO_4^-}$ 体系中颗粒间活化能显著低于 $\mathrm{HPO_4^{2-}}$ 体系。例如，在 99%蒙脱石+1%胡敏酸体系中，离子强度为 150 mmol/L 时，添加 $\mathrm{H_2PO_4^-}$ 离子后胶体颗粒间的活化能为 $0.37kT$，而添加 $\mathrm{HPO_4^{2-}}$ 离子后胶体颗粒间的活化能为 $3.40kT$。在该离子强度下，大部分胶体颗粒在 $\mathrm{HPO_4^{2-}}$ 体系中处于分散状态（图 7-17），活化能较大导致胶体很难靠近而产生凝聚。此外，在 $\mathrm{HPO_4^{2-}}$ 电解质中，胶体颗粒间活化能表现为 96%蒙脱石+4%胡敏酸>99%蒙脱石+1%胡敏酸>100%蒙脱石；而在 $\mathrm{H_2PO_4^-}$ 电解质中，胶体颗粒间活化能仍不受胡敏酸加入比例的影响。

离子特异性效应的强弱可以用活化能的差值来表征，如图 7-19（b）所示（高晓丹等，2018）。凝聚过程中 $\mathrm{HPO_4^{2-}}$ 离子和 $\mathrm{H_2PO_4^-}$ 离子作用下所产生的胶体颗粒间的活化能差值随离子强度的增加而不断降低，并且 $\mathrm{HPO_4^{2-}}$ 离子和 $\mathrm{H_2PO_4^-}$ 离子所产生的活化能差值在不同比例蒙脱石-胡敏酸体系中表现为 96%蒙脱石+4%胡敏酸 ≫ 99%蒙脱石+1%胡敏酸>100%蒙脱石。

土壤胶体间的凝聚通常以 DLVO 理论和双电层理论为基础，即范德华引力和扩散双电层排斥力的合力决定胶体的凝聚与分散（Derjaguin, 1941）。胶体悬液中离子强度、化合价、带电性等会通过改变双电层排斥力而影响到胶体的凝聚/分散。研究结果表明胶体颗粒凝聚行为随电解质离子强度的增加而不断增强，这是因为在较低离子强度背景电解质下，双电层压缩程度较小，颗粒周围的电场强度较大，导致颗粒间所受的静电斥力较强，颗粒有效碰撞概率偏小（朱华玲等，2009）。不同离子强度电解质引发胶体颗粒产生的两种截然不同的凝聚模式（线性增长和幂函数增长）是由不同的凝聚机制主导的，这符合 Lin 等（1989）提出的凝聚体普适性增长规律。在较低电解质离子强度时，RLCA 机制占主导；而在较高电解质离子强度时，其凝聚机制可能为 DLCA 机制（高晓丹等，2018; Lin et al., 1989）。此外，当 $\mathrm{HPO_4^{2-}}$ 和 $\mathrm{H_2PO_4^-}$ 离子强度增加到一定值后，胶体颗粒凝聚动态差异不大，这表明离子强度达到某一阈值后，凝聚体粒径增长不再受电解质离子强度的影响（朱华玲等, 2009）。

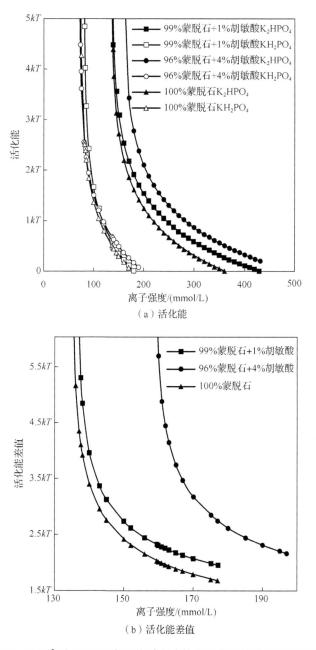

（a）活化能

（b）活化能差值

图 7-19　HPO$_4^{2-}$ 和 H$_2$PO$_4^-$ 离子体系中胶体相互作用的活化能及其差值

蒙脱石-胡敏酸混合胶体体系凝聚过程中存在明显的 HPO$_4^{2-}$ 和 H$_2$PO$_4^-$ 离子特异

性效应。通常，蒙脱石（恒电荷矿物）表面带有大量的负电荷，表面附近形成强烈的负电场。通常认为，溶液中的伴随阴离子因受到较强的静电斥力而无法进入双电层（傅强等，2016）。然而，本章结果显示不同阴离子在胶体颗粒的凝聚过程中对有效水力直径增长速率产生较大影响，说明胶体凝聚过程中确实存在伴随阴离子特异性效应。由于供试电解质均为钾盐，所以 CCIS 如此大的差异必然是由阴离子的不同造成的，即反映出阴离子特异性效应的存在（傅强等，2016）。从胶体凝聚的 TAA 和 CCIS 可以看出，胶体颗粒在 $HPO_4^{2-}$ 体系中分散性强于 $H_2PO_4^-$ 体系，更难凝聚，且胶体颗粒的凝聚对 $H_2PO_4^-$ 体系离子强度的变化敏感度要高于 $HPO_4^{2-}$ 体系，因此，$H_2PO_4^-$ 体系中离子强度更微小的变化便会引发胶体凝聚动力学的较大差异。通常，伴随阴离子化合价越低，所携带的负电荷越少，受到的静电斥力也就越小，更容易靠近并通过非静电作用吸附到胶体表面上，从而增加胶体表面负电性而阻碍胶体的凝聚。而对于化合价高的伴随阴离子，虽然其受到的静电斥力较大而不易靠近胶体表面，但是一旦高价的伴随阴离子运动到表面附近并通过非静电力吸附，其会更大程度地增加表面负电性，从而阻碍凝聚。本实验中 $H_2PO_4^-$ 对胶体颗粒凝聚的作用强于 $HPO_4^{2-}$，说明高价的 $HPO_4^{2-}$ 吸附到表面后引起的静电斥力的增量强于 $H_2PO_4^-$。

　　通常，活化能的大小可反映在离子引发胶体凝聚时胶体颗粒间排斥势垒的强弱，活化能越低，则相应的排斥势垒也越低，离子通过压缩双电层而激发凝聚就越容易（高晓丹等，2018）。研究结果显示，胶体颗粒间的活化能随离子强度的增加而不断减小，在离子强度较低的范围内变化尤为明显，解释了胶体颗粒凝聚随电解质离子强度升高而增强的事实。此外，在相同离子强度下，$H_2PO_4^-$ 体系中胶体颗粒间相互作用的活化能明显小于 $HPO_4^{2-}$。说明加入 $H_2PO_4^-$ 离子后，蒙脱石-胡敏酸混合胶体可以产生凝聚现象所需要克服的颗粒间活化能明显小于 $HPO_4^{2-}$ 离子，因此，蒙脱石-胡敏酸混合胶体在 $H_2PO_4^-$ 离子溶液中更易产生凝聚，这与前文中所阐述的离子特异性效应对 TAA 和 CCIS 的影响保持一致；换言之，$HPO_4^{2-}$ 体系中颗粒的 TAA 最低，对应的 CCIS 最高，因为该体系中胶体颗粒间活化能最高。

　　本章研究进一步用活化能的差值表征了离子特异性效应的强弱。研究发现 $HPO_4^{2-}$ 和 $H_2PO_4^-$ 离子特异性效应的差异随着离子强度的降低而不断升高，在离子强度较低时，两种阴离子所表现出来的离子特异性效应差异增大。Liu 等（2014）在对阳离子特异性效应的研究中表明：在较低电解质离子强度下，带电的胶体表面附近电场较强，吸附的阳离子由于量子涨落而形成的瞬时偶极在电场的诱导作用下被迅速放大，进而发生定向的极化作用（即非经典极化），该极化效应的强度能达到经典极化作用的 $10^4$ 倍，且离子体积越大，非经典极化作用越强。随着溶液离子强度的降低，胶体表面附近电场强度增强，因此对离子的诱导作用也越强。由此表现出阳离子特异性效应随离子强度的降低而增强的趋势。蒙脱石胶体颗粒表面附近电场能达到 $2.2 \times 10^8$ V/m（Li et al., 2011），且阴离子的体积远大于阳离子，当阴离子因热运动而靠近胶体颗粒表面时，也会受到强电场的影响而发生极化作用，这一非经典极化作用随着离子强度的降低、电场强度的增大而增强。本实验中 $HPO_4^{2-}$ 和 $H_2PO_4^-$ 两种阴离子化学结构和体积相近，化合价不同。从图 7-19（b）中可以看出，其活化能的差值随离子强度的降低（即电场强度的增强）而迅速呈幂函数形式的增加，由此推测两种磷酸根在强电场中发生非经典极化作用，其结构和化合价上的差异被迅速放大，致使两种磷酸根离子特异性效应表现出随离子强度的降低而增强的趋势。

土壤胶体的凝聚与分散直接关系到土壤团聚体的稳定性。有研究表明控制土壤颗粒凝聚过程的作用力同样参与土壤团聚体的破裂过程，区别是在这两个相反的过程中，一个净合力是引力，一个是斥力（Hu et al., 2015）。土壤团聚体的稳定性关系养分元素在"土-水"系统中的迁移。$HPO_4^{2-}$ 和 $H_2PO_4^-$ 作为肥料中的阴离子，由于其离子特异性效应，$HPO_4^{2-}$ 较 $H_2PO_4^-$ 显著增强土壤表面的电场强度，降低团聚体的稳定性，从而促进土壤物质（包括磷自身）向水体中的迁移，因此将显著增强土壤流失和农田面源污染发生的风险。由此可见，磷不仅是水体富营养化的重要物质，而且还是引发土壤团聚体破坏和加剧磷素与其他养分流失的重要原因。

#### 2. 胡敏酸添加对阴离子特异性效应的影响

胡敏酸的添加能显著改变胶体颗粒凝聚体有效水力直径的增长，这主要是胡敏酸表面电荷性质产生的影响使得颗粒间静电作用力产生变化，从而改变了胶体颗粒间相互作用力的大小（丁武泉等，2017）。静电斥力大小受颗粒附近电场强度的影响，而供试的胶体颗粒表面负电场强度在给定温度条件下由颗粒表面电荷密度决定（高晓丹，2014）。在 $HPO_4^{2-}$ 体系中，随着胡敏酸添加量的增加，胶体颗粒凝聚的 TAA 逐渐减小，CCIS 逐渐增大，活化能逐渐降低。胡敏酸胶体颗粒与蒙脱石相比是分散度更大的稳定的多分散胶体体系，并且供试胡敏酸表面电荷密度（0.651 C/m²）显著高于蒙脱石（0.114 C/m²）。因而在 $HPO_4^{2-}$ 体系中，胡敏酸的加入会增强颗粒间的静电场，导致胶体颗粒间静电斥力上升而凝聚行为减弱，且该作用随着胡敏酸添加量的增加而不断增强。而在 $H_2PO_4^-$ 体系中，胡敏酸添加未对胶体凝聚过程产生显著影响。这可能是由于两种阴离子溶液不同的电离-水解平衡所引起的。通常，$HPO_4^{2-}$ 溶液水解程度大于电离，而 $H_2PO_4^-$ 溶液则相反。本章中不同离子强度的 $K_2HPO_4$ 和 $KH_2PO_4$ 溶液体系的 pH 范围分别为 9.47～9.64 和 4.25～4.46。胡敏酸是具有可变电荷表面的多相分散体系，表面有裸露的正电荷（M—$OH_2^+$）和负电荷（M—$O^-$），$KH_2PO_4$ 溶液体系 pH 与胡敏酸的电荷零点更为接近（李兵等，2013；何振立等，1992）。在 $KH_2PO_4$ 溶液中加入胡敏酸，溶液中的 $H^+$ 会与胡敏酸表面部分裸露的 M—$O^-$ 发生配位吸附，使可变电荷表面的负电位点部分消失，胡敏酸表面带电量大大减少，从而降低颗粒间凝聚的排斥力，此时控制凝聚过程的排斥力主要来源于蒙脱石，因此胡敏酸的加入未对凝聚过程产生显著影响。

从 $HPO_4^{2-}$ 和 $H_2PO_4^-$ 产生的离子特异性效应强弱（活化能差值）来看，胡敏酸添加能显著增加伴随阴离子特异性效应差异，尤以 4%胡敏酸添加量最为突出。根据前面的分析，两种伴随阴离子特异性效应的差异主要来源于离子在强电场中的非经典极化作用，颗粒表面附近电场影响该作用进而影响离子特异性效应的强弱。两种伴随阴离子体系相比，胡敏酸的加入使 $HPO_4^{2-}$ 体系中混合胶体颗粒电场强度显著增强，因此 $HPO_4^{2-}$ 非经典极化作用强于 $H_2PO_4^-$，从而引起更强的静电斥力，对胶体的凝聚能力减弱。

## 7.4　矿物胶体-金属离子-有机胶体三元复合凝聚机制

为了进一步探究金属离子-胡敏酸-蒙脱石三元复合凝聚机制，我们用红外光谱技术分别表征金属离子与胡敏酸作用对胡敏酸表面基团和结构的影响，以及在此基础上加入蒙脱石后对表面进一步的影响，明确了金属离子与胡敏酸和蒙脱石的主要作用位点。以 $Ca^{2+}$ 与胡敏酸及蒙脱石-胡敏酸混合胶体体系相互作用的红外光谱结果为例分析金属离子与胡敏酸作用及与蒙脱石-胡敏酸混合胶体的作用，如图 7-20 所示，图中 A 为初始胡敏酸，B 为与 $Ca^{2+}$ 作用后的胡敏酸，C 为与 $Ca^{2+}$ 作用后的 96%蒙脱石+4%胡敏酸凝聚体。图中各峰位置的具体归属情况见表 7-5。

如图 7-20 所示，从单纯胡敏酸样品的红外光谱图中可以观察到—COOH 羧酸官能团的 $v_{C=O}$ 伸缩振动出现在波数为 1716 $cm^{-1}$ 的位置，而—COOH 羧酸官能团的 $v_{C-O}$ 伸缩振动出现在波数为 1232 $cm^{-1}$ 的位置。其中，C—O 的伸缩振动分为对称的 $v_s$（—COO—）伸缩振动和反对称的 $v_{as}$（—COO—）伸缩振动，分别归属于 1628 $cm^{-1}$ 和 1401 $cm^{-1}$。此外，羟基 O—H 的振动主要出现在 3400 $cm^{-1}$ 附近。然而，对比图 7-20 中的 A 谱线和 B 谱线可以看出，加入 $Ca^{2+}$ 后，羧基官能团中的 C=O 的伸缩振动峰被 1610 $cm^{-1}$ 和 1384 $cm^{-1}$ 两处振动所替换，即 $Ca^{2+}$ 的加入对羧基中 C=O 双键的影响非常显著。进一步加入蒙脱石以后（C 谱线），对 C=O 双键的影响也是如此，同时，与 $Ca^{2+}$-胡敏酸凝聚体相比，C—O 单键的伸缩振动位置向更大的波数方向移动。另外，1031 $cm^{-1}$ 处的强吸收带归属于四面体中的 Si—O 键的振动，这也表征了蒙脱石的存在。由于谱线 C 所对应的样品中蒙脱石质量分数高达 96%，所以 Si—O 键的振动比较突出，削弱了其余各峰的高度。

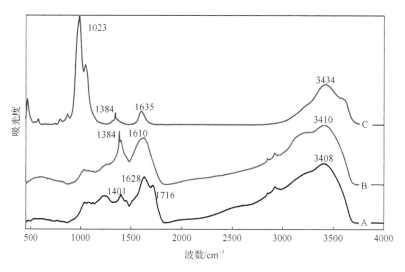

图 7-20 胡敏酸、Ca$^{2+}$-胡敏酸凝聚体和 Ca$^{2+}$-胡敏酸+蒙脱石凝聚体的红外光谱图

对比图中三条谱线还可以看出，脂肪基团 CH$_2$ 和 CH$_3$（振动范围在 2850～2950 cm$^{-1}$）和羟基 O—H 振动（3400 cm$^{-1}$）没有显著的变化。说明 Ca$^{2+}$ 与胡敏酸及蒙脱石-胡敏酸混合胶体的作用主要依赖羧酸基团而非羟基。

表 7-5 胡敏酸、Ca$^{2+}$-胡敏酸凝聚体和 Ca$^{2+}$-胡敏酸+蒙脱石凝聚体红外光谱峰的归属

| 名称 | 胡敏酸<br>/cm$^{-1}$ | Ca$^{2+}$-胡敏酸凝聚体<br>/cm$^{-1}$ | Ca$^{2+}$-胡敏酸+蒙脱石凝聚体<br>/cm$^{-1}$ |
|---|---|---|---|
| $\nu_{O-H}$ 醇和羟基 | 3408 | 3410 | 3434 |
| $\nu_{C-H}$ 反对称脂肪族 | 2922 | 2920 | — |
| $\nu_{O-H}$ 对称脂肪族 | 2853 | 2850 | — |
| $\nu_{C=O}$ 羟基 | 1716 | — | — |
| $\nu_{C-O}$ 羟基 | 1232 | — | — |
| $\nu_{C-O}$ 反对称羧酸盐 | 1628 | 1610 | 1635 |
| $\nu_{C-O}$ 对称羧酸盐 | 1401 | 1384,1399 | 1384 |
| $\nu_{Si-O}$ 蒙脱石 | — | — | 1023, 1091 |

图 7-21 显示加入不同量的胡敏酸对红外光谱图的影响并不显著。这一结果与凝聚实验的结果相吻合：在相同的电解质浓度条件下，蒙脱石-胡敏酸凝聚过程中加入胡敏酸的质量对凝聚体有效水力直径和凝聚速率的影响并不很显著。但是蒙脱石凝聚过程对即使很少量（1%和4%）的胡敏酸加入就表现出非常显著的变化。对应的不同含量胡敏酸的复合体红外光谱的峰值位置非常相似。因此在分析三者作用机制时只选取了其中96%蒙脱石+4%胡敏酸的红外光谱图做对比。

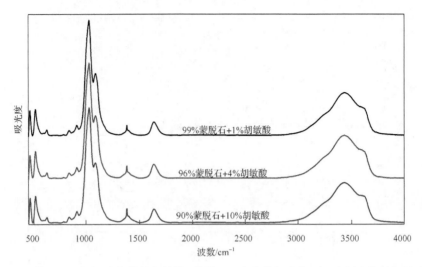

图 7-21　Ca$^{2+}$与不同胡敏酸含量的胡敏酸+蒙脱石混合胶体相互作用形成凝聚体的红外光谱图

　　在研究三者的相互作用过程中，我们还利用计算机模拟和计算的方法，建立蒙脱石-金属离子-胡敏酸三者的相互作用模型，并将计算结果与红外光谱的测定结果进行比较。

　　图 7-22 为胡敏酸模型及计算得到的 C＝O 伸缩振动频率，对比图 7-22（a）、（e）发现在较小的胡敏酸模型中的 C＝O 伸缩振动频率与较复杂模型中的这一振动频率基本相同，说明胡敏酸模型的大小对 C＝O 伸缩振动频率几乎无影响，因此用较小的模型来模拟胡敏酸的结构是可行且可靠的；另外，能量计算还表明胡敏酸构象 1（HA1）比构象 2（HA2）稳定 28.1 kJ/mol，是主导构象，且其计算所得的 C＝O 伸缩振动频率为 1726 cm$^{-1}$，与红外光谱测定的 1716 cm$^{-1}$ 相当吻合。从图 7-22（a）、（e）中还可以看出，与苯环相连的羧基中的 C＝O 双键的伸缩振动

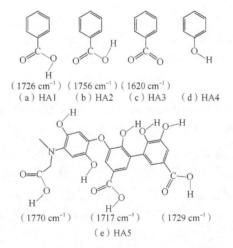

图 7-22　胡敏酸模型及计算得到的 C＝O 伸缩振动频率

频率与实验值极为接近，而不与苯环相连的，其振动频率与实验值相差甚远。因此说胡敏酸结构中的羧基主要是与苯环相连的。

在胡敏酸与 Ca 相互作用的过程中，HA1 经过构象转化生成 HA2，且 HA2 所具有的能量比 HA1 低 27 kJ/mol。因此 HA2 作为优势构象与 Ca 作用；通过计算得到胡敏酸的羧基与 $Ca^{2+}$ 的作用能为 283 kJ/mol，羟基与 $Ca^{2+}$ 的作用能为 262 kJ/mol，这一差异说明胡敏酸中的羧基在与金属离子作用中占主导。无论是单体胡敏酸还是双体胡敏酸与 $Ca^{2+}$ 的作用均是这样的情况，并且从图 7-23（b）和（f）可以看出 HA2 与 $Ca^{2+}$ 作用结构的 C=O 伸缩振动频率在 1620 $cm^{-1}$ 附近。这与红外光谱的测定结果 1610 $cm^{-1}$ 相吻合。

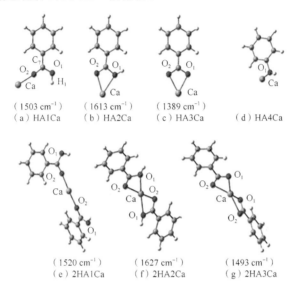

图 7-23　胡敏酸与 $Ca^{2+}$ 作用结构及 C=O 伸缩振动频率

图 7-24 为蒙脱石模型及其与 $Ca^{2+}$ 作用结构。通过计算得到 $Ca^{2+}$ 与蒙脱石的相互作用能为 -2073 kJ/mol，而 $Ca^{2+}$ 与胡敏酸的相互作用能为 -283 kJ/mol。可见 $Ca^{2+}$ 与蒙脱石的作用较与胡敏酸的作用显著强烈。这也与前面凝聚实验中相同条件下，蒙脱石的凝聚速率比胡敏酸的凝聚速率大得多的结果一致。

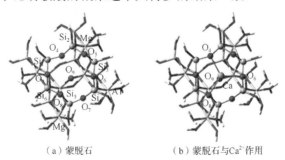

图 7-24　蒙脱石模型及其与 $Ca^{2+}$ 作用结构

　　在明确了 $Ca^{2+}$ 与单纯的胡敏酸和蒙脱石作用机制后，我们又研究了蒙脱石-胡敏酸凝聚体与 $Ca^{2+}$ 的作用（图 7-25）。前面提到在胡敏酸与 $Ca^{2+}$ 作用过程中 HA2 为优势构象，但是通过能量计算表面在蒙脱石-胡敏酸凝聚体与 $Ca^{2+}$ 作用过程中，HA1 为优势主导构象。这说明在相互作用的过程中胡敏酸的构象是在不断变化的，即在胡敏酸中以 HA1 为优势构象，加入 $Ca^{2+}$ 后转变为 HA2，再继续与蒙脱石作用后又转变成了 HA1。如图 7-25（a）所示，在蒙脱石-$Ca^{2+}$-HA1 中，计算得到 C=O 伸缩频率在 $1672\ cm^{-1}$，与红外光谱测定的（$1635\ cm^{-1}$）范围吻合，并成功预测了相对于胡敏酸-$Ca^{2+}$ 作用体系（$1610\ cm^{-1}$），振动频率会发生蓝移现象。

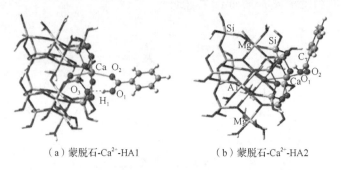

（a）蒙脱石-$Ca^{2+}$-HA1　　　　　　　（b）蒙脱石-$Ca^{2+}$-HA2

图 7-25　蒙脱石-胡敏酸凝聚体与 $Ca^{2+}$ 作用结构

　　蒙脱石-$Ca^{2+}$-胡敏酸复合结构可以通过三种使用途径获得（图 7-26）：第一种情况，胡敏酸先与 $Ca^{2+}$ 作用，再继续加入蒙脱石，形成复合凝聚体；第二种情况，蒙

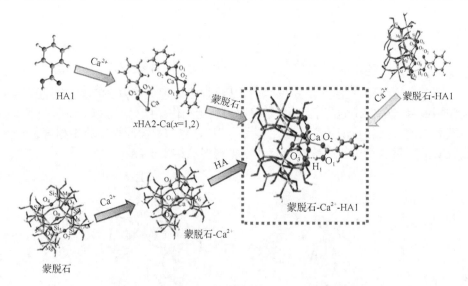

图 7-26　蒙脱石-$Ca^{2+}$-胡敏酸三者相互作用机制

脱石先与 $Ca^{2+}$ 作用，再继续加入胡敏酸，形成同样的复合体结构；第三种情况，蒙脱石-胡敏酸复合体中加入 $Ca^{2+}$，同样形成图 7-26 中所示的复合体结构。能量计算表明 HA1 和蒙脱石作用能等于 +41 kJ/mol，加入 $Ca^{2+}$ 后作用能迅速降低为 -2100 kJ/mol。这表明 $Ca^{2+}$ 的加入形成蒙脱石-$Ca^{2+}$-HA1 复合结构有利于体系能量降低和稳定。

## 7.5　本　章　小　结

本章研究了几种二价金属离子 $Cu^{2+}$、$Ca^{2+}$ 和 $Mg^{2+}$ 在不同质量比的蒙脱石-胡敏酸混合胶体凝聚过程中的离子特异性效应，结果发现几种蒙脱石-胡敏酸混合胶体凝聚过程中所遵循的离子特异性效应序列与前面章节中单纯胡敏酸或蒙脱石体系中的离子特异性效应序列均为 $Cu^{2+}>Ca^{2+}>Mg^{2+}$。

离子特异性效应在不同体系中由强到弱的顺序为 100%胡敏酸>90%蒙脱石+10%胡敏酸>96%蒙脱石+4%胡敏酸>99%蒙脱石+1%胡敏酸，可见随着电场强度的增强，"电场-量子涨落"耦合作用增强，进而离子特异性效应增强。

在蒙脱石-胡敏酸和混合颗粒的凝聚过程中我们发现了 $Na^+$、$K^+$、$Ca^{2+}$、$Cu^{2+}$ 四种离子的特异性效应。这一效应的来源是离子因"电场-量子涨落"耦合作用而发生的强烈的非经典极化作用。强烈极化的结果将导致离子在界面附近受到的库仑力远远超过离子电荷所能产生的库仑力，这体现在离子的有效电荷将远大于离子的实际电荷。本章提出了基于光散射技术测定的 CCC 计算颗粒表面电位和离子的有效电荷的方法，并用离子的有效电荷定量表征了凝聚过程中的离子特异性效应的强度。实验获得的 $Na^+$、$K^+$、$Ca^{2+}$ 和 $Cu^{2+}$ 四种离子的有效电荷数分别为 $Z_{Na(effective)}=1.46$、$Z_{K(effective)}=1.86$、$Z_{Ca(effective)}=3.92$ 和 $Z_{Cu(effective)}=6.48$。该结果表明：①非经典极化将大大提高离子的有效电荷，从而极大地增强离子所受的库仑力；②离子的电子层数越多，离子极化越强烈，离子的有效电荷增加越多。这一有效电荷数可用于校正一系列考虑离子特异性效应后的相关参数计算（表面附近电场、Hamaker 常数等），并为进一步准确定量表达其余领域中的离子特异性效应强度、探索离子特异性效应的本质来源提供了基础。

蒙脱石-胡敏酸混合胶体的凝聚过程中存在强烈的 $HPO_4^{2-}$ 和 $H_2PO_4^-$ 离子特异性效应，离子特异性效应序列为 $H_2PO_4^- > HPO_4^{2-}$；强电场中离子的非经典极化作用是该离子特异性效应的主要来源。蒙脱石-胡敏酸混合胶体凝聚对胡敏酸含量的敏感程度受不同伴随阴离子影响。在 $HPO_4^{2-}$ 体系中，质量分数为 0、1%和 4%胡敏酸的混合胶体的临界聚沉离子强度分别为 361.92 mmol/L、431.18 mmol/L 和 492.67 mmol/L。胡敏酸的加入明显降低了胶体颗粒的凝聚能力，且该效应随添加量的增加而增强；而在 $H_2PO_4^-$ 体系中，质量分数为 0、1%和 4%胡敏酸的混合胶体的临界聚沉离子强度分别为 178.44 mmol/L、180.91 mmol/L 和 168.72 mmol/L。胡敏酸添加与否并未对胶体颗粒的凝聚产生明显影响。磷肥施入所带来的土壤溶液中的伴随阴离子通过在土壤电场中的极化作用影响土壤胶体凝聚行为和迁移运动。

　　本章阐明了金属离子-蒙脱石-胡敏酸三者相互作用机制并得到了红外光谱实验结果的验证。蒙脱石-金属离子-胡敏酸三者相互作用主要集中在金属离子对有机质表面羧基的影响。通过三种途径均可以得到相同的三者复合结构。在作用过程中胡敏酸的构象变化为 HA1→HA2→HA1。

　　介观尺度下土壤黏粒级有机胶体、无机胶体和团聚体的复合是决定土壤有机无机复合体数量和质量的核心。土壤固液界面上离子的效应和行为对土壤有机无机复合体形成和稳定的影响颇受关注。带电土壤胶体与离子之间的相互作用涉及土壤化学、胶体化学、微生物学等多个领域，要融会贯通深入揭示其有关机制仍是该领域的重点难点。未来研究将继续关注土壤有机无机复合体的形成过程和形成机制。得益于现代化技术手段的支持，AFM 和 Nano-SIMS 等技术的发展将为土壤有机无机复合和金属离子参与有机无机复合过程的研究提供进一步的空间。未来可借助于先进的技术手段，直观地使微米和纳米尺度范围内有机矿物相互作用可视化，特别是实现原位原态地观测作用过程。此外，以往通过合成法研究土壤有机无机复合过程多选用单纯矿物或标准有机质为模型体系开展理论研究，而现实土壤为情况复杂的多分散体系，矿物和有机质种类众多，可进一步从土壤中提取天然土壤的矿物组分和有机物组分以开展研究，验证和发展有机无机复合机制理论。关于离子在土壤有机无机复合过程中的作用也多是在纯化后的单一离子体系中开展的研究，可进一步开展多种离子组合体系中土壤的有机无机复合过程。总之，开展从分子尺度到纳米尺度范围内的土壤有机无机复合机制的研究是建立起土壤中众多宏观现象和微观机制的桥梁。今后要在不断完善土壤有机无机复合体形成理论的基础上，提出更有效的手段来提高土壤肥力，改善土壤污染的状况。

## 参考文献

丁武泉, 何家洪, 刘新敏, 等, 2017. 有机质对三峡库区水体中土壤胶体颗粒凝聚影响机制研究[J]. 水土保持学报, 31(4): 166-171.

傅强, 郭霞, 田锐, 等, 2016. 不同阴离子对负电荷胶体(蒙脱石)凝聚的影响[J]. 西南大学学报(自然科学版), 38(4): 28-34.

高晓丹, 2014. 矿物/腐殖质凝聚的离子特异性效应[D]. 重庆: 西南大学.

高晓丹, 李航, 朱华玲, 等, 2012. 特定 pH 条件下 $Ca^{2+}/Cu^{2+}$ 引发胡敏酸胶体凝聚的比较研究[J]. 土壤学报, 49(4): 698-707.

高晓丹, 徐英德, 张广才, 等, 2018. $Cu^{2+}$ 和 $Zn^{2+}$ 在土壤电场中的极化对黑土胶体凝聚的影响[J]. 农业环境科学学报, 37(3): 440-447.

何振立, 袁可能, 朱祖祥, 1992. 电解质种类和浓度影响磷酸根解吸的机理研究[J]. 土壤学报, 29(1): 26-33.

胡纪华, 杨兆禧, 郑忠, 1997. 胶体与界面化学[M]. 广州: 华南理工大学出版社.

黄学茹, 李航, 李嵩, 等, 2013. 土壤电场与有机大分子的耦合对土壤团聚体稳定性的影响[J]. 土壤学报, 50(4): 734-742.

康智明, 张荣霞, 叶玉珍, 等, 2018. 基于 GIS 的福建农田氮磷地表径流流失与污染风险评估[J]. 中国生态农业学报, 26(12): 1887-1897.

李兵, 李航, 朱华玲, 等, 2013. 不同 pH 条件下黄壤胶体凝聚的动态光散射研究[J]. 土壤学报, 50(1): 89-95.

李学垣, 2001. 土壤化学[M]. 北京: 高等教育出版社.

申晋, 郑刚, 李孟超, 等, 2003. 用光子相关光谱法测量多分散颗粒系的颗粒粒度分布[J]. 光学仪器, 25(4): 3-6.

唐嘉, 朱曦, 刘秀婷, 等, 2020. 2∶1 和 1∶1 型黏土矿物胶体凝聚中 Hofmeister 效应的比较研究[J]. 土壤学报, 57(2): 381-391.

唐颖, 李航, 朱华玲, 等, 2014. SDBS/Na$^+$对红壤胶体悬液稳定性的影响[J]. 环境科学, 35(4): 1540-1547.

杨炜春, 刘维屏, 胡晓捷, 2003. Zeta 电位法研究除草剂在土壤胶体中的吸附[J]. 中国环境科学, 23(1): 51-54.

周琴, 姜军, 徐仁扣, 2018. Cu(II)、Pb(II) 和 Cd(II)在红壤胶体和非胶体颗粒上吸附的比较[J]. 土壤学报, 55(1): 131-138.

朱华玲, 李兵, 熊海灵, 等, 2009. 不同电解质体系中土壤胶体凝聚动力学的动态光散射研究[J]. 物理化学学报, 25(6): 1225-1231.

朱俊, 蔡鹏, 黄巧云, 等, 2008. 磷酸盐和低分子量有机酸盐对红壤胶体和矿物吸附 DNA 的影响[J]. 土壤学报, 2008, 45(3): 565-568.

Abollino O, Giacomino A, Malandrino M, et al., 2008. Interaction of metal ions with montmorillonite and vermiculite[J]. Applied Clay Science, 38(3-4): 227-236.

Amal R, Coury J R, Raper J A, et al., 1990. Structure and kinetics of aggregating colloidal haematite[J]. Colloids & Surfaces, 46(1):1-19.

Arias M, Barral M, Mejuto J, 2002. Enhancement of copper and cadmium adsorption on kaolin by the presence of humic acids[J]. Chemosphere, 48(10): 1081-1088.

Balomenou G, Stathi P, Enotiadis A, et al., 2008. Physicochemical study of amino-functionalized organosilicon cubes intercalated in montmorillonite clay: H-binding and metal uptake[J]. Journal of Colloid and Interface Science, 325(1): 74-83.

Benjamin M M, Leckie J O, 1981. Multiple-site adsorption of Cd, Cu, Zn, and Pb on amorphous iron oxyhydroxide[J]. Journal of Colloid and Interface Science, 79(1): 209-221.

Bergström L, 1997. Hamaker constants of inorganic materials[J]. Advances in Colloid and Interface Science, 70: 125-169.

Bhattacharyya K G, Gupta S S, 2008. Adsorption of a few heavy metals on natural and modified kaolinite and montmorillonite: A review[J]. Advances in Colloid and Interface Science, 140(2): 114-131.

Boroudjerdi H, Kim Y W, Naji A, et al., 2005. Statics and dynamics of strongly charged soft matter[J]. Physics Reports (416): 129-199.

Colombo C, Palumbo G, Angelico R, et al., 2015. Spontaneous aggregation of humic acid observed with AFM at different pH[J]. Chemosphere, 138: 821-828.

de Pablo L, Chávez M L, Abatal M, 2011. Adsorption of heavy metals in acid to alkaline environments by montmorillonite and Ca-montmorillonite[J]. Chemical Engineering Journal, 171(3): 1276-1286.

Derjaguin B, 1941. Theory of the stability of strongly charged lyophobic sols and the adhesion of strongly charged particles in solutions of electrolytes[J]. Acta Physico-Chimica Sinica, 14: 633-662.

Ducker W A, Senden T J, Pashley R M, 1992. Langmuir, measurement of forces in liquids using a force microscope[J]. Langmuir, 8(7): 1831-1836.

Dumat C, Quiquampoix H, Staunton S, 2000. Adsorption of cesium by synthetic clay-organic matter complexes: Effect of the nature of organic polymers[J]. Environmental Science & Technology, 34(14): 2985-2989.

Dupuy N, Douay F, 2001. Infrared and chemometrics study of the interaction between heavy metals and organic matter in soils[J]. Spectrochimica Acta Part A: Molecular and Biomolecular Spectroscopy, 57(5): 1037-1047.

Fletcher P, Sposito G, 1989. Chemical modeling of clay/electrolyte interactions of montmorillonite[J]. Clay Minerals, 24(2): 375-391.

González Pérez M, Martin-Neto L, Saab S C, et al., 2004. Characterization of humic acids from a Brazilian Oxisol under different tillage systems by EPR, $^{13}$C NMR, FTIR and fluorescence spectroscopy[J]. Geoderma, 118(3-4): 181-190.

Gossart P, Semmoud A, Ouddane B, et al., 2003. Study of the interaction between humic acids and lead: Exchange between $Pb^{2+}$ and $H^+$ under various chemical conditions followed by FTIR[J]. Physical and Chemical News, 9: 101-108.

Gupta S S, Bhattacharyya K G, 2012. Adsorption of heavy metals on kaolinite and montmorillonite: A review[J]. Physical Chemistry Chemical Physics, 14(19): 6698-6723.

Hertkorn N, Benner R, Frommberger M, et al., 2006. Characterization of a major refractory component of marine dissolved organic matter[J]. Geochimica et Cosmochimica Acta, 70(12): 2990-3010.

Hou J, Li H, Zhu H L, et al., 2009. Determination of clay surface potential: A more reliable approach[J]. Soil Science Society of America Journal, 73(5): 1658-1663.

Hu F N, Xu C Y, Li H, et al., 2015. Particles interaction forces and their effects on soil aggregates breakdown[J]. Soil and Tilliage Research, 147: 1-9.

Huang P M, Berthelin J, Bollag J M, et al., 1995. Environmental impacts of soil component interactions: Land quality[M]. Calabasas: CRC Press.

Igor F V, Bruce A B, Cygan R T, 2011. Molecular dynamics modeling of ion adsorption to the basal surfaces of kaolinite[J]. The Journal of Physical Chemistry C, 111(18): 6753-6762.

Jenkinson D S, 1988. Soil organic matter and its dynamics[M]. Russell's soil conditions and plant growth 11th edition. Harlow: Longman.

Jia M Y, Li H, Zhu H L, et al., 2013. An approach for the critical coagulation concentration estimation of polydisperse colloidal suspensions of soil and humus[J]. Journal of Soils and Sediments, 13(2): 325-335.

Jungsuttiwong S, Lomratsiriand J, Limtrakul J, 2011. Characterization of acidity in [B], [Al], and [Ga] isomorphously substituted ZSM-5: Embedded DFT/UFF approach[J]. International Journal of Quantum Chemistry, 111(10): 2275-2282.

Li H, Hou J, Liu X M, et al., 2011. Combined determination of specific surface area and surface charge properties of charged particles from a single experiment[J]. Soil Science Society of America Journal, 75(6): 2128-2135.

Li H, Qing C L, Wei S Q, et al., 2004. An approach to the method for determination of surface potential on solid/liquid interface: Theory[J]. Journal of Colloid and Interface Science, 275(1): 172-176.

Li H, Peng X H, Wu L S, et al., 2009. Surface potential dependence of the Hamaker constant[J]. The Journal of Physical Chemistry C, 113(11): 4419-4425.

Li S, Li H, Xu C Y, et al., 2013. Particle interaction forces induce soil particle transport during rainfall[J]. Soil Science Society of America Journal, 77(5): 1563-1571.

Li S, Li Y, Huang X R, et al., 2018. Phosphate fertilizer enhancing soil erosion: Effects and mechanisms in a variably charged soil[J]. Journal of Soils and Sediments, 18(3): 863-873.

Li T C, Kheifets S, Medellin D, Raizen M G, 2010. Measurement of the instantaneous velocity of a Brownian particle[J]. Science, 328(5986): 1673- 1675.

Lin M Y, Lindsay H M, Weitz D A, et al., 1989. Universality in colloid aggregation[J]. Nature, 339: 360-362.

Lin M Y, Lindsay H M, Weitz D A, et al., 1990a. Universal diffusion-limited colloid aggregation[J]. Journal of Physics: Condensed Matter, 2(13): 3093-3113.

Lin M Y, Lindsay H M, Weitz D A, et al., 1990b. Universal reaction-limited colloid aggregation[J]. Physical Review A, 41(4): 2005-2020.

Lishtvan I I, Yanuta Y G, Abramets' A M, et al., 2012. Interaction of humic acids with metal ions in the water medium[J]. Journal of Water Chemistry and Technology, 34(5): 211-217.

Liu X M, Li H, Li R, et al., 2013a. Combined determination of surface properties of nano-colloidal particles through ion selective electrodes with potentiometer[J]. Analyst, 138(4): 1122-1129.

Liu X M, Li H, Du W, et al., 2013b. Hofmeister effects on cation exchange equilibrium: Quantification of ion exchange selectivity[J]. Journal of Physical Chemistry B, 117(12): 6245-6251.

Liu X M, Li H, Li R, et al., 2014. Strong non-classical induction forces in ion-surface interactions: General origin of Hofmeister effects[J]. Scientific Reports, 4: 5047.

Logan E M, Pulford I D, Cook G T, et al., 1997. Complexation of $Cu^{2+}$ and $Pb^{2+}$ by peat and humic acid [J]. European Journal of Soil Science, 48(4): 685-696.

Noah-Vanhoucke J, Geissler P L, 2009. On the fluctuations that drive small ions toward, and away from, interfaces between polar liquids and their vapors[J]. Proceedings of the National Academy of Sciences of the United States of America, 106(36): 15125-15130.

Piccolo A, Stevenson F, 1982. Infrared spectra of $Cu^{2+}$, $Pb^{2+}$ and $Ca^{2+}$ complexes of soil humic substances[J]. Geoderma, 27(3): 195-208.

Rosenbach N J, Mota C J A, 2008. A DFT-ONIOM study on the effect of extra-framework aluminum on USY zeolite acidity[J]. Applied Catalysis A General, 336(1-2): 54-60.

Rowe A, 2001. Probing hydration and the stability of protein solutions: A colloid science approach[J]. Biophysical Chemistry, 93(2-3): 93-101.

Solans-Monfort X, Bertran J, Branchadell V, et al., 2002. Keto-enol isomerization of acetaldehyde in HZSM5. A theoretical study using the ONIOM2 method[J]. Journal of Physical Chemistry B, 106(39): 10220-10226.

Šolc R, Gerzabek M H, Lischka H, et al., 2014. Radical sites in humic acids: A theoretical study on protocatechuic and gallic acids[J]. Computational and Theoretical Chemistry, 1032: 42-49.

Stellwagen E, Stellwagen N C, 2003. Probing the electrostatic shielding of DNA with capillary electrophoresis[J]. Biophysical Journal, 84(3): 1855-1866.

Stevenson F J, 1982. Humus chemistry, genesis, composition, reactions[M]. New York: John Wiley & Sons.

Tian R, Yang G, Li H, et al., 2014. Activation energies of colloidal particle aggregation: Towards a quantitative characterization of specific ion effects[J]. Physical Chemistry Chemical Physics, 16(19): 8828.

Uhlenbeck G E, Ornstein L S, 1930. On the theory of the brownian motion[J]. Physical Review, 36(5): 823-841.

Vasconcelos I F, Bunker B A, 2007. Molecular dynamics modeling of ion adsorption to the basal surfaces of kaolinite[J]. The Journal of Physical Chemistry C, 111(18): 6753-6762.

Verrall K E, Warwick P, Fairhurst A J, 1999. Application of the Schulze-Hardy rule to haematite and haematite/humate colloid stability[J]. Colloids and Surfaces A: Physicochemical and Engineering Aspects, 150(1-3): 261-273.

Viani A, Gualtieri A, Artioli G. The nature of disorder in montmorillonite by simulation of X-ray powder[J]. American Mineralogist, 87(7): 965-975.

Visser I, Israelashvily I, 1985. Intermolecular and surface forces[M]. London: Academic.

Wang Y J, Wang L X, Li C B, et al., 2013. Exploring the effect of organic matter on the interactions between mineral particles and cations with Wien effect measurements[J]. Journal of Soils and Sediments, 13(2): 304-311.

Yang G, Zhou L J, Liu X C, et al., 2011. Density functional calculations on the distribution, acidity and catalysis of the Ti(IV) and Ti(III) ions in MCM-22 zeolite[J]. Chemistry, 17(5): 1614-1621.

Yang G, Zhou L J, 2014. A DFT study on the direct benzene hydroxylation catalyzed by framework Fe and Al sites in zeolites[J]. Catalysis Science & Technology, 4(8): 2490-2493.

Yang R, van den Berg C M, 2009. Metal complexation by humic substances in seawater[J]. Environmental Science & Technology, 43(19): 7192-7197.

Zhang W Z, Chen X Q, Zhou J M, et al., 2013. Influence of humic acid on interaction of ammonium and potassium ions on clay minerals[J]. Pedosphere, 23(4): 493-502.

# 第8章 几种自然土壤胶体相互作用的离子特异性效应

## 8.1 黑土胶体相互作用中的离子特异性效应

### 8.1.1 黑土胶体的特征及其相互作用研究

土壤胶体组成丰富且通常情况下表面带净的负电荷，负电荷表面对金属阳离子的吸附作用使胶体凝聚过程受到土壤溶液中各种金属离子的支配（王维君等，1995）。吸附着重金属离子和养分离子的胶体颗粒随水迁移控制了土壤中多种物质的迁移转化，进而可能引发水土流失和农业面源污染等环境问题（俞晟，2017）。土壤胶体迁移和土壤胶体与重金属的相互作用受到水动力、pH、离子强度、胶体粒径等多种物理化学条件的影响（刘冠南等，2013）。因此从介观尺度深入了解土壤中重金属离子对土壤胶体凝聚行为的影响机制对于开展土壤环境保护工作具有十分重要的意义。

据报道，长期施肥可造成黑土中重金属的累积（苏姝等，2015；郭观林等，2005）。其中，$Zn^{2+}$、$Cu^{2+}$受人为活动影响强烈，施用禽畜粪便、含铜杀虫剂、杀菌剂等是土壤中$Cu^{2+}$的主要来源。土壤溶液中的金属离子因自身电子结构的差异发生不同的界面反应，影响胶体作用力，进而影响凝聚过程。有研究表明，金属离子可通过改变胶体颗粒表面的电荷性质、电荷密度和双电层厚度这三个途径来引发胶体的凝聚（丁武泉等，2017；高晓丹，2014；田锐，2013）。而专性吸附离子在降低可变电荷胶体表面的负电荷密度的同时还可能导致表面电荷性质发生改变（Tian et al., 2013）。离子在胶体表面的吸附方式受胶体表面性质的影响：水合氧化物胶体和可变电荷土壤胶体对重金属离子的吸附方式主要是专性吸附（于天仁等，1996；王维君等，1995）；胡敏酸凝聚体借助于$Cu^{2+}$的配位吸附而形成以配位键和氢键为主要键合力的更大分子量的腐殖质超分子聚合体（傅强等，2013；高晓丹等，2012）。然而，恒电荷土壤胶体虽然带有大量永久负电荷，但其也含有一定量的氧化物及有机质，对重金属离子的吸附应包括静电吸附、专性吸附及沉淀吸附（杨亚提等，2003）。重金属离子的吸附改变表面电荷密度和压缩双电层。另外，由于土壤胶体表面电荷密集，且胶体表面附近带电离子之间发生相互作用，在其周围形成一定强度的静电场，影响着土壤表面特性及其与金属离子的相互作用（傅强等, 2013)。Liu 等（2014）和 Li 等（2013）的研究提出胡敏酸和蒙脱石的表面电场强度都高达 $10^8 \sim 10^9$ V/m 数量级，因此其表面吸附的反号离子因该强电场而被强烈极化。强烈极化的结果将导致离子在界面附近受到的库仑力远远超过离子电荷所能产生的库仑力，这体现在离子的有效电荷将远大于离子的实际电荷。我们可以把这种情况下的离子极化称为非经典极化。这种非经典诱导力的存在意味着现有理论可能严重低估了界面附近强电场对阳离子核外电子（非价电子）的状态和能量的影响。Tian 等（2014）以蒙脱石矿物颗粒为模型体系，提出用活化能定量表征蒙脱石胶体颗粒的相互作用中碱金属离子的极化作用强度。土壤是由具有不同反应性表面的组分组成的非均质混合物（王维君等, 1995），因此土壤胶体与金属离子的作用比单一组分与离子的相互作用更加复杂，而模型体系中得出的结论也需要推广到土壤体系中以发挥更重要的实际意义。在真实的土壤体系中，以恒电荷矿物表面为主的黑土胶体为对象，研究 Cu、Zn 的专性吸附特征和强极化作用对土壤胶体凝聚过程的影响对更好地防控土壤重金属污染具有重要的理论和实践意义。

本章选取东北典型恒电荷土壤——黑土胶体为研究对象，研究了 Cu 和 Zn 两种重金属阳离子界面行为对黑土胶体凝聚行为的影响。用动态/静态光散射技术监测胶体凝聚过程，求取凝聚速率、临界聚沉浓度和胶体颗粒相互作用活化能。通过联合分析金属离子在胶体表面的吸附作用、离子的体积效应和极化作用推测影响胶体凝聚的主要原因。探讨土壤胶体相互作用及金属离子对其影响，有助于阐明土壤肥力与土壤生态环境等问题，进而为土壤改良、培肥和污染治理提供理论依据。

## 8.1.2　研究方案

### 1. 土壤胶体的提取和表征

供试黑土采自吉林省公主岭市。土样风干后过 1 mm 筛备用。采用静水沉降虹吸法（熊毅等, 1985）提取有效水力直径<200 nm 的黑土胶体：称取 50 g 黑土于 500 mL 烧杯中，加 500 mL 超纯水，再加 0.5 mol/L 的 KOH，调节悬液 pH 约为 7.5±0.1，用探针型超声波细胞破碎仪在 20 kHz 的频率下振动分散 15 min，转入 5000 mL 烧杯，加入超纯水定容至刻度线，用多孔圆盘搅拌均匀后在 25 ℃恒温条件下放置一定的时间（根据 Stokes 定律计算出该粒径的胶体颗粒沉降 10 cm 所需要的时间），虹吸出烧杯中液面下 10 cm 范围内的黑土胶体，用烘干法测得颗粒密度为 0.8185 g/L。黑土胶体的有效水力直径分布情况如图 8-1 所示。从图中可以看出，供试的黑土胶体有效水力直径大小范围从 80.34 nm 至 458.9 nm，集中分布在 193.3 nm。

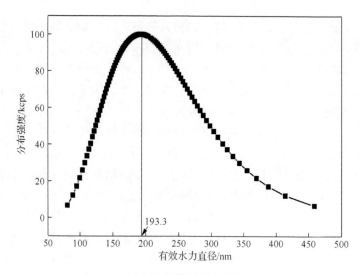

图 8-1　黑土胶体有效水力直径分布图

## 2. 土壤胶体的凝聚实验

所用仪器为美国 Brookhaven 仪器公司生产的 BI-200SM 广角度动态静态激光散射仪，数字相关器为 BI-9000AT，设定激光器功率为 200 mW。具体步骤：打开激光器预热 25 min，并使用温控器将测量体系温度控制为 25 ℃。取待测黑土胶体悬液 2 mL 于散射瓶中，加超纯水和不同量电解质（$ZnCl_2$ 和 $CuCl_2$）控制体系总体积恒定为 10 mL，此时颗粒密度为 0.1637 g/L。所设置的电解质浓度为 0.1 mmol/L、0.2 mmol/L、0.3 mmol/L、0.4 mmol/L、0.5 mmol/L、0.8 mmol/L、1 mmol/L、1.5 mmol/L、2 mmol/L、3 mmol/L $CuCl_2$ 和 0.1 mmol/L、0.3 mmol/L、0.5 mmol/L、0.8 mmol/L、1 mmol/L、1.5 mmol/L、2 mmol/L、2.5 mmol/L、3 mmol/L、3.5 mmol/L、4 mmol/L、5 mmol/L $ZnCl_2$。在 90°散射角下，通过动态光散射技术连续监测凝聚体有效水力直径 60 min。控制温度在 25 ℃，pH 近中性。

### 8.1.3　黑土胶体凝聚过程中的自相关曲线和体系稳定性

应用光散射技术监测土壤胶体的凝聚，无论是计算有效水力直径还是粒径的分布信息，其所有的推算和反演均基于光强自相关函数，所以要得到准确的测定结果，需要有一个可靠的自相关函数。一个理想的自相关函数曲线的标志是其能够平滑地衰减至基线（胡纪华等，1997）。图 8-2 为不同浓度的 $Cu^{2+}$、$Zn^{2+}$ 作用下黑土胶体凝聚过程中的自相关函数。从图中可以看出，$Cu^{2+}$ 浓度在 0.1～2 mmol/L 范围内时，自相关函数曲线可平滑衰减至基线，浓度大于 2 mmol/L 时，自相关函数已经偏离基线，此时的实验结果不作为有效参考；$Zn^{2+}$ 浓度在 0.1～4 mmol/L 范围内时，自相关函数曲线可平滑衰减至基线，浓度大于 4 mmol/L 时，自相关函数已经偏离基线。因此，选取 $Cu^{2+}$ 浓度小于 2 mmol/L 和 $Zn^{2+}$ 浓度小于 4 mmol/L 范围内的不同浓度梯度作为分析测定范围。

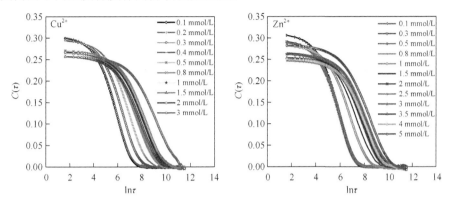

图 8-2　不同浓度 $Cu^{2+}$ 和 $Zn^{2+}$ 作用下黑土胶体凝聚过程中的自相关函数

$C(\tau)$ 为归一化自相关函数；$\tau$ 为延迟时间，单位 ns

### 8.1.4　黑土胶体凝聚动力学过程的离子特异性效应

#### 1. 凝聚体有效水力直径和凝聚速率的离子特异性效应

在上述确定的离子有效浓度范围内，监测黑土胶体在不同浓度的 $CuCl_2$ 和 $ZnCl_2$ 电解质溶液中的凝聚现象，如图 8-3 所示。

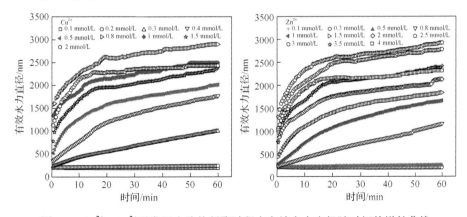

图 8-3　$Cu^{2+}$、$Zn^{2+}$ 引发黑土胶体凝聚过程中有效水力直径随时间的增长曲线

从图 8-3 中可以看出，加入含有 $Cu^{2+}$、$Zn^{2+}$ 两种金属离子的电解质溶液后黑土胶体发生了不同程度的凝聚，随凝聚时间的增加形成的凝聚体有效水力直径逐渐增大。电解质浓度越高，有效水力直径增长的速度越快，增长趋势越明显，形成的凝聚体有效水力直径也越大。对比选取浓度为 0.5 mmol/L 时 $Cu^{2+}$ 和 $Zn^{2+}$ 作用

情况，经比较发现：在监测时间内，$Cu^{2+}$ 体系中黑土胶体发生较强烈的凝聚现象，凝聚体有效水力直径从 523.1 nm（0.5 min）增长到 2019 nm（60 min），凝聚体有效水力直径随时间呈幂函数增长；$Zn^{2+}$ 体系中黑土胶体凝聚现象较弱，凝聚体有效水力直径从 215.6 nm（0.5 min）增长到 248.2 nm（60 min），且有效水力直径随时间呈线性增长。此外，在 1 mmol/L 的两种离子体系中，凝聚体有效水力直径随时间均呈幂函数增长，但此时，$Cu^{2+}$ 体系中凝聚体有效水力直径从 1337 nm（0.5 min）增长到 2495 nm（60 min），$Zn^{2+}$ 体系中凝聚体有效水力直径仅从 282.2 nm（0.5 min）增长到 1659 nm（60 min）。

通过有效水力直径随时间增长的拟合方程（表 8-1）可以看出：在较低的电解质浓度（对于 $CuCl_2$，小于 0.3 mmol/L；对于 $ZnCl_2$，小于 0.8 mmol/L）时，凝聚体的有效水力直径随时间呈线性增长，其凝聚机制可能为 RLCA 机制；在较高电解质浓度（对于 $CuCl_2$，0.4～2 mmol/L；对于 $ZnCl_2$，1～4 mmol/L）时，凝聚体的有效水力直径随时间大致呈幂函数增长，其凝聚机制可能为 DLCA 机制。

表 8-1　不同浓度 $Cu^{2+}$、$Zn^{2+}$ 引发黑土胶体凝聚过程中有效水力直径随时间增长的拟合方程

| 电解质浓度 /(mmol/L) | 有效水力直径随时间增长变化的拟合方程 | |
| --- | --- | --- |
| | $Cu^{2+}$ | $Zn^{2+}$ |
| 0.2 | $y = 0.544x + 206.83$, $R^2=0.998$ | — |
| 0.3 | $y = 12.245x + 291.11$, $R^2=0.9928$ | — |
| 0.4 | $y = 314.97x^{0.426}$, $R^2=0.9778$ | — |
| 0.5 | $y = 659.61x^{0.2779}$, $R^2=0.9882$ | $y = 0.6127x + 212.02$, $R^2=0.9948$ |
| 0.8 | $y = 1625.9x^{0.144}$, $R^2=0.9843$ | $y = 14.774x + 263.43$, $R^2=0.9959$ |
| 1 | $y = 1347.8x^{0.1521}$, $R^2=0.9841$ | $y = 265.75x^{0.4547}$, $R^2 = 0.984$ |
| 1.5 | $y = 1002.3x^{0.2107}$, $R^2 = 0.9768$ | $y = 516.87x^{0.3183}$, $R^2=0.9914$ |
| 2 | $y = 1720.5x^{0.1045}$, $R^2 = 0.9447$ | $y = 891.59x^{0.2106}$, $R^2=0.9862$ |
| 2.5 | — | $y = 1573.4x^{0.1542}$, $R^2=0.9655$ |
| 3 | — | $y = 1318.4x^{0.1902}$, $R^2=0.9726$ |
| 3.5 | — | $y = 1016x^{0.2153}$, $R^2=0.9678$ |
| 4 | — | $y = 1279.6x^{0.1532}$, $R^2=0.9068$ |

图 8-4 为在监测的浓度范围和时间范围（60 min）内黑土胶体发生凝聚形成的凝聚体的最大有效水力直径。从图中可以看出 $Cu^{2+}$、$Zn^{2+}$ 两种离子作用情况呈现相似的变化趋势：均在较低电解质浓度条件下，凝聚体最大有效水力直径随电解质浓度提高而快速增大；在较高电解质浓度条件下，凝聚体最大有效水力直径随电解质浓度提高保持不变或略有浮动。说明 $Cu^{2+}$、$Zn^{2+}$ 两种离子作用下黑土胶体的凝聚机制相似。但是在相同电解质浓度条件下，$Cu^{2+}$ 引发黑土胶体凝聚所形成的凝聚体的最大有效水力直径通常大于 $Zn^{2+}$ 作用的情况，较大的凝聚体有效水力直径表明胶体悬液体系的稳定性较差，即 $Cu^{2+}$ 的聚沉能力强于 $Zn^{2+}$。

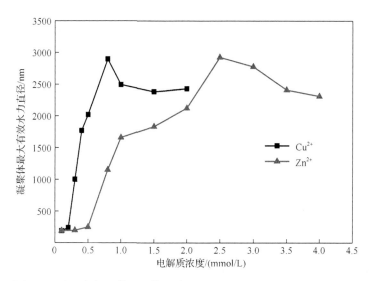

图 8-4 不同浓度 $Cu^{2+}$、$Zn^{2+}$体系中黑土凝聚体的最大有效水力直径

## 2. 临界聚沉浓度的离子特异性效应

不同电解质浓度条件下黑土胶体的 TAA 如图 8-5 所示,可见 TAA 随电解质浓度的升高先呈线性增长,增长到一定程度后变化趋缓,这两种趋势线的转折点对应的电解质浓度即 CCC (Jia et al., 2013)。从图中可以看出,$Cu^{2+}$的 CCC 为 0.7318 mmol/L,远远小于 $Zn^{2+}$的 CCC 2.570 mmol/L。$Zn^{2+}$的 CCC 是 $Cu^{2+}$的 3.51 倍。可见 $Cu^{2+}$对胶体的聚沉能力远大于 $Zn^{2+}$。这与 Schulze-Hardy 规则(Verrall et al., 1999)中同价离子对胶体的聚沉能力相同相违背。但是大量的实验结果,包括离子吸附和胶体凝聚的实验中同价阳离子均表现出显著的差异性 (Liu et al., 2013; Tian et al., 2013; 高晓丹等, 2012)。

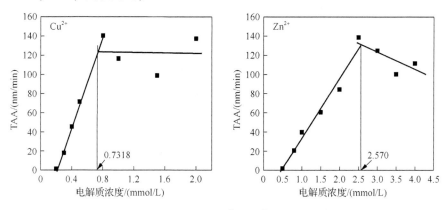

图 8-5 黑土胶体的 TAA 和 $Cu^{2+}$、$Zn^{2+}$在黑土胶体中的 CCC

　　通常，TAA 只取决于动电电位而与电解质性质无关的凝聚被称为非专性凝聚；反之，TAA 不仅取决于动电电位，而且与电解质性质有关的凝聚被称为专性凝聚。对比浓度为 1 mmol/L 的 $Cu^{2+}$ 和 $Zn^{2+}$ 作用条件下，黑土胶体的 TAA 分别为 116.5 nm/min 和 39.85 nm/min。此时，黑土胶体在 $Cu^{2+}$ 体系中的 TAA 是 $Zn^{2+}$ 体系中的 2.923 倍。当两种体系中的电解质浓度分别高于 CCC 后，$Cu^{2+}$、$Zn^{2+}$ 体系在监测的浓度范围内所达到的最大 TAA 分别为 140.4 nm/min 和 138.5 nm/min。可见两种离子引发黑土胶体凝聚的最大 TAA 相近，即胶体凝聚的 TAA 可能由胶体本身决定，与引发其凝聚的两种离子种类无关。

### 8.1.5　黑土胶体相互作用活化能的离子特异性效应

　　根据胶体稳定性理论，带有负电荷的土壤胶体分散与絮凝取决于胶体颗粒之间的排斥作用能和吸引作用能的净能量大小，即净排斥势垒的强弱（李法虎，2006）。

　　根据图 8-5 中黑土胶体的 TAA 与电解质浓度的关系可以得到下述表达式。

$Cu^{2+}$：当 $f_0<$CCC 时，$\tilde{v}_T(f_0)=236.6f_0-48.71$；当 $f_0=$CCC 时，$\tilde{v}_T(f_0)=124.4$ nm/min。

$Zn^{2+}$：当 $f_0<$CCC 时，$\tilde{v}_T(f_0)=63.56f_0-30.22$；当 $f_0=$CCC 时，$\tilde{v}_T(f_0)=133.1$ nm/min。

　　将上述各式代入活化能计算方程，从而得到各体系中黑土胶体颗粒间活化能 $\Delta E(f_0)$ 的计算式。

$Cu^{2+}$：$\Delta E(f_0) = -kT\ln(1.902f_0 - 0.3916)$。

$Zn^{2+}$：$\Delta E(f_0) = -kT\ln(0.4775f_0 - 0.2270)$。

　　$Cu^{2+}$、$Zn^{2+}$ 体系中黑土胶体相互作用的活化能的计算结果如图 8-6（a）所示，活化能数值可以反映当金属离子引发胶体凝聚时，黑土胶体颗粒间排斥势垒的强弱，活化能越高，颗粒间排斥势垒越强，离子通过压缩双电层而引发凝聚越困难。从图中可以看出，相同电解质浓度条件下，$Cu^{2+}$ 体系中颗粒间活化能低于 $Zn^{2+}$ 体系。其中，当电解质浓度为 0.5 mmol/L 时，$Cu^{2+}$ 和 $Zn^{2+}$ 两种离子体系中黑土胶体颗粒间的活化能分别为 $0.5809kT$ 和 $4.444kT$。可见，$Cu^{2+}$ 体系中黑土胶体发生凝聚所需克服的颗粒间活化能远远小于 $Zn^{2+}$ 体系的作用情况，因此黑土胶体在 $Cu^{2+}$ 作用下更易发生凝聚，表现为较高的 TAA 和较小的 CCC。同时，观察相同电解质浓度条件下颗粒间的相互作用活化能的差值随电解质浓度的变化 [图 8-6（b）] 发现，随着电解质浓度的降低，两种离子体系中颗粒间相互作用的活化能差异变大，即电解质浓度越低，颗粒表面附近电场强度越高，两种离子引发凝聚的活化能差异越大。

　　对此，有研究解释如下（Borah et al., 2011）：同价阳离子引发凝聚的差异源于离子体积的差异，阳离子半径越小，水合离子半径就越大，原子核离黏粒表面越远，离子与黏粒间的静电相互作用越弱，不利于胶体凝聚。而 $Cu^{2+}$、$Zn^{2+}$ 两种专性吸附离子，离子半径分别为 0.072～0.073 nm、0.074 nm，水合半径分别为 0.419 nm（李法虎，2006）和 0.404～0.430 nm（Volkov et al., 1997; Nightingale, 1959）。可见两种离子的半径极其相近，但是却引发了黑土胶体凝聚现象较大的差异。可见这一差异并不仅仅来源于离子体积效应。Parsons 等（2011）等明确指出引起离子与离子、离子与水分子以及离子与表面之间的相互作用强度和方式改变的并非水合作用而是离子的量子效应，如色散力等。然而，色散力会随着电解质浓度的提高而增强，在较低的电解质浓度条件下，色散力的作用极其微弱（Moreira et al., 2006; Borukhov et al., 1997）。而本实验中，在低电解质浓度（<0.5 mmol/L）的条件下，黑土胶体的凝聚现象仍然存在很大差异（图 8-3），且随着电解质浓度的降低，两种离子体系中胶体凝聚现象的差异越大 [图 8-6（b）]，说明这一差异也并非完全来源于离子的色散作用。

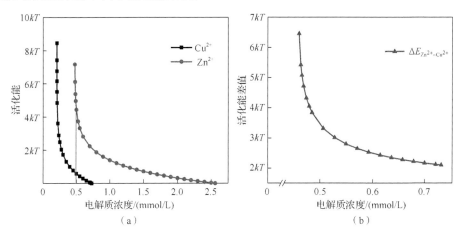

图 8-6　$Cu^{2+}$、$Zn^{2+}$ 体系中黑土胶体相互作用的活化能及活化能差值

对于 $Cu^{2+}$ 和 $Zn^{2+}$ 两种离子，大量研究（吴曼等，2011；郝汉舟等，2010）表明：$Cu^{2+}$ 对于有机配位体的亲和力远高于 $Zn^{2+}$，而黑土又是有机质含量相对较高的土壤，因此与 $Zn^{2+}$ 相比，富含有机质的黑土胶体可以对 $Cu^{2+}$ 产生较强的吸附作用，$Cu^{2+}$ 与胶体表面的有机质形成配位体，从而屏蔽更多的负电荷引起黑土胶体的临界聚沉浓度较低、聚沉速度较快，胶体颗粒间相互作用的活化能较低的现象。

对于土壤体系，土壤本身是一个强电场体系，在土壤胶体颗粒表面静电场的作用下，阳离子的吸附量和吸附速率均会显著增强（Li et al., 2013; Li et al., 2007），进而可能影响胶体悬液的稳定性。多种土壤对重金属离子的吸附机理研究表明，$Cu^{2+}$ 与胶体表面作用以专性吸附为主，$Zn^{2+}$ 则是非专性吸附占一定比例（王维君等，1995）。因此 $Cu^{2+}$ 可以通过两个途径来同时降低胶体颗粒周围的静电场强度，从而更加显著地降低静电排斥势垒：一是 $Cu^{2+}$ 专性吸附可以降低可变电荷胶体颗粒表面负电荷数量来降低颗粒周围负电场的强度,二是通过压缩双电层来降低颗粒周围负电场的强度。由此可见,可以通过较强的专性吸附作用发挥其聚沉作用。而土壤中的氧化铁对 $Zn^{2+}$ 的专性吸附能力有明显的提高(虞锁富,1987), $Zn^{2+}$ 可被氧化铁表面的高能化学键结合,例如氧化铁表面的—OH 和—OH$_2$ 的 $H^+$ 可被 $Zn^{2+}$ 所代替。 $Cu^{2+}$ 和 $Zn^{2+}$ 两种二价重金属离子均可发生专性吸附,且 $Cu^{2+}$ 和 $Zn^{2+}$ 的离子半径分别为 $0.072\sim0.073$ nm(Li et al., 2007; 虞锁富,1987)和 $0.074$ nm(Bhattacharyya, 2011; Shannon, 1976),水合半径分别为 $0.419$ nm(Herman et al., 1980)和 $0.404\sim0.430$ nm(Volkov et al., 1997; Nightingale, 1959)。本实验中两种离子的核外电子排布式分别为 $Cu^{2+}$, $1s^2 2s^2 2p^6 3s^2 3p^6 3d^9$ 和 $Zn^{2+}$, $1s^2 2s^2 2p^6 3s^2 3p^6 3d^{10}$。通常,电子层数越多的同价离子,在外电场中越易被极化,极化作用强的阳离子在界面附近受到的总引力超过极化作用稍弱的同价离子。 $Cu^{2+}$ 和 $Zn^{2+}$ 两种离子的核外电子排布的微小差异被外电场强烈放大,且电解质浓度越低,胶体颗粒表面附近电场越强烈,两种离子引发的凝聚现象差异越大。

## 8.2　黄壤和紫色土胶体相互作用中的离子特异性效应

### 8.2.1　黄壤和紫色土胶体的特征及其相互作用研究

胶体体系是自然水环境系统中重要的组成,其中无机胶体占有相当大的比重(Sumner, 2000)。电解质溶液中胶体的相互作用及凝聚,在环境、生物化学、生命及土壤学中扮演着越来越重要的角色(Gregory et al., 1989),并且胶体凝聚也受到离子特异性效应的强烈影响(Kunz, 2006; Kunz et al., 2004; Cacace et al., 1997)。随着光散射技术和计算机模拟的应用,胶体凝聚相关研究得到稳步发展,然而,大部分先前的研究都集中在单分散的、合成的胶体(粒径小、球形颗粒)的凝聚(French et al., 2009; He et al., 2008; Lin et al., 1989),这些研究结果几乎都能很好地被胶体相互作用的经典理论——DLVO 理论所解释(Lin et al., 1989; Verwey et al., 1948)。随后,广角度动态静态光散射仪技术被成功运用到多分散胶体颗粒相互作用的研究中(Holthoff et al., 1996)。Jia 等(2013)进一步发展了光散射技术的应用,不仅可用于测定多分散非球形的胶体体系,还建立了临界聚沉浓度的测定方法。随后,有研究进一步建立了蒙脱石胶体在不同的碱金属电解质溶液中凝聚的活化能的测定,提供了定量表征胶体凝聚中离子特异性效应的方法(Tian et al., 2014)。

通常来说,真实体系都是非常复杂和不均一的,多种因素共存且同时发挥作用更进一步增加了实验测定的难度。一个很好的例子就是扫描隧道显微镜

（scanning tunneling microscope，STM）技术被证明是原子级成像技术的强有力的工具；然而，STM 成像的模型系统要求必须足够清洁、表面导电，且要求结构必须相当简单（Tersoff et al., 1985）。关于胶体凝聚，蒙脱石胶体的凝聚可以被当作模型系统，已经被广泛研究且取得了大量的研究成果（García-García et al., 2007; Tombacz et al., 2004; Lagaly et al., 2003）。尽管如此，模型系统与真实体系间是有着潜在的"巨大差异"（huge gap），需要经过充足的测试才能将模型系统中得到的结果应用到真实体系中。

本章中，我们用光散射技术重点研究了自然土壤胶体（黄壤和紫色土）在不同的碱金属电解质溶液中的凝聚动力学过程，计算获得土壤胶体凝聚中的活化能，并与模型系统（蒙脱石胶体）进行了对比。本章的目的是阐明活化能在模型系统和真实体系中的异同处。

## 8.2.2　研究方案

### 1. 供试土壤样品理化性质

土壤胶体颗粒从采自重庆市北碚区的黄壤（采样地点：鸡公山）和紫色土（采样地点：西南大学农场桑园）中提取。其中，黄壤为石灰岩母质发育的可变电荷土壤，紫色土为玄武岩母质发育的恒电荷土壤。采集回来的样品摊平放置在通风干燥处。风干后，剔除树枝、石块等异物，研磨过 60 目筛，测定土壤的理化性质，见表 8-2。

表 8-2　黄壤和紫色土基本理化性质

| 土壤类型 | 粒径< 2μm黏粒质量分数/% | pH（水土比 5∶1） | 粒径< 2μm 潜性酸总量/(cmol/kg) | 阳离子交换量/(cmol/kg) | 比表面积/(m²/g) |
|---|---|---|---|---|---|
| 黄壤 | 44.6 | 5.1 | 18.0 | 7.72 | 25.8 |
| 紫色土 | 31.5 | 7.1 | — | 17.5 | 47.8 |

### 2. $K^+$ 饱和土壤胶体的制备

$K^+$ 饱和土壤胶体的制备采用与蒙脱石胶体制备类似的方法，即先超声分散 15 min，静水沉降后逐级提取，胶体的提取用虹吸法。

采用烘干法测定胶体悬液的颗粒密度，发现制备得到的 $K^+$ 饱和黄壤胶体颗粒密度为 0.88 g/L，$K^+$ 饱和紫色土胶体悬液颗粒密度为 0.84 g/L。采用火焰光度计测定悬液中 $K^+$ 的浓度，发现游离的 $K^+$ 浓度低于 0.01 mmol/L，是可以被忽略的。制备好的 $K^+$ 饱和土壤胶体悬液均稀释 10 倍备用，且用 10 mmol/L 的 KOH 调节 pH 到约 8.0。

### 3. X 射线衍射测定土壤胶体矿物组成

小于 200 nm 的土壤胶体的矿物组成用 X 射线衍射仪（XD-3，北京普析通用仪器有限责任公司）测定。工作条件：管电压为 36 kV，电流为 20 mA，选用铜靶 Kα 射线辐射，扫描范围为 2°～65°，扫描模式为 2(°) /min。

### 4. 动态光散射技术测定土壤胶体凝聚动力学

在黄壤胶体颗粒密度为 0.088 g/L 和紫色土胶体颗粒密度为 0.084 g/L 的悬液中加入不同量的电解质溶液来调节体系的电解质浓度，然后用动态光散射技术来测定土壤胶体凝聚过程中的凝聚体平均有效水力直径随凝聚时间的变化。同样地，样品在上机前超声分散 2 min，加入电解质后摇匀放入仪器检测区域，测定 60 min，具体操作见第 3 章描述。

黄壤胶体凝聚选用电解质及浓度设置为 20 mmol/L、25 mmol/L、30 mmol/L、40 mmol/L、50 mmol/L、60 mmol/L、70 mmol/L、100 mmol/L、120 mmol/L、150 mmol/L 的 $LiNO_3$，10 mmol/L、15 mmol/L、20 mmol/L、30 mmol/L、40 mmol/L、50 mmol/L、70 mmol/L、100 mmol/L、120 mmol/L、150 mmol/L 的 $NaNO_3$，5 mmol/L、10 mmol/L、15 mmol/L、20 mmol/L、30 mmol/L、50 mmol/L、70 mmol/L、100 mmol/L、120 mmol/L、150 mmol/L 的 $KNO_3$，5 mmol/L、10 mmol/L、15 mmol/L、20 mmol/L、30 mmol/L、50 mmol/L、70 mmol/L、100 mmol/L、120 mmol/L、150 mmol/L 的 $RbNO_3$ 和 5 mmol/L、10 mmol/L、12 mmol/L、15 mmol/L、20 mmol/L、30 mmol/L、50 mmol/L、70 mmol/L、100 mmol/L、150 mmol/L 的 $CsNO_3$。

紫色土胶体凝聚选用电解质及浓度设置为 20 mmol/L、30 mmol/L、50 mmol/L、60 mmol/L、80 mmol/L、100 mmol/L、120 mmol/L 的 $NaNO_3$ 和 10 mmol/L、15 mmol/L、20 mmol/L、25 mmol/L、30 mmol/L、40 mmol/L、50 mmol/L、80 mmol/L、100 mmol/L、120 mmol/L 的 $KNO_3$。

## 8.2.3 黄壤和紫色土胶体的矿物组成

与前几章中的蒙脱石胶体（模型系统）相比，自然土壤胶体（真实体系）都更加复杂，通常都是以多种矿物同时出现的形式存在着。通过 X 射线衍射分析（图 8-7），我们得到了黄壤和紫色土的矿物组成，分别是：黄壤中含有约 2% 的石英、22% 的云母、5% 的高岭石、48% 的伊利石以及 23% 的蛭石，紫色土中含有约 4% 的石英、13% 的云母、15% 的伊利石、24% 的蒙脱石、34% 的蛭石以及 10% 的钠长石。

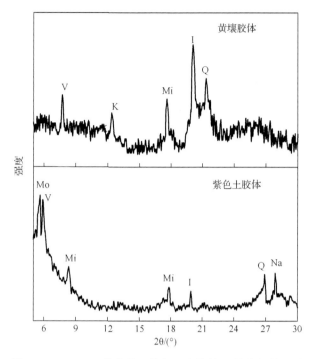

图 8-7　＜200 nm 的黄壤和紫色土胶体的 X 射线衍射图谱

I 为伊利石、K 为高岭石、Mi 为云母、Mo 为蒙脱石、Na 为钠长石、Q 为石英、V 为蛭石

### 8.2.4　黄壤和紫色土胶体的稳定性分析

图 8-8 为黄壤胶体和紫色土胶体的平均有效水力直径分布图。黄壤胶体的平均有效水力直径为 151±10 nm，分布范围为 50～350 nm。紫色土胶体的平均有效水力直径为 223±10 nm，分布范围为 90～550 nm。

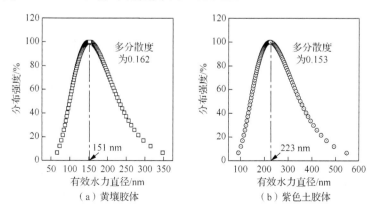

图 8-8　黄壤和紫色土胶体的平均有效水力直径分布图

稳定的胶体悬液对实验研究来说是必不可少的，由于真实的土壤胶体的复杂性，因此我们又特别关注了实验选用的两种土壤胶体的时间稳定性。图 8-9 为黄壤和紫色土胶体的有效水力直径及散射光强随时间的变化。从图中可以看出，黄壤胶体在 15 天的时间里都是稳定的，因此每批样品都可用 15 天的时间；紫色土胶体的稳定时间更长，可以达到 30 天。矿物组成、表面电荷性质的不同，造成了两种土壤胶体悬液的稳定性上的差异。

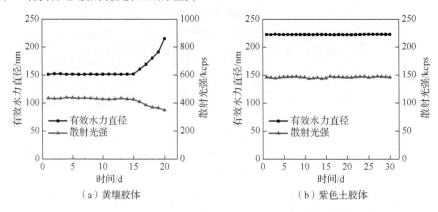

图 8-9　黄壤和紫色土胶体的时间稳定性

### 8.2.5　黄壤和紫色土胶体凝聚动力学过程的离子特异性效应

#### 1. 凝聚体有效水力直径和凝聚速率的离子特异性效应

图 8-10 为不同浓度的 $LiNO_3$、$NaNO_3$、$KNO_3$、$RbNO_3$、$CsNO_3$ 溶液中黄壤胶体凝聚产生的凝聚体的有效水力直径随凝聚时间的变化。当电解质浓度恒定时，不同碱金属阳离子作用下产生的凝聚体的有效水力直径不相同。例如，假定电解质浓度为 50 mmol/L，当凝聚时间为 20 min 时，$Li^+$、$Na^+$、$K^+$、$Rb^+$、$Cs^+$体系中黄壤凝聚体的有效水力直径分别为 667.7 nm、969.9 nm、1207.0 nm、1427.8 nm、1433.2 nm；当凝聚时间为 60 min 时，$Li^+$、$Na^+$、$K^+$、$Rb^+$、$Cs^+$体系中黄壤凝聚体的有效水力直径分别为 1086.0 nm、1397.8 nm、1632.5 nm、1898.7 nm、1920.6 nm。凝聚体有效水力直径在不同碱金属离子溶液中的差异反映出了碱金属离子在黄壤胶体凝聚中的离子特异性效应。

图 8-11 为紫色土胶体凝聚中，凝聚体的有效水力直径在不同浓度的 $NaNO_3$ 和 $KNO_3$ 溶液中随凝聚时间的变化。计算得到紫色土胶体凝聚过程中的 TAA 及其随电解质浓度变化曲线，进一步获得了不同电解质作用下紫色土胶体凝聚的 CCC。$Na^+$ 和 $K^+$作用下紫色土胶体凝聚的 CCC 分别为 47.4 mmol/L 和 61.9 mmol/L。因此，在紫色土胶体凝聚过程中也观察到了离子特异性效应，并且基于凝聚体的有效水力直径、TAA 及 CCC，离子特异性效应的序列为 $K^+ > Na^+$，与黄壤胶体的结果相吻合。

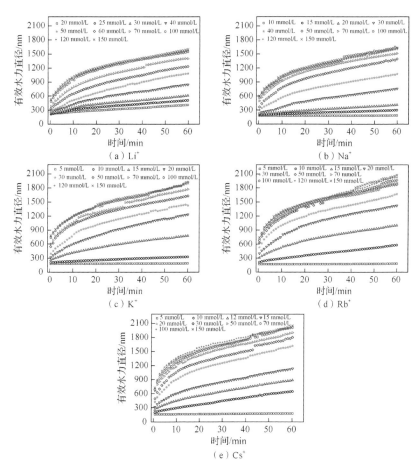

图 8-10 不同浓度的 LiNO₃、NaNO₃、KNO₃、RbNO₃、CsNO₃ 溶液中黄壤胶体凝聚体有效水力
直径随凝聚时间的变化

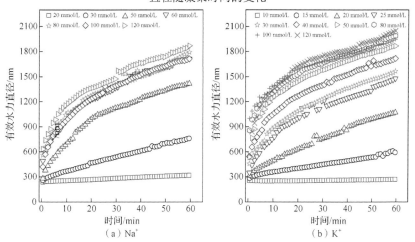

图 8-11 不同浓度的 NaNO₃ 和 KNO₃ 溶液中紫色土胶体凝聚体有效水力直径随凝聚时间的变化

## 2. 临界聚沉浓度的离子特异性效应

根据图 8-11 中测得的凝聚体有效水力直径随时间变化，可通过方程计算胶体凝聚的 TAA。从图 8-12 中可以看出，TAA 表现出与凝聚体的有效水力直径同样的离子特异性效应。比如，在电解质浓度为 10 mmol/L 的溶液中时，$Li^+$、$Na^+$、$K^+$、$Rb^+$、$Cs^+$作用下黄壤胶体凝聚的 TAA 分别为 0 nm/min、0.9 nm/min、4.8 nm/min、10.7 nm/min、15.6 nm/min。值得说明的是，黄壤胶体在 10 mmol/L $Li^+$溶液中没有凝聚发生，这显然表现出了和其他碱金属离子不同的离子特异性效应。同样地，$LiNO_3$、$NaNO_3$、$KNO_3$、$RbNO_3$、$CsNO_3$ 溶液中黄壤胶体的凝聚均表现出：一开始低浓度时的线性增长，然后转变为较高浓度时保持几乎不变。从图 8-12 中可以看出，两条直线的转折点对应的各碱金属离子的浓度，即 CCC。黄壤胶体凝聚的 CCC 为 84.6 mmol/L（$Li^+$）、70.7 mmol/L（$Na^+$）、36.4 mmol/L（K）、33.1 mmol/L（$Rb^+$）、25.9 mmol/L（$Cs^+$），这同样暗示着黄壤胶体在五种碱金属离子溶液中存在强烈的离子特异性效应。并且，前面的分析中就提及 CCC 越小，离子特异性效应越强烈。因此，黄壤胶体凝聚中的离子特异性效应增加顺序为 $Cs^+ > Rb^+ > K^+ \gg Na^+ \gg Li^+$，这一结果显然与模型体系（蒙脱石胶体）的结果相吻合（Tian et al., 2014）。

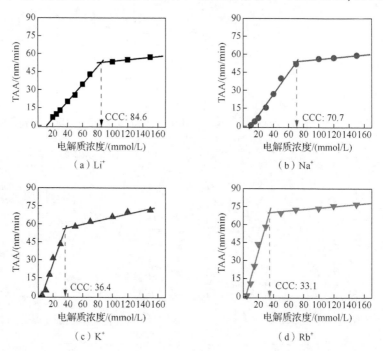

（a）$Li^+$　　　　　　　　（b）$Na^+$

（c）$K^+$　　　　　　　　（d）$Rb^+$

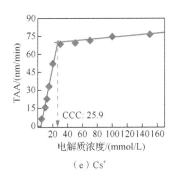

（e）Cs⁺

图 8-12　黄壤胶体凝聚中的 TAA 随体系电解质浓度的变化

### 8.2.6　黄壤和紫色土胶体相互作用活化能的离子特异性效应

根据图 8-12 中获得的 TAA 随电解质浓度变化的方程，黄壤胶体在不同的碱金属离子溶液中凝聚的活化能与电解质浓度的关系可以表述如下。

在 Li⁺溶液中：

$$\Delta E(f_0) = -kT \ln(-13.5 f_0 + 1.16)，\quad f_0 \leqslant 84.6\ \text{mmol/L}$$

在 Na⁺溶液中：

$$\Delta E(f_0) = -kT \ln(-12.3 f_0 + 1.17)，\quad f_0 \leqslant 70.7\ \text{mmol/L}$$

在 K⁺溶液中：

$$\Delta E(f_0) = -kT \ln(-6.20 f_0 + 1.17)，\quad f_0 \leqslant 36.4\ \text{mmol/L}$$

在 Rb⁺溶液中：

$$\Delta E(f_0) = -kT \ln(-5.16 f_0 + 1.16)，\quad f_0 \leqslant 33.1\ \text{mmol/L}$$

在 Cs⁺溶液中：

$$\Delta E(f_0) = -kT \ln(-4.89 f_0 + 1.19)，\quad f_0 \leqslant 25.9\ \text{mmol/L}$$

方程表达的是黄壤胶体在五种碱金属离子作用下凝聚过程中的活化能。从图 8-12 中可见，当电解质浓度高于 CCC 后，TAA 保持为一常数；根据活化能方程，当电解质浓度高于 CCC 后，胶体凝聚的活化能为 0，即当 $f_0 <$ CCC 时，$\Delta E(f_0) = 0$。黄壤胶体在不同的碱金属离子溶液中凝聚的活化能与电解质浓度的关系如图 8-13 所示。对于给定的两种碱金属阳离子，当电解质浓度低于 CCC 的任一数值时，活化能都显著不同，因此活化能的差值肯定不是零。并且，图 8-13 中的曲线清楚地表明，黄壤胶体在不同的碱金属离子溶液中凝聚的活化能的减弱趋势为 Li⁺ ≫ Na⁺ ≫ K⁺ > Rb⁺ > Cs⁺。显然，TAA 及 CCC 的变化趋势都能很好地被活化能序列解释。在被研究的五种碱金属离子中，Li⁺作用下黄壤胶体凝聚过程中的活化能较高，因此，Li⁺作用下黄壤胶体凝聚的 TAA 最慢，相应地，Li⁺溶液中黄壤胶体凝聚产生的凝聚体的平均有效水力直径也最低，而 CCC 最高。因此，随着黄壤胶体凝聚中的活化能由 Li⁺到 Cs⁺逐渐降低，CCC 表现出了逐渐降低的趋势而平均有效水力直径和 TAA 表现出了相反（逐渐增大）的趋势。

　　根据活化能的定量表征，黄壤胶体在不同的碱金属离子溶液中凝聚的离子特异性效应减弱趋势为 $Li^+ \gg Na^+ \gg K^+ > Rb^+ > Cs^+$。比如，当电解质浓度为 15 mmol/L 时，黄壤胶体在 $Li^+$、$Na^+$、$K^+$、$Rb^+$、$Cs^+$ 溶液中凝聚的活化能分别为 $1.34kT$、$1.04kT$、$0.28kT$、$0.21kT$、$0.15kT$。

　　从上面两段基于活化能的讨论，我们可以发现，适用于定量表征蒙脱石胶体（模型体系）的活化能也可以用来定量表征自然土壤胶体（真实体系）中的离子特异性效应，尽管自然土壤胶体更复杂，由多种不同结构的矿物胶体组成。因此，活化能的测定可以填补模型体系和真实体系间的"巨大差异"。

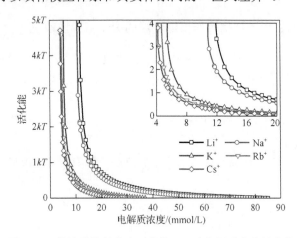

图 8-13　黄壤胶体凝聚中活化能 $\Delta E$ 随电解质浓度的变化

　　紫色土胶体在 $Na^+$ 和 $K^+$ 溶液中凝聚的活化能可以用下面两个方程计算出来，分别如下。

在 $Na^+$ 溶液中：
$$\Delta E(f_0) = -kT\ln(-28.3f_0 + 1.46)，\quad f_0 \leqslant 61.9 \text{ mmol/L}$$

在 $K^+$ 溶液中：
$$\Delta E(f_0) = -kT\ln(-7.97f_0 + 1.17)，\quad f_0 \leqslant 47.4 \text{ mmol/L}$$

　　同样地，当电解质浓度高于 CCC 时，紫色土胶体凝聚中的活化能趋于零，即当 $f_0 \geqslant$ CCC，$\Delta E(f_0) = 0$，这是由于电解质浓度高于 CCC，TAA 几乎为一常数，这一结果与蒙脱石胶体和黄壤胶体凝聚获得的结果相同。从图 8-14 中我们可以看到，当电解质浓度低于 CCC 时，$Na^+$、$K^+$ 溶液中紫色土胶体凝聚的活化能值均不相同，暗示着紫色土胶体凝聚表现出明显的离子特异性效应。$Na^+$ 溶液中紫色土胶体凝聚的活化能远远高于 $K^+$ 溶液中胶体凝聚的活化能，即 $Na^+ \gg K^+$，活化能定量表征的离子特异性效应的结果也与蒙脱石和黄壤胶体凝聚中获得的结果一致。

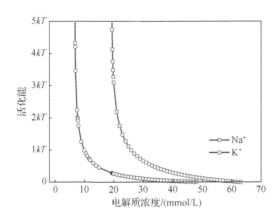

图 8-14　紫色土胶体凝聚中的活化能 $\Delta E$ 随电解质浓度的变化

活化能可以定量表征任一给定电解质浓度时的离子特异性效应。例如，当电解质浓度为 20 mmol/L 时，$Na^+$、$K^+$ 体系中胶体凝聚的活化能分别是 $3.10kT$ 和 $0.26kT$。紫色土胶体凝聚的结果进一步证实了活化能可用来定量表征自然土壤胶体凝聚中的离子特异性效应，从而填补模型体系和真实体系间的"巨大差异"。

由于模型体系和真实体系间存在的差异，将模型体系的理论应用到真实体系时往往需要大量的充分的证实。通过对矿物组成的分析可得，自然土壤胶体（真实体系）比蒙脱石胶体（模型体系）复杂得多，本章选用的黄壤和紫色土胶体都包含至少五种类型的矿物类型，其中的每种矿物胶体（如蒙脱石胶体）都可被用作模型体系；尽管如此，胶体凝聚中活化能的测定连接模型体系和真实体系。本章研究结果同时也为研究其他的真实体系提供了原型。

通过活化能定量表征胶体凝聚中的离子特异性效应，我们发现黄壤胶体在不同的碱金属离子溶液中凝聚的活化能的减弱趋势为 $Li^+ \gg Na^+ \gg K^+ > Rb^+ > Cs^+$；当电解质浓度为 15 mmol/L 时，黄壤胶体在 $Li^+$、$Na^+$、$K^+$、$Rb^+$、$Cs^+$ 溶液中凝聚的活化能分别为 $1.34kT$、$1.04kT$、$0.28kT$、$0.21kT$、$0.15kT$。紫色土胶体凝聚同样表现出离子特异性效应，且活化能定量表征的离子特异性效应序列为 $Na^+ \gg K^+$，与在蒙脱石和黄壤胶体凝聚中获得的结果一致。当电解质浓度为 20 mmol/L 时，紫色土胶体在 $Na^+$、$K^+$ 体系中凝聚的活化能分别是 $3.10kT$ 和 $0.26kT$。

通过对比蒙脱石胶体、黄壤和紫色土胶体凝聚中的活化能，我们进一步发现：离子特异性效应与胶体颗粒类型、溶液中电解质浓度的高低及金属离子的类型是紧密相关的。

## 8.3　真实体系与模型体系凝聚中离子特异性效应的比较分析

胡敏酸胶体与蒙脱石胶体相比是分散度更大的更稳定的多分散胶体体系。无论是 100%胡敏酸体系、99%蒙脱石+1%胡敏酸体系、96%蒙脱石+4%胡敏酸体系、90%蒙脱石+10%胡敏酸体系，还是 100%蒙脱石体系中 $Cu^{2+}$ 的离子特异性效应均强于 $Ca^{2+}$。选取 1 mmol/L 的 $Ca^{2+}$ 和 $Cu^{2+}$ 作用下各体系的有效水力直径随时间增长曲线计算了相同时间段内（凝聚开始的 11 min）各体系的 TAA，括号内的数值为 $TAA_{Cu}/TAA_{Ca}$。

蒙脱石体系中：$TAA_{Ca}$= 475.2 nm/min，$TAA_{Cu}$= 2744 nm/min（5.774）。

胡敏酸体系中：$TAA_{Ca}$= 0 nm/min，$TAA_{Cu}$= 108.9 nm/min（>108.9）。

99%蒙脱石+1%胡敏酸体系中：$TAA_{Ca}$= 141.5 nm/min，$TAA_{Cu}$= 405.7 nm/min（2.867）。

96%蒙脱石+4%胡敏酸体系中：$TAA_{Ca}$= 31.27 nm/min，$TAA_{Cu}$= 327.9 nm/min（10.49）。

90%蒙脱石+10%胡敏酸体系中：$TAA_{Ca}$= 4.581 nm/min，$TAA_{Cu}$= 424.2 nm/min（92.60）。

从计算结果可以看出各体系中 $Cu^{2+}$ 作用下的 TAA 都显著高于 $Ca^{2+}$，可见各体系中离子特异性效应遵循的序列具有一致性。由于胡敏酸具有高于蒙脱石的表面电荷数量和电荷密度，因此相同浓度的同种离子引发蒙脱石胶体的 TAA 显著高于胡敏酸胶体，并且蒙脱石-胡敏酸混合胶体体系中随着胡敏酸加入量的增加 TAA 减小，唯一例外的是 1 mmol/L 的 $Cu^{2+}$ 引发 90%蒙脱石+10%胡敏酸混合胶体凝聚的 TAA 高于另外两种胡敏酸含量少的混合体，分析这样的结果可能是 $Cu^{2+}$ 与胡敏酸的络合作用增强了凝聚。

另外，通过 $TAA_{Cu}/TAA_{Ca}$ 判断离子特异性效应的强弱程度，对比发现，$Ca^{2+}$ 和 $Cu^{2+}$ 的离子特异性效应在各体系中由强到弱的顺序为 100%胡敏酸>90%蒙脱石+10%胡敏酸>96%蒙脱石+4%胡敏酸>100%蒙脱石>99%蒙脱石+1%胡敏酸。根据前面的分析，几种二价阳离子的特异性效应主要来源于离子的"电场-量子涨落"耦合作用，颗粒表面附近电场影响该作用进而影响离子特异性效应的强弱，在 100%胡敏酸体系中电场最强，因此，这两种离子的特异性效应最强。在 90%蒙脱石+10%胡敏酸体系中电场强度次之，因此这两种离子的特异性效应强度也次之。但是离子特异性效应强度排在后两位的 100%蒙脱石和 99%蒙脱石+1%胡敏酸体系的顺序与电场强度顺序相反，推测性可能是由于少量的胡敏酸加入，电场强度增加较小，对"电场-量子涨落"耦合作用影响不显著，而同时引起了高价金属离子与胡敏酸胶体之间同等强度的络合作用，因此缩小了两种离子聚沉能力的差异。当然，该解释有待后续研究的验证。

动态光散射技术测定自然土壤（黑土、黄壤和紫色土）胶体在不同浓度的碱金属离子溶液中的凝聚动力学。任一给定的电解质浓度，凝聚体的平均有效水力直径、TAA 及 CCC 都存在明显的差异，意味着强烈的离子特异性效应的存在。基于对胶体凝聚的研究成果，当电解质浓度低于 CCC 时，胶体凝聚机制为 RLCA 机制；而当电解质浓度高于 CCC 时，胶体凝聚机制为 DLCA 机制。在 RLCA 机制控制下，TAA 随电解质浓度变化的斜率（图 8-12）反映了土壤胶体颗粒凝聚速率对电解质的敏感度。从表 8-3 中，我们可以看出黄壤胶体在 $Li^+$、$Na^+$、$K^+$、$Rb^+$、$Cs^+$ 溶液中凝聚时，斜率分别为 0.71、0.90（1.27）、1.83（2.58）、2.40（3.38）、3.13（4.41），括号中的数字代表其他碱金属离子与 $Li^+$ 的比值。从斜率可以得到离子特异性效应的改变速度的顺序为 $Cs^+ > Rb^+ > K^+ > Na^+ > Li^+$。同样地，我们得到紫色土胶体在 $Na^+$、$K^+$ 溶液中凝聚时，RLCA 机制下线性斜率分别是 1.24、1.71，有力地支撑了从黄壤胶体凝聚中的测定结果。先前基于蒙脱石胶体（模型体系）凝聚的研究结果表明，$Li^+$、$Na^+$、$K^+$、$Rb^+$、$Cs^+$ 溶液中胶体凝聚在 RLCA 机制控制下的线性斜率分别是 0.29、0.79、1.66、4.42、4.92，这一变化趋势与自然土壤胶体（真实体系）凝聚实验的结果十分吻合。

表 8-3　不同胶体体系在电解质溶液中的凝聚为 RLCA 机制时 TAA 的变化斜率

| 离子类型 | TAA 拟合斜率（$f_0 \leq CCC$） | | | | | |
|---|---|---|---|---|---|---|
| | 黄壤 | $R^2$ | 紫色土 | $R^2$ | 蒙脱石 | $R^2$ |
| $Li^+$ | 0.71 | 0.994 | — | — | 0.29 | 0.989 |
| $Na^+$ | 0.90 | 0.986 | 1.24 | 0.990 | 0.79 | 0.973 |
| $K^+$ | 1.83 | 0.968 | 1.71 | 0.966 | 1.66 | 0.962 |
| $Rb^+$ | 2.40 | 0.974 | — | — | 4.42 | 0.985 |
| $Cs^+$ | 3.13 | 0.977 | — | — | 4.92 | 0.991 |

黄壤和紫色土胶体在不同的碱金属离子溶液中凝聚的活化能降低序列为 $Li^+ \gg Na^+ \gg K^+ > Rb^+ > Cs^+$。活化能的变化序列表明：尽管自然土壤胶体的矿物组成十分复杂，自然土壤胶体的凝聚动力学类似于蒙脱石胶体的凝聚动力学；然而，从测定及计算结果可以看出，三个不同的胶体体系中凝聚体的平均有效水力直径、TAA、CCC 和活化能的准确值是显著不同的。并且，活化能的计算既能定性给出离子特异性效应的序列，又能定量表征不同电解质浓度下离子特异性效应的大小。

表 8-4 中列出了黄壤胶体、紫色土胶体和蒙脱石胶体在电解质浓度为 20 mmol/L 和 35 mmol/L 时活化能的数值，我们可以得到以下几个重要信息：①当所有的条件

（如阳离子类型、电解质浓度）一致时，不同胶体颗粒凝聚的活化能（排斥势垒）不同，也就是说，活化能定量表征的离子特异性效应与胶体颗粒类型是紧密相关的；②给定胶体颗粒类型，任选两个电解质浓度，计算选定的两个浓度下的胶体颗粒间活化能的比值，对比发现这一比值会随阳离子类型的改变而改变，如表 8-4 中的 $R_{20/35}$。这意味着离子特异性效应依赖电解质浓度的高低；③给定胶体颗粒类型，任选两种阳离子类型，胶体凝聚的活化能的比值会随电解质浓度的改变而改变，如表 8-4 中的 $R_{Na/K}$（$R_{Na/K}$ 为在相同浓度 $Na^+$ 和 $K^+$ 电解质溶液中胶体颗粒凝聚的活化能的比值）。这进一步证实了不同的碱金属阳离子会带来不同的离子特异性效应。任一电解质浓度下，$K^+$ 作用下活化能都更低，因此 $K^+$ 比 $Na^+$ 的离子特异性效应更强。

表 8-4 体系中碱金属离子浓度为 20 mmol/L 和 35 mmol/L 时，不同胶体颗粒凝聚中的活化能

| 离子类型 | 黄壤 | | | 紫色土 | | | 蒙脱石 | | |
|---|---|---|---|---|---|---|---|---|---|
| | 20 mmol/L | 35 mmol/L | $R_{20/35}$ | 20 mmol/L | 35 mmol/L | $R_{20/35}$ | 20 mmol/L | 35 mmol/L | $R_{20/35}$ |
| $Na^+$ | $0.58kT$ | $0.20kT$ | 2.90 | $3.10kT$ | $0.43kT$ | 7.21 | $1.17kT$ | $0.40kT$ | 2.92 |
| $K^+$ | $0.15kT$ | $0.0072kT$ | 20.83 | $0.26kT$ | $0.059kT$ | 4.41 | $0.23kT$ | $0.089kT$ | 2.58 |
| $R_{Na/K}$ | 3.87 | 27.78 | — | 11.92 | 7.29 | — | 5.09 | 4.49 | — |

## 8.4 本章小结

本章通过比较 $Ca^{2+}$、$Cu^{2+}$ 和 $Zn^{2+}$ 这几种阳离子对恒电荷黑土胶体和可变电荷黄壤和紫色土胶体凝聚动力学过程的不同影响，通过对 CCC 和胶体颗粒相互作用活化能的测定定量表征两种离子作用强度差异，分析差异产生原因，得出如下结论。

$Cu^{2+}$、$Zn^{2+}$ 作用下黑土胶体凝聚特征类似，均表现为在低浓度下黑土凝聚体有效水力直径随时间呈线性增长，高浓度下呈幂函数增长。但 $Cu^{2+}$ 浓度变化对胡敏酸胶体的 TAA、CCC 和胶体颗粒间相互作用活化能的影响都大于 $Zn^{2+}$，说明胡敏酸胶体的凝聚对 $CuCl_2$ 的敏感性大于 $ZnCl_2$ 体系。

黑土胶体是一个巨大的电场体系，两种专性吸附离子 $Cu^{2+}$、$Zn^{2+}$ 之间的核外电子结构的微小差异被黑土胶体附近强电场强烈放大，使离子发生强烈极化，从而引起黑土胶体凝聚特征的差异。

由于 $Ca^{2+}$、$Cu^{2+}$ 在可变电荷胶体表面的结合方式不同，凝聚过程中有效水力直径随时间的增长规律完全不同。在实验设定的浓度范围内，$Ca^{2+}$ 体系在低浓度

区出现了RLCA机制,而同样浓度条件下的$Cu^{2+}$体系则没有这样的凝聚机制出现。$Cu^{2+}$引发的黄壤胶体凝聚显著快于$Ca^{2+}$引发的黄壤胶体凝聚。

在$Cu^{2+}$引发可变胶体颗粒凝聚的实验中,我们观察到了一种既不同于RLCA机制,也不同于DLCA机制的一种新机制,该机制的TAA比经典的DLCA机制的速率还要快,可归因于体系中同时存在着的带相反电荷的胶体颗粒间存在的引力。由于这种机制的TAA同时由引力和扩散两种作用决定,所以我们把这种新的凝聚机制定义为:引力扩散联合控制快速凝聚机制,这一凝聚机制的出现是可变电荷胶体体系表面电荷性质特殊性的必然结果。

## 参考文献

丁武泉, 何家洪, 刘新敏, 等, 2017. 有机质对三峡库区水体中土壤胶体颗粒凝聚影响机制研究[J]. 水土保持学报, 31(4): 166-171.

傅强, 郭霞, 邵月, 等, 2013. $Cu^{2+}$与$Zn^{2+}$引发胡敏酸胶体凝聚比较研究[J]. 西南师范大学学报(自然科学版), 38(9): 50-54.

高晓丹, 2014. 矿物/腐殖质凝聚的离子特异性效应[D]. 重庆: 西南大学.

高晓丹, 李航, 朱华玲, 等, 2012. 特定pH条件下$Ca^{2+}$/$Cu^{2+}$引发胡敏酸胶体凝聚的比较研究[J]. 土壤学报, 49(4): 698-707.

郭观林, 周启星, 2005. 污染黑土中重金属的形态分布与生物活性研究[J]. 环境化学, 24(4): 383-388.

郝汉舟, 靳孟贵, 李瑞敏, 等, 2010. 耕地土壤铜、镉、锌形态及生物有效性研究[J]. 生态环境学报, 19(1): 92-96.

胡纪华, 杨兆禧, 郑忠, 1997. 胶体与界面化学[M]. 广州: 华南理工大学出版社: 254-330.

李法虎, 2006. 土壤物理化学[M]. 北京: 化学工业出版社: 139-140.

刘冠男, 刘新会, 2013. 土壤胶体对重金属运移行为的影响[J]. 环境化学, 32(7): 1308-1317.

苏姝, 王颖, 刘景, 等, 2015. 长期施肥下黑土重金属的演变特征[J]. 中国农业科学, 48(23): 4837-4845.

田锐, 2013. 土壤胶体凝聚中的离子特异性效应[D]. 重庆: 西南大学.

王维君, 邵宗臣, 何群, 1995. 红壤黏粒对Co、Cu、Pb和Zn吸附亲和力的研究[J]. 土壤学报, 32(2): 167-178.

吴曼, 刘军领, 徐明岗, 等, 2011. 有机质对典型铜锌污染土壤自然修复过程的影响[J]. 农业工程学报, 27(2): 211-217.

熊毅, 等, 1985. 土壤胶体(第二册): 土壤胶体研究方法[M]. 北京: 科学出版社: 10-14.

于天仁, 季国亮, 丁昌璞, 1996. 可变电荷土壤的电化学[M]. 北京: 科学出版社.

俞晟, 2017. 重金属离子对不同非水溶性有机物含量土壤胶体上十溴联苯醚迁移行为的影响[J]. 环境科学研究, 30(4): 579-585.

虞锁富, 1987. 几种土壤对锌的专性吸附[J]. 土壤通报, 18(6): 265-266, 285.

杨亚提, 张一平, 2003. 恒电荷土壤胶体对$Cu^{2+}$、$Pb^{2+}$的静电吸附与专性吸附特征[J]. 土壤学报, 40(1): 102-109.

Bhattacharyya M M, 2011. On the partitioning of the viscosity B coefficient and the correlation of ionic B coefficients with partial molar volumes of ions for aqueous and non-aqueous solutions[J]. Canadian Journal of Chemistry, 67(8): 1324-1331.

Borah J M, Mahiuddin S, Sarma N, et al., 2011. Specific ion effects on adsorption at the solid/electrolyte interface: A probe into the concentration limit[J]. Langmuir, 27(14): 8710-8717.

Borukhov I, Andelman D, Orland H, 1997. Steric effects in electrolytes: A modified Poisson-Boltzmann equation[J]. Physical Review Letters, 79: 435.

Cacace M, Landau E, Ramsden J, 1997. The Hofmeister series: Salt and solvent effects on interfacial phenomena[J]. Quarterly Reviews of Biophysics, 30(3): 241-277.

French R A, Jacobson A R, Kim B, et al., 2009. Influence of ionic strength, pH, and cation valence on aggregation kinetics of titanium dioxide nanoparticles[J]. Environmental Science & Technology, 43(5): 1354-1359.

García-García S, Wold S, Jonsson M, 2007. Kinetic determination of critical coagulation concentrations for sodium- and calcium-montmorillonite colloids in NaCl and CaCl$_2$ aqueous solutions[J]. Journal of Colloid and Interface Science, 315(2): 512-519.

Gregory J, O'Melia C R, 1989. Fundamentals of flocculation[J]. Critical Reviews in Environmental Science and Technology, 19(3):185-230.

He Y T, Wan J, Tokunaga T, 2008. Kinetic stability of hematite nanoparticles: The effect of particle sizes[J]. Journal of Nanoparticle Research, 10(2): 321-332.

Herman R G, Bulko J B, 1980. Preparation of copper(ii)-exchanged Y zeolites from sodium and ammonium Y zeolites[J]. ACS Symposium Series, American Chemical Society, 135: 177-186.

Holthoff H, Egelhaaf S U, Borkovec M, et al., 1996. Coagulation rate measurements of colloidal particles by simultaneous static and dynamic light scattering[J]. Langmuir, 12(23): 5541-5549.

Jia M Y, Li H, Zhu H L, et al., 2013. An approach for the critical coagulation concentration estimation of polydisperse colloidal suspensions of soil and humus[J]. Journal of Soils and Sediments, 13(2): 325-335.

Kunz W, 2006. Specific ion effects in liquids, in biological systems, and at interfaces[J]. Pure and Applied Chemistry, 78(8): 1611-1617.

Kunz W, Henle J, Ninham B W, 2004. 'Zur Lehre von der Wirkung der Salze'(about the science of the effect of salts): Franz Hofmeister's historical papers[J]. Current Opinion in Colloid & Interface Science, 9(1-2): 19-37.

Lagaly G, Ziesmer S, 2003. Colloid chemistry of clay minerals: The coagulation of montmorillonite dispersions[J]. Advances in Colloid and Interface Science, 100-102(2): 105-128.

Li H, Wu L S, 2007. A new approach to estimate ion distribution between the exchanger and solution phases[J]. Soil Science Society of America Journal, 71(6): 1694-1698.

Li S, Li H, Xu C Y, et al., 2013. Particle interaction forces induce soil particle transport during rainfall[J]. Soil Science Society of America Journal, 77(5): 1563-1571.

Lin M Y, Lindsay H M, Weitz D A, et al., 1989. Universality in colloid aggregation[J]. Nature, 339:360-362.

Liu X M, Li H, Du W, et al., 2013. Hofmeister effects on cation exchange equilibrium: Quantification of ion exchange selectivity[J]. The Journal of Physical Chemistry C, 117(12): 6245-6251.

Liu X M, Li H, Li R, et al., 2014. Strong non-classical induction forces in ion-surface interactions: General origin of Hofmeister effects[J]. Scientific Reports, 4: 5047.

Moreira L A, Boström M, Ninham B W, et al., 2006. Hofmeister effects: Why protein charge, pH titration and protein precipitation depend on the choice of background salt solution[J]. Colloids and Surfaces A: Physicochemical and Engineering Aspects, 282-283(20): 457-463.

Nightingale E R, Jr, 1959. Phenomenological theory of ion solvation. Effective radii of hydrated ions[J]. The Journal of Physical Chemistry, 63(9): 1381-1387.

Parsons D F, Boström M, Nostro P L, et al., 2011. Hofmeister effects: Interplay of hydration, nonelectrostatic potentials, and ion size[J]. Physical Chemistry Chemical Physics, 13(27): 12352-12367.

Shannon R D, 1976. Revised effective ionic radii and systematic studies of interatomic distances in halides and chalcogenides[J]. Theoretical and General Crystallography, 32(5): 751-767.

Sumner M E, 2000. Handbook of soil science[M]. Boca Raton: CRC Press.

Tersoff J, Hamann D, 1985. Theory of the scanning tunneling microscope[J]. Physical Review B, 31: 805-813.

Tian R, Li H, Zhu H L, et al., 2013. Ca$^{2+}$ and Cu$^{2+}$ induced aggregation of variably charged soil particles: A comparative study[J]. Soil Science Society of America Journal, 77(3): 774-781.

Tian R, Yang G, Li H, et al., 2014. Activation energies of colloidal particle aggregation: Towards a quantitative characterization of specific ion effects[J]. Physical Chemistry Chemical Physics, 16(19): 8828-8836.

Tombacz E, Szekeres M, 2004. Colloidal behavior of aqueous montmorillonite suspensions: The specific role of pH in the presence of indifferent electrolytes[J]. Applied Clay Science, 27(1-2): 75-94.

Verrall K E, Warwick P, Fairhurst A J, 1999. Application of the Schulze-Hardy rule to haematite and haematite/humate colloid stability[J]. Colloids and Surfaces A: Physicochemical and Engineering Aspects, 150(1-3): 261-273.

Verwey E J W, Overbeek J T G, Nes K V, 1948. Theory of the stability of lyophobic colloids: The interaction of soil particles having an electrical double layer[M]. Amsterdam: Elsevier.

Volkov A, Paula S, Deamer D, 1997. Two mechanisms of permeation of small neutral molecules and hydrated ions across phospholipid bilayers[J]. Bioelectrochemistry and Bioenergetics, 42(2): 153-160.

# 编 后 记

"博士后文库"是汇集自然科学领域博士后研究人员优秀学术成果的系列丛书。"博士后文库"致力于打造专属于博士后学术创新的旗舰品牌，营造博士后百花齐放的学术氛围，提升博士后优秀成果的学术影响力和社会影响力。

"博士后文库"出版资助工作开展以来，得到了全国博士后管委会办公室、中国博士后科学基金会、中国科学院、科学出版社等有关单位领导的大力支持，众多热心博士后事业的专家学者给予积极的建议，工作人员做了大量艰苦细致的工作。在此，我们一并表示感谢！

"博士后文库"编委会